JN059158

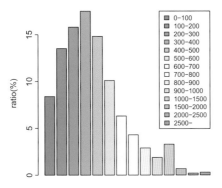

図 3.2 年収分布 (2018 年，国税庁「民間給与実態統計調査」)

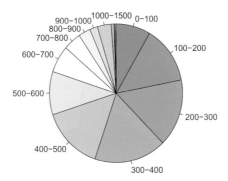

図 3.3 図 3.2 に関する円グラフ

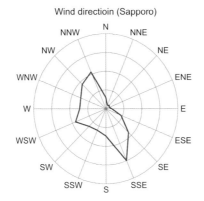

図 3.5 ある月の札幌の風向に関するローズダイアグラムの例

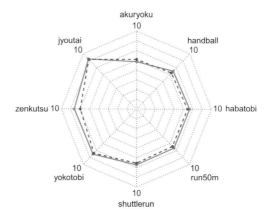

図 3.6　レーダーチャートの例 (高等学校体力測定データ)

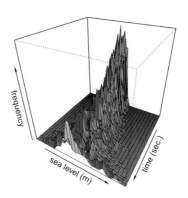

図 3.8　海面水位のヒストグラムの変化に関する鳥瞰図

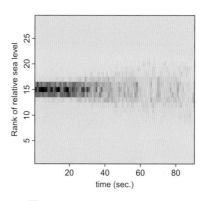

図 3.9　図 3.8 のヒートマップ

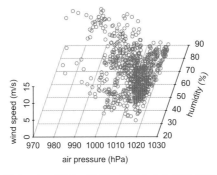

図 3.10　気圧，湿度，風速の 3 次元散布図

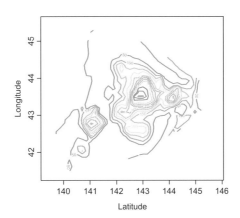

図 3.11　アメダス観測地点の海上からの高さに関する等高線 (北海道)

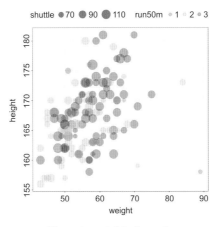

図 3.12　バブルチャート

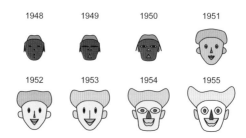

図 3.13　　1948 年〜1955 年の経済状況に関するチャーノフの顔の変化

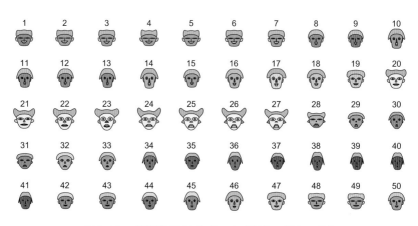

図 3.15　　観測時点ごとに描いた「気象の顔」の変化

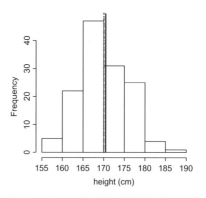

図 3.17　　身長のヒストグラムとその代表値 (平均値 (黒), 中央値 (赤), 最頻値 (紫))

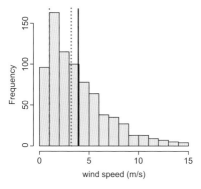

図 3.18 風速のヒストグラムとその代表値 (平均 (黒), 中央値 (赤), 最頻値 (紫))

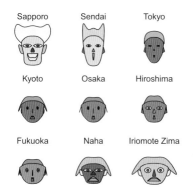

図 3.25 観測地点ごとに描いた「チャーノフの顔」

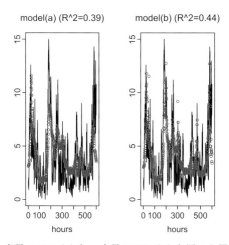

図 4.12 1 変量モデル (a) と 2 変量モデル (b) を用いた風速の推定結果

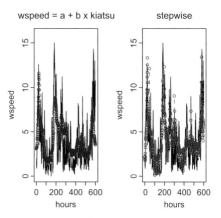

図 4.13　ステップワイズ法で推定されたモデルの推定結果

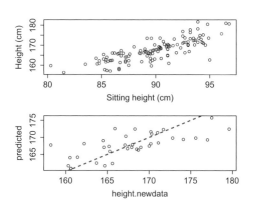

図 4.14　座高と身長の散布図 (上段) と身長の予測結果 (下段)

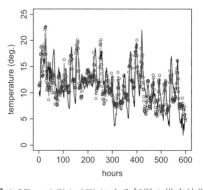

図 4.27　モデル (C) による気温の推定結果

Practical Exercises in Data Science

データサイエンス演習

甫喜本 司 [著]

Hokimoto Tsukasa

改訂版

学術図書出版社

改訂版へのまえがき

　本書は，データサイエンスの基本的な見方やその計算技術について，統計や確率の観点から紹介するとともに，計算機のプログラミングを通して，データから現象を評価する実際面を実習を通して学ぶことを目的として刊行しました．本書の初版は幸いにして多くの方々に利用していただきましたが，さまざまなデータの分析法を広くカバーしているかというと不十分に感じる面が多く，この機会に改訂を行うことにしました．

　今回の改訂では，これまでの版において不十分であった説明を改めるとともに，これまで扱ってこなかった属性のデータに関するモデル化の方法を加筆しました．具体的には，アンケートの集計結果のように複数の選択肢のなかから選んだカテゴリカルデータを用いてさまざまな分析を行うためのモデル化の方法と，その数学的背景について取り上げています．また，このモデル分析を R 環境で実行するための計算技術を紹介するとともに，演習問題を通して客観的に分析，評価する力が養成できるように工夫しました．高度化が進むデータ分析の場面で，データに応じて適切な評価を行うための思考力が身につくことを願ってやみません．

　初版と同様に，今回の執筆にあたっても北海道情報大学の講義で受講者より寄せられた質問や感想が大変参考になりました．また，学術図書出版社の貝沼稔夫氏には原稿を丁寧に読んでくださり，有益なコメントとサポートをいただきました．ここに感謝の意を表します．

2024 年 3 月

甫喜本 司

はじめに

　インターネットが発達した現代の社会に生きる我々は，日々の生活のなかでさまざまなデータと接しています．現代の情報化社会では，機器をはじめとした対象 (モノ) と人間がインターネットを通じて連携する「モノのインターネット化 (Internet of Things, IoT)」とよばれる考え方の上に，新しい基盤の整備が進んでいますが，その原動力となるのがデジタルデータです．このデータを効果的に利活用することで，我々が知りたい知識が得られるばかりでなく，解決が困難とされてきた諸現象を解明する手がかりを発見したり，新しいビジネスを生み出すことが可能になるのではないかと期待されています．しかしながら，データは観測結果の集まりにすぎません．したがって，効果的なデータの利活用を行うためには，我々が「データと対話する方法」を身につけることが必要となります．

　データの背景にある情報を推測するためのさまざまな方法論や技術論をまとめた体系は「データサイエンス」とよばれるようになりました．データサイエンスを深く学ぶためには，情報学，計算機技術，統計学や確率論の数理をはじめとして，多くのバックグラウンドが必要となるため，大学では理工系学部などで専門的に学ぶことが一般的です．しかし，情報化社会が高度になるなかで，データに関する基礎的教養 (リテラシー) を学ぶ必要を感じる人の数は増えるとともに，その層も多様化しています．大学で統計などの科目を十分に学ぶ機会がないまま，企業でデータの実務に携わるようになり，表計算ソフトウェアが出力する値が理解できずに悩む人の数は増えているでしょう．高校生や専門学校生などでも，日常の学習や所属するサークル，社会活動などで，データの管理・検討を任され，どのようにしたらよいか困ってしまうことも多くなっているのではないかと思います．

　本書は，データを利活用するための基本技術に関心をもつ幅広い層を読者として想定し，データサイエンスに基づく現象の基本的な見方や応用する際の考え方を身につけることを目標としています．平均的な読者として，コンピュータのプログラ

ミングの経験はある程度あるが，データの分析は行ったことがないという人を想定し，データから情報を得るための方法，データを基にものごとをどのように考えるとよいか，という見方について具体的に紹介します．データというと統計や確率の考え方を知らないと何もできないと考える人が多いでしょう．たしかにデータサイエンスを学ぶ過程で統計や確率の考え方は大変重要なのですが，専門的な知識はなくても，計算機のプログラミングを通してデータがもつメッセージを読み取ることができるように工夫しました．一方で大学の課程で統計や確率を学んでいる人にとっても，本書の演習を通して統計や確率の活きた利用の仕方が学べるようにしました．

　本書の中心は計算機を用いて，実際のデータを処理しながら情報を得る点にあります．データ解析系言語である R を用いて，コンピュータプログラムを実行しながらデータの分析と評価を行う演習を用意しました．演習をコンピュータ上で行いながら，データをみて考える力をトレーニングしてください．演習は基礎的な問題からやや実践的な問題まで段階的に用意していますので，計算機のプログラミングが苦手な読者は，各章の基礎的な演習を進めていくだけでもデータの見方が理解できると思います．

　「第五次産業革命 (industry 5.0)」が今後の情報化社会の方向性を示す国際的なキーワードとなるなかで，データに関するリテラシーを学び，さまざまな問題の解決に応用していくことはますます重要になるでしょう．本書がデータサイエンスに関心をもっていただく一つのきっかけとなれば幸いです．

　本書の執筆にあたっては，北海道情報大学通信教育課程において実施している講義内容と演習問題を基にしました．日々の講義の中で受講生から寄せられた感想や疑問は大変参考になりました．また，学術図書出版社の貝沼稔夫氏には原稿を丁寧に読んでくださり，有益なコメントとサポートをいただきました．ここに感謝の意を表します．

2022 年 3 月

甫喜本 司

本書の学習方法

学習のポイント

　本書ではコンピュータの操作はある程度できるが，「データをどのように取り扱うべきなのかがわからない」，「分析の結果をどのように考え，どのように活用すべきなのかがわからない」といった人を平均的な読者に想定して，コンピュータを用いてデータ利活用の基本的な技術を実践的に学ぶことを目的としています．また，データ分析は未経験という読者は，データをどのように取り扱い，分析結果から何を考えていけばよいかというイメージが得られるようにしました．本書における学習の中心は，データ解析言語であるRを用いたプログラミングを通してデータを取り扱うための基本的なものの見方を確立し，現象の分析に応用できるようになる点にあります．

基本事項と練習問題について

　各章は基本事項と練習問題で構成されています．基本事項では，実際の現象をデータを基に分析する際に必要となる基本的な方法を紹介するとともに，R言語を用いて処理を行うための例を示しています．これらの内容をよく学習した上で練習問題を行いながら，実際の現象を分析するためのものの見方を学んでください．基本事項は，高校程度の数学の背景があることを仮定して説明しています．データサイエンスの学習では，統計や確率の基礎があることが大変望ましいのですが，十分な背景がない読者でも本文を丁寧に読み進めていくなかで，統計や確率の考え方がある程度イメージできるように説明しています．

　練習問題では，R言語によるプログラミングを行いながら，基本事項で学習したデータの処理や分析，およびその評価を自分で行うことができるようにトレーニングします．コンピュータを利用できる環境にある読者は，自分でプログラミングを行いながら学習してください．コンピュータを使用して学習する際には，第2章の説明を参考にしてフリーソフトであるR言語環境を自分のコンピュータ環境に導入してからはじめてください．それぞれの練習は，問題文のなかで指定したデータ

セットを利用して行います．データセットはすべて

https://www.gakujutsu.co.jp/text/isbn978-4-7806-1243-1/

にアップロードしていますので，各自でダウンロードして使用してください．

数学的な背景について

　データ分析の方法は，数学的な背景が不明瞭なままでは理解できないものが数多くあります．このため，重要なデータ分析の方法については，その確率的，統計的な背景についても各章の最後の節で解説しました．このなかには，大学で学ぶ数学の基礎が必要となる内容が含まれます．該当する内容のタイトルには＊印をつけましたので，学習の参考にしてください．

目 次

第 1 章
データの利活用とデータサイエンス

1.1　「ビッグデータ」との対話

1.1.1　「ビッグデータ」社会におけるデータの役割

　人間の頭では処理が困難になるような大規模なデータのことを「ビッグデータ」(big data) とよぶことが多くなった[※1]．大規模なデータベースをビジネスや研究開発の目的で活用する状況は 30 年以上前の社会においても存在したが，当時はデータが機密性の高い情報として扱われることが一般的であったため，その情報は所有者の下で保護され，共有に関する強い関心は示されなかった．

　しかし，現代では「ビッグデータ」がインターネット上に氾濫し，多くの人がその情報を共有できるようになった．また，企業はこの「ビッグデータ」から新しいビジネスの機会を生み出そうと必死になっている．このようにデータに対する社会の意識が大きく転換した背景として，近年における情報化社会の構造的な変革がある．その 1 つとして，情報の観測技術が高度に発達したことで，さまざまな現象の実態が高度な情報技術を駆使して観測され，デジタルデータとして蓄積されるようになった点があげられる．観測されたデータはインターネットを通じて公開されることが多くなり，我々が求める情報の多くを容易に入手することが可能となった．インターネット上に整備されるデータは膨大な観測項目とデータ数をもつことが一般的となり，「ビッグデータ」とよばれるのにふさわしい状況となった．

　もう 1 つの背景として，計測機器から出力されるデジタルデータを介して，機器，人間，現象をはじめとするさまざまな対象 (「モノ」) と，これらを利用する人間がインターネット上で仮想的に連携する状況が生まれた点があげられる．「モノのイ

[※1]「ビッグデータ」はバズワード (buzzword) であり，データの規模に関する厳密な定義はない．

ンターネット化」(Internet of Things, IoT) とよばれるこの状況により，情報技術は我々の生活にとってさらに欠かすことのできない存在となった．IoT の高度な技術の整備が急速に進むなかで，計測機器から発生する情報であるデータが大規模にインターネット上を流通するようになる．企業は，この情報を効果的に利活用しながら，新しいビジネスモデルや技術の開発につなげることを考えるようになった．

　企業が新しい戦略の開発に向けてデータを活用していくためには，信頼のおけるデータを十分に蓄積していくことと並行して，データを利活用するために必要となるものの見方や情報技術を修得することも必要となる．「巨大なデータベースさえ整備すれば，何とかなる」と考える企業家は多い．しかし，巨額を投資して構築したせっかくのデータベースも，企業の成長のために十分に活用できなければ，無駄な投資になってしまう．逆に，データを科学的にみる目を養っておけば，データを過剰に増やすための無理な投資をしなくても，新しいビジネスへの展開は期待できる．この意味からも，データを新たな知識へ変えていくための力を養っていくことは，第四次産業革命とよばれる現代の情報化社会にとって大変重要なことといえる．

1.1.2　「ビッグデータ」の実際

　「ビッグデータ」を提供するサイトは近年急速に増え，さまざまなデータを提供するサービスを行っている．こうしたサイトのなかには国が運用しているサイトも多く，気象，環境，経済をはじめとして，広い分野の下でさまざまなデータを提供するサイトが運用されている．データを無償で提供するサイトも多く，我々の生活や社会を豊かにしていく手がかりとなるさまざまなデータを容易に整備できる環境が整ってきたといえる．国内におけるこのようなサイトの例を以下にあげる[2]．

1. 気象・環境
　　AMEDAS (地域気象観測システム，気象庁)
　　　　https://www.data.jma.go.jp/obd/stats/etrn/
　　NOWPHAS (全国港湾海洋波浪情報網，国交省)
　　　　https://nowphas.mlit.go.jp/
　　A-PLAT (気候変動適応情報プラットフォーム，環境省)
　　　　https://adaptation-platform.nies.go.jp/materials/stat/

---

[2] サイトの名称や URL は今後変更される可能性がある．

2. 経済

Yahoo!ファイナンス

https://stocks.finance.yahoo.co.jp/

総務省統計局

https://www.stat.go.jp/

RESAS (地域経済分析システム，経産省・内閣官房)

https://resas.go.jp/

国土交通省観光庁

https://www.mlit.go.jp/kankocho/siryou/toukei/

1.1.3 データサイエンスは何を教えてくれるか

　一般的に，データは関心のある現象の現状を把握するための情報としてのみ利用されることが多い．しかし，近年の計算機技術の発達とともに，データに隠れた現象の背景に潜むメカニズムを推測するための技術も開発が進んでいる．以下は，その代表的な例である．

- 現象の可視化
- 現象間の関係性の推測
- 現象の人工的再現 (シミュレーション)
- 現象の予測

　「現象の可視化」は，計算機による可視化の技術を駆使して，大規模なデータがもつ情報を第三者へ見通しよく伝えるための技術を指す．「現象間の関係性の推測」は，観測した変量間に潜む関係性について，可視化や統計的な解析を通じて明らかにするための方法や技術を意味する．「現象のシミュレーション」は，計算機を用いて現実の現象を模擬的に再現するための実験技術を意味し，実現象を再現する際に安全面や経済的観点からのリスクが発生する場合において有効な方法である．「現象の予測」は，時間的・空間的に観測された大規模なデータを基にして，将来の見通しを科学的に推定する技術のことで，諸現象の将来的な対策を考える際の大きな手がかりとなる．このような技術は，データの情報を基にして現象に関する新しい知識を得るための体系として，統計学や確率論の数理的基盤と，近年進歩が著しい機械学習，データマイニング，データ同化をはじめとした工学的な応用技術の開発

の上に構築されたもので，**データサイエンス** (data science) とよばれている．本書では，このデータサイエンスの基本的なものの見方と，具体的な方法について学ぶことを目的とする．

1.1.4 データ分析と計算機環境

　データは大規模で複雑な構造をもつようになっており，電卓を使用してもデータの処理を十分に進めることは難しくなりつつある．このようなデータを分析しながら情報をよむ上で，計算機の高度な計算能力や情報技術は欠かすことができない．そして，計算機の能力を最大限にひきだすための情報処理環境が求められる．柔軟なデータの分析を行うためには，高度なデータ処理を合理的に実行することのできるデータ分析環境が必要となる．最近では，高度なデータ処理機能を有するデータ分析用ソフトウェアや表計算ソフトウェアが利用されるが，本書ではデータ解析系言語である R を用いた分析を行うことにする．R はフリーソフトウェアで，パソコンにインストールして導入することにより，各自の目的に沿ったデータの利活用が可能となる．

1.1.5 本書の構成について

　本書では，R 環境のプログラミング技術を基礎としながら，実現象の観測データがもつ情報を読み取るための技術を演習を通して学ぶことにする．

　第2章では，第3章以降で述べるデータ分析で必要となる基本的な R 言語のプログラミング技術について要点を整理した．第3章では，データサイエンスにおける第一段階のアプローチとして，データの可視化や可視化された結果から現象の発生確率を分析するための方法，および R 環境で実践するための技術的側面を紹介する．第4章はデータサイエンスの第二段階のアプローチとして，データのモデル化を行うための基本的な見方と，R によるプログラミング技術，およびこうした技術の実現象への応用例について紹介する．第5章では，やや発展的なトピックスの1つとして時系列データの分析を取り上げ，基本的な分析を行うための方法と，R によるプログラミング技術を紹介する．

第 1 章の問題

問 1.1　国内外において，データを提供するサイトへアクセスし，データを入手せよ．

問 1.2　自然，工学，経済，社会，医学，スポーツなど，さまざまな分野で発生する実現象を考えながら，「データの利活用を通して解明すべき現象」として関心のある例をあげよ．

問 1.3　問 1.2 であげた例を実際に分析するために必要なデータ (エビデンス) を提供するサイトの有無について，インターネット上で調査しながら検討せよ．

第 **2** 章
R言語の基礎プログラミング

2.1 R 環境の導入

R 言語は AT&T ベル研究所で開発された S 言語と互換性をもつ対話型のデータ解析環境である．データ解析を柔軟に行うためのプログラミング構造と膨大な数の関数を有しており，世界中の研究者がさまざまな分野で利用しているデータ解析用のソフトウェアの 1 つとなっている．R 環境はフリーソフトウェアであり，誰でもパソコンへ導入して利用することができる．各自のパソコンに導入して，R 言語によるデータ処理を体験してみよう．

2.1.1 R パッケージのインストール

以下は，Windows をプラットフォームとする計算機を仮定したインストールの例である (他のプラットフォーム (macOS, Linux) などでも同様にしてインストールが可能である)．デスクトップ環境上で①から④の手順にそって R パッケージを導入するためのセットアップファイルをダウンロードした後，⑤に従ってセットアップファイルを実行すると，R パッケージのダウンロードとインストールが行われる．

① CRAN (Comprehensive R Archive Network) のサイトへ接続

https://cran.r-project.org/

② "Download and Install R" のなかの "Download R for Windows" をクリック

③ "Subdirectories:" にある選択肢のなかから "base" を選択

④ "R-x.y.z for Windows (32/64 bit)" (x.y.z はリビジョンの番号) と表示された画面で，"Download R x.y.z for Windows" をクリックする．ファイルの実行・保存に関する確認があるので「保存」を選択すると，PC に R 環境をインストー

ルするためのセットアップファイル (R-x.y.z-win.exe) がダウンロードされる.

⑤ ④でダウンロードされたファイル (R-x.y.z-win.exe) のアイコンがあることを確認した後, 2 回クリックするとセットアップファイルが起動して R パッケージの導入作業が始まる. [使用する言語] で "日本語" を選択し, 各質問に対して "次へ" を選択して進む. [コンポーネントの選択] では 64 ビットマシンの場合には "64-bit Files" に, 32 ビットマシンの場合には "32-bit Files" にチェックが入っていることを確認して "次へ" を選択すると, インストール作業が開始する.

⑥ インストールが完了すると, デスクトップ画面上に R 言語を起動するためのアイコンが作成される.

2.1.2　R のプログラミング環境

アイコンをクリックすると R 環境が起動し, 図 2.1 に示されるような窓が表示される. この窓は**コンソール画面**とよばれる. コンソール画面上に赤く表示される一番下の行は**コマンドライン**とよばれる. これはユーザが R 言語のコマンドやステートメントを入力して処理を行う部分で, コマンドラインから R 言語のステートメントを入力した後に Enter キーを押すと, R 環境は入力されたステートメントの内容を解釈し, 正しいステートメントの場合には処理の結果を返し, 文法的に誤っている場合にはエラーを表示する. このようにして, R とユーザとの間で見かけ上の「対話」を繰り返しながら処理が進行する.

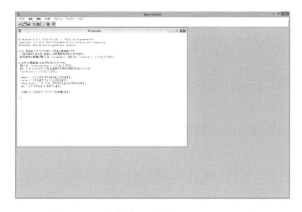

図 2.1　R 起動時の画面とコンソール画面

数値や文字列をはじめとする処理の結果などは，コンソール画面上に表示されるが，データを可視化した結果を図やグラフとして表示する場合には，図 2.2 に示される作画用の**グラフィック画面**がコンソール画面とは別に表示される．グラフィック画面で表示された結果は，紙やファイルとして出力することができる．

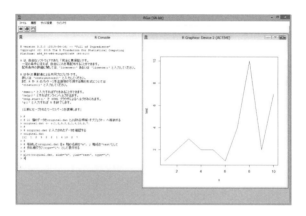

図 2.2　R のグラフィック画面

図 2.1 と図 2.2 は標準的な R の環境 (RGui) であるが，分析データや作画結果，実行の経過などを同時に表示する統合環境として，図 2.3 に示される RStudio がある[1]．この環境は R 環境をインストールした後に，RStudio を追加インストールすることで構築できる．また，RStudio.Cloud[2] へ登録することで，計算機に R 環境をインストールしなくてもクラウドサーバーを活用して R 環境を利用することが可能となる[3]．

R 環境では，コマンドラインよりステートメントを入力しながらさまざまな処理を進めるが，複雑なプログラム処理が必要となる場合など，ステートメントをコマンドラインより一行ずつ入力して処理する方法は非効率的となることがある．このような場合には，図 2.4 で示されるように RGui 以外にテキストエディタも起動し，エディタ上でプログラミング作業を行うと効率がよくなる．テキストエディタで入力・編集した後，実行する部分の範囲を指定してコピーした後，R のコンソー

---

[1]https://www.rstudio.com/

[2]https://rstudio.cloud/

[3]R 環境は現在 iPadOS との互換性がないが，この方法で iPad などでも R の利用が可能である．

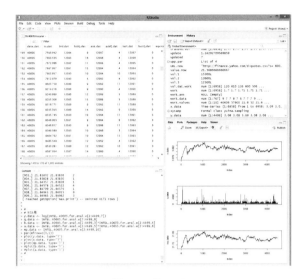

図 2.3 Rstudio

ル画面上でペーストすると，範囲指定された範囲のプログラムが一括処理される．
実行した処理に誤りがあった場合や，処理した内容を変更して再度計算する場合に
は，テキストエディタ上でプログラムを編集した後，上記と同様にコピー・アンド・
ペーストを実行する．

　Windows 環境で行った例を図 2.4 に示す．Windows の標準的なアプリケーショ
ンの 1 つである「メモ帳」をテキストエディタとして使用している．メモ帳を起
動して R のプログラムを入力した後，実行するプログラム部分を範囲指定してコ
ピー (メモ帳の上部にある [編集] を押し，表示されるプルダウンメニューから [コ

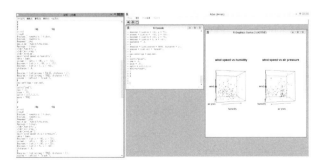

図 2.4 テキストエディタと RGui との併用

ピー] を選択) する. 次に, マウスのカーソルを R のコンソール画面上に移動して, マウスの右ボタンを押すと表示されるプルダウン メニューから [ペースト] を選択する※4と, 範囲指定されたプログラムの部分がコンソール画面に入力されて R の実行が行われる.

2.2 Rプログラミングの基本技術 (1)

この節では, 第3章以降で行うデータサイエンスの技術を実践する上で必須となる R 言語の基本的なプログラミング技術を要約した. また, この節で紹介した以外の技術で, やや実践的なプログラミングにおいて役立つと思われるもののいくつかを次の節で要約した. また, その他の関連事項については補遺に整理した.

2.2.1 R 環境で扱うことのできるデータの型

R 言語で扱うことのできる基本的なデータ型として, 1) 論理値 (TRUE, FALSE), 2) 整数, 3) 実数, 4) 複素数 (1+2i など), 5) 文字列 ("Abc", "1"など) がある. R 環境では, それぞれ `logical`, `integer`, `numeric`, `complex`, `character` として認識される.

2.2.2 基本的な数学演算

基本となる数学演算は四則演算子 (+, -, *, /) を用いて行う. 計算結果に問題がなければ結果をそのまま表示するが, 計算結果が特殊な状況となったり致命的な問題をもたらす場合には, 状況に応じて警告やエラーが表示される※5.

```
# 四則演算
> 1+2*3/6
[1] 2
# 括弧の取り扱い
> 1+(3-5)/(-2)
[1] 2
```

※4プルダウン メニューを用いなくても, コントロールキーを押したままの状態で "C"を押すとコピー, "V"を押すとペーストする.

※5本書の例では, コマンドライン (>) が表示されている状態から入力するステートメントと出力結果を示す. # から始まるステートメントはコメントであり, 実行には無関係である.

```
# 非合法な計算にはエラーを表示
> 3+*2
 エラー:  予想外の ’*’ です  in "3+*"
# 正に発散
> 1+3/0
[1] Inf
# 負に発散
> 1-3/0
[1] -Inf
# 0/0 の場合
> 0/0
[1] NaN
```

上記以外にも，幅広い数学の計算を行うために膨大な数の関数や演算記法が用意されている．関数は名称の後に丸括弧で表される．実際の計算のなかで使用することの多い例を以下にあげる．

```
# 2の平方根とその2乗，および逆数を計算して順に表示
# ; は複数の関数を同時に実行することを意味する
> sqrt(2); (sqrt(2))^2; (sqrt(2))^(-1)
[1] 1.414214
[1] 2
[1] 0.7071068
# -2 の絶対値
> abs(-2)
[1] 2
# 10 を 3 で割ったときの商と余り
> 10%/%3; 10%%3
[1] 3
[1] 1
# 円周率とネイピア数 （exp(1) は"e の 1 乗"の意味)
> pi; exp(1)
[1] 3.141593
[1] 2.718282
# pi/4 に関する三角比 （括弧内の値はラジアン）
```

```
> sin(pi/4); cos(pi/4); tan(pi/4)
[1] 0.7071068
[1] 0.7071068
[1] 1
# 逆三角関数（括弧内の値は実数）
> asin(1); acos(1); atan(1)
[1] 1.570796
[1] 0
[1] 0.7853982
# 自然対数，常用対数，log3(9)
> log(exp(1)); log10(10); log(9, base=3)
[1] 1
[1] 1
[1] 2
# 虚数単位の定義，複素数の演算と絶対値
> sqrt(-1+0i); (1+2i)*(3+4i); abs((1+2i)*(3+4i))
[1] 0+1i
[1] -5+10i
[1] 11.18034
# ネイピア数のべき乗や対数は複素数も入力できる
> exp(2i); log(2i)
[1] -0.4161468+0.9092974i
[1] 0.693147+1.570796i
# 非合法な計算にはエラーや警告が表示
> log(-2)
[1] NaN
Warning message:
In log(-2) :  計算結果が NaN になりました
```

2.2.3 ベクトルとその演算

　R言語では，数値や文字の情報を「領域」へ入力し，これを単位としてさまざまな処理が行われる．この領域のことを**オブジェクト**とよぶ．オブジェクトはデータを格納する構造に応じてさまざまなものが定義されるが，その基本単位は1つ，または複数の情報を1つにまとめて識別子により参照できるようにした構造であり，これを**ベク**

トルとよぶ．Rにおける最も基本的なデータ処理は，データからベクトルを生成した後，ベクトルに対して関数を実行することにより目的とする処理を行う流れとなる．

　データからベクトルを生成するためには，入力するデータの全体を関数 c() で指定し，この出力を < と - を組み合わせた左矢印 <- を用いて出力先の名前を指定する．たとえば，5個のデータ 1, 3, 2, 1, 2 を x という名前のベクトルとして定義する (x に付値する) 場合には

```
x <- c(1,3,2,1,2)
```

と実行する．この実行によって5個のデータを要素とするベクトル x が生成され，これにさまざまな演算や関数を適用することにより処理が行われる．ベクトル x に関する処理は，x に含まれるそれぞれの要素に関して行われることに注意する．

```
# x に入力されたデータを表示
> x
[1] 1 3 2 1 2
# x に入力された各データを2倍する
> 2*x
[1] 2 6 4 2 4
# x に入力された各データから5を引く
> x-5
[1] -4 -2 -3 -4 -3
# 10 を x に入力された各データの値で割る
> 10/x
[1] 10.000000  3.333333  5.000000 10.000000  5.000000
# 各データに基づいて2のべき乗を計算
> 2^x
[1] 2 8 4 2 4
# 各データに基づく自然対数
> log(x)
[1] 0.0000000 1.0986123 0.6931472 0.0000000 0.6931472
```

上記の演算は複数のベクトルの間でも行うことができる．この場合の演算は数学におけるベクトル演算とは異なり，ベクトル x, y の対応する要素間で行われる．

```
# ベクトル a と b を定義して表示
> a <- c(1,2); b <- c(-1,-2); a;  b;
[1] 1 2
[1] -1 -2
# 1 列目，2 列目の要素ごとに計算
> a+b; a-b; a*b; a/b
[1] 0 0
[1] 2 4
[1] -1 -4
[1] -1 -1
# (2^0, 2^0) を求める
> 2^(a+b)
[1] 1 1
# (log2(2), log2(4)) を求める
> log2(a-b)
[1] 1 2
```

文字列は文字情報の前後に "" をつけることで認識される．文字情報も関数 c() を用いてベクトルを定義することができる．文字列と数字のように異なる型のデータを 1 つのベクトルにまとめる場合には，含まれているデータの型によって「文字列」＞「複素数」＞「整数・実数」＞「論理値」の優先順位で統一され，同じ型に変換される．

```
> c("A", "b", "1", "文書")
[1] "A"    "b"    "1"    "文書"
# "1" が文字データの場合，数学演算は不可
> char.one <- c("1"); char.one*2
 char.one * 2 でエラー：  二項演算子の引数が数値ではありません
# 文字列と数値を 1 つのベクトルや行列としてまとめると，文字列に統一
> c("A", 1, 2)
[1] "A" "1" "2"
```

ベクトルから各要素の情報を取り出す場合には，角括弧 [ ] と識別番号を用いて指定する．識別番号の指定方法として，個別に指定する場合や範囲で指定する場合がある．

```
# ベクトル x と x の 1 番目の要素
> x <- c(1,3,2,1,2); x; x[1]
[1] 1 3 2 1 2
[1] 1
# ベクトル x の 3 番目から 5 番目の要素
> x[3:5]
[1] 2 1 2
# ベクトル x の 1,3,5 番目の要素
> x[c(1,3,5)]
[1] 1 2 2
# 1 番目, および 2,4 番目を除いた要素
> x[-1]; x[-c(2,4)]
[1] 3 2 1 2
[1] 1 2 2
# 参照する識別番号をベクトルに入力してから実行する
> list.x <- c(1,4,5); x[list.x]
[1] 1 1 2
```

ベクトルに集計された値を調べる際に有用な関数や記法の例を示す.

```
# ベクトル x に含まれる要素 (データ) の数
> length(x)
[1] 5
# ベクトル x の最小値, 最大値, および双方の値
> min(x); max(x); range(x)
[1] 1
[1] 3
[1] 1 3
# ベクトル x の並べ替え (小さい順, 大きい順), 異なる数の表示
> sort(x); sort(x, decreasing=TRUE); unique(x)
[1] 1 1 2 2 3
[1] 3 2 2 1 1
[1] 1 3 2
# x の総和と総積, および 1,3,5 番目の和
> sum(x); prod(x); sum(x[c(1,3,5)])
[1] 9
```

```
[1] 12
[1] 5
# x の累積和と累積積
> cumsum(x); cumprod(x)
[1] 1 4 6 7 9
[1] 1 3 6 6 12
# 1 階階差と 2 階階差
> diff(x); diff(diff(x))
[1]  2 -1 -1  1
[1] -3  0  2
# x の要素から 1，および 3 以上の数を取り出す
# [ ] のなかは，取り出す条件を示す論理演算子 (2.2.7 項を参照)
> x[x == 1]; x[x >= 3]
[1] 1 1
[1] 3
# 上記で 1 となる要素の個数とその総和
> length(x[x == 1]); sum(x[x == 1])
[1] 2
[1] 2
```

文字列についても，ベクトルに入力して処理する関数が用意されている．

```
# 文字列を含むベクトルの生成
# 長いステートメントを実行した場合，2 行目以降の > の直下に
# + が表示された後，続けて表示される
> words <- c("supercalifragilisticexpialidocious",
+ "よくあるでたらめな単語")
# 各文字列に含まれる文字数
> nchar(words[1]); nchar(words[2])
[1] 34
[1] 11
# 文字列の 1 文字目から 4 文字目を抽出
> chr.e <- substr(words[1],1,4); chr.j <- substr(words[2],1,4)
> chr.e; chr.j
[1] "supe"
[1] "よくある"
```

```
# 文字列の結合
> paste(chr.e, "and", chr.j); paste(chr.e, "and", chr.j, sep="")
[1] "supe and よくある"
[1] "supeand よくある"
# 発生した文字列のすべてを重複しないように表示
> list.dir <- c("南", "南東", "南東", "南南東", "南東", "東南東")
> unique(list.dir)
[1] "南"       "南東"    "南南東" "東南東"
# list.dir に"南東"は何回現れたか
> length(list.dir[list.dir=="南東"])
[1] 3
```

2.2.4　行列

　多変量のデータを準備する場合，各変量を列の方向にとり，データの順番を行の方向にとってデータを配置すると扱いやすい[6]．このように行方向と列方向の2つの識別番号をもつデータ構造のことを，R環境では**行列**とよぶ[7]．

　行列は複数の方法によって生成できる．最も基本的な方法は，各要素を入力したベクトルから関数 matrix() を用いて生成する方法である．オプションである nrow= で行数を，ncol= で列数を指定する (正方行列の場合には nrow= が省略できる)．また，byrow= が TRUE の場合は行が進行する方向へ，FALSE の場合には列が進行する方向へ入力したデータを配置する．

```
# 2行3列の行列，行の進行方向へデータを入力
> matrix(c(1,2,3,4,5,6), ncol=3, nrow=2, byrow=TRUE)
     [,1] [,2] [,3]
[1,]    1    2    3
[2,]    4    5    6
# 2次の正方行列，行の進行方向へデータを入力
> matrix(c(1,2,3,4), ncol=2, byrow=TRUE)
     [,1] [,2]
[1,]    1    2
```

---

[6]表計算ソフトウェアにおけるスプレッドシートの考え方である．
[7]次元を与えることにより，3次元以上の行列も定義できる．

```
[2,]    3    4
# 2 次の正方行列，列の進行方向へデータを入力
> matrix(c(1,2,3,4), ncol=2, byrow=FALSE)
     [,1] [,2]
[1,]    1    3
[2,]    2    4
```

　もう 1 つの方法は，ベクトルを行，あるいは列の進行方向へ結合する方法である．2 つのベクトルを行の進行方向へ結合する場合は rbind()，列の進行方向へ結合する場合には cbind() を実行する．以下はベクトル x と y を列方向に結合した行列 *A* と，行方向に結合した行列 *B* を生成した例である．

```
> x <- c(1,2,3); y <- c(-1,-2,-3)
> A <- cbind(x,y); B <- rbind(x,y); A; B
     x  y
[1,] 1 -1
[2,] 2 -2
[3,] 3 -3
   [,1] [,2] [,3]
x    1    2    3
y   -1   -2   -3
# 行と列に名前を付ける
> rownames(B) <- c("row.1", "row.2")
> colnames(B) <- c("col.1", "col.2", "col.3")
> B
      col.1 col.2 col.3
row.1     1     2     3
row.2    -1    -2    -3
```

上記の方法で得られたオブジェクトは，いずれも行と列の 2 次元の構造をもち，ベクトルと同様に角括弧 ([ ]) と行，列の識別番号を指定することで要素を取り出すことができる．以下は，上記の行列 *A* を用いた要素の取り出しと，その処理に関する例である．

```
# 3 行 2 列目，1 行目，2 列目，2 行目と 3 行目の要素
> A[3,2]; A[1,]; A[,2]; A[2:3,]
 y
-3
 x  y
 1 -1
[1] -1 -2 -3
     x  y
[1,] 2 -2
[2,] 3 -3
# 1 列目の最大値，および 3 行目の要素の総和
> max(A[,1]); sum(A[3,])
[1] 3
[1] 0
# ベクトルに数値を付加して新たなベクトルを生成
> c(A[3,], sum(A[3,]))
 x  y
 3 -3  0
# 行列 A に行列 A やベクトル x を結合して行列を生成
> cbind(A,A);cbind(A,x)
     x  y x  y
[1,] 1 -1 1 -1
[2,] 2 -2 2 -2
[3,] 3 -3 3 -3
     x  y x
[1,] 1 -1 1
[2,] 2 -2 2
[3,] 3 -3 3
```

上記で生成されるデータ構造は，数学的な行列としても認識されている．基本的な
行列演算や逆行列，行列式，固有値をはじめとした線形代数における基本計算につ
いても，関数を用いて容易に計算できる (詳細は 2.3.7 項を参照)．

2.2.5　データフレーム

　データを分析する際によく用いられる構造として**データフレーム**がある．これは関数 data.frame() を実行することで生成され，変数名と行番号が表示される．データフレームは行列と同様に行と列の構造をもち，行番号と列番号 (変数名に対応する列数を列番号として認識する) を与えることによりデータが識別される．行列では行番号が [1,], [2,] のように表示されるのに対して，データフレームでは行番号が 1, 2, ... の形で表示されるため，両者を区別することができる．

　データフレームは行列とは異なり，型が異なるデータをまとめても型が統一されない．また，関数のなかにはデータフレームとして入力することが前提となっているものがあり，行列の構造のまま入力するとエラーとなる場合がある．この場合には，関数を実行する前に data.frame() を実行する必要がある．以下は，整数型と文字列型のベクトルをデータフレームを用いて処理した例である．

```
> x <- c(1,2); y <- c(-1,-2); season <- c("春", "夏")
# 型の異なるデータをまとめてデータフレームを作成すると
# 異なるデータの型が強制的に統一されない
> A <- data.frame(x,y,season); A
  x  y season
1 1 -1      春
2 2 -2      夏}
# 行列では数値と文字列を結合すると文字列に統一される
> B <- cbind(x,y,season); B
     x    y    season
[1,] "1" "-1" "春"
[2,] "2" "-2" "夏" }
# 変数 y の要素を取り出すとベクトルとなる
> A$y; A$y[1]/A$y[2]; sum(A$y)
[1] -1 -2
[1] 0.5
[1] -3}
# A に論理値ベクトルを追加
> A$logical <- c(TRUE, FALSE)
> A
  x  y season logical
```

```
1 1 -1    春    TRUE
2 2 -2    夏    FALSE}
# 行列の場合には，文字列に統一される
> cbind(B, c(TRUE, FALSE))
     x   y    season
[1,] "1" "-1" "春"   "TRUE"
[2,] "2" "-2" "夏"   "FALSE"}
```

2.2.6　リスト

　ベクトル，行列，データフレームは**リスト**の構造をもつ 1 つのオブジェクトとしてまとめることができる．リストではデータ型や要素数の異なるオブジェクトもまとめることができるので，さまざまな属性をもつデータ，計算結果を入力したベクトルや行列などをまとめて 1 つのオブジェクトとして出力したい場合に便利である．

```
> x <- c(1,2); y <- c(1); season <- c("春", "夏")
> A <- data.frame(x,y,season)
# ベクトルや行列をまとめて list.data に出力
> list.data <- list(x,y,season,A); list.data

[[1]]
[1] 1 2

[[2]]
[1] 1

[[3]]
[1] "春" "夏"

[[4]]
  x y season
1 1 1     春
2 2 1     夏
# 2 番目にあるベクトル，4 番目にある行列の 3 列目の要素
> list.data[[2]];  list.data[[4]][,3]
```

```
[1] 1
[1] 春 夏
Levels: 夏 春}
```

2.2.7　条件分岐

コンピュータ・プログラミングを構成する基本要素として**代入**，**条件分岐**，および**繰り返し (ループ)** があげられる．R のプログラミングにおいて，"代入"は左矢印を用いてベクトルや行列へ付値する操作を指すが，"条件分岐"，および "繰り返し (ループ)"についても処理の体系が整備されている．条件分岐を行う処理は **if 文**とよばれ，次のような構文である．

　　　if(**論理式**) **処理** 1(複数可) else **処理** 2(複数可)

(論理式) には，条件を示す式を**基本論理演算子**を用いて記述する．基本論理演算子の定義は以下のとおりである．if 文を実行すると与えられた条件式を評価して，正しければ論理値の「真」(**TRUE**)，正しくない場合には「偽」(**FALSE**) を返す．

　　　x == y 　一致するか

　　　x != y 　一致しないか

　　　x > y 　　x は y よりも大きいか

　　　x >= y 　x は y より大きいか等しいか

　　　x < y 　　x は y よりも小さいか

　　　x <= y 　x は y より小さいか等しいか

　　　x || y 　論理和 (x または y)

　　　x && y 　論理積 (x かつ y)

　　　!x 　　　x の否定

論理値の取り扱いに関する例を以下に示す．

```
> x1 <- 1; x2 <- 0;  z1 <- "a"; z2 <- "A"
> x1 == x2; x1 != x2; x1 >= x2
[1] FALSE
[1] TRUE
[1] TRUE}
```

```
# 論理値ベクトル
> c(z1 == z2, z1 != z2, z1 >= z2)
[1] FALSE TRUE FALSE
# 論理値を数値へ変換する
>  as.numeric(c(z1 == z2, z1 != z2, z1 >= z2))
[1] 0 1 0
# 数値を論理値へ変換する
>  as.logical(c(0,1,0))
[1] FALSE TRUE FALSE
```

論理演算の結果が真の場合には (処理 1) が，偽の場合には (処理 2) が実行される．
(処理 2) が不要な場合には else が省略できる．また，処理が複数になる場合には
処理の全体を括弧 { } で括る必要がある．この例を以下に示す．

```
> x <- 1; y <- 0; z <- 1
# x と y が等しければ"OK\n"("\n"は改行の意味) を表示
> if( x == y ) cat("OK\n")
# x と y が等しくなければ"NO\n"を表示
> if( x != y ) cat("NO\n")
OK
# xy，yz，zx のいずれかが 0 であれば文字列"YES"を，そうでなければ"NO"を表示
> if( x*y==0 || y*z==0 || z*x==0) ans <- "YES" else ans <- "NO"
# この場合には ans に文字列"YES"が入力されている
> ans
[1] "YES"
# if-else の条件処理
> if( x*y == 0 || y*z == 0 || z*x == 0 ){
+ ans <- "OK"
+ x <- -1; y <- -1
+ } else {
+ ans <- "NO"
+ x <- -100; y <- -100
+ }
# x,y は上書きされた
> ans; c(x,y)
```

```
[1] "OK"
[1] -1 -1
```

2.2.8　反復処理 (ループ)

　異なるデータに対して処理を行うときなど,同じ処理を複数回繰り返して行うの
が**反復 (ループ) 処理**であり,**for 文**を用いる.for 文は次のような構文である.

　　　`for(arg in range)` **処理 (複数可)**

ベクトル **range** で指定された範囲で **arg** の値を 1 つずつ変えながら,処理を繰り
返し行う.一般のプログラム言語の場合,繰り返しの範囲 **arg** は正整数で定義する
ことが一般的であるが,R 環境では「ベクトル」として定義され,数値,文字,論
理値が使用できる.次の例では,**i** の値を順次変えながら,**i** の値を出力する処理
を繰り返して実行する.

```
# i を 1 から 3 まで変えながら平方根を表示
> for(i in 1:3) cat(sqrt(i),"\n")
1
1.414214
1.732051
# i を 1,5,8 と変えながら値を表示
> for(i in c(1,5,8)) cat(i,"\n")
1
5
8
# i を 10 から 0 まで 5 ずつ減らしながら表示
> for(i in seq(10,0,by=-5)) cat(i,"\n")
10
5
0
# 文字列を"a", "b"と変えて表示
> for(i in c("a","b")) cat(i, "\n")
a
b
# 論理値ベクトルを順に参照
```

```
> l.list <- c(FALSE,TRUE,FALSE); for(i in l.list) cat(i, "\n")
FALSE
TRUE
FALSE
```

反復処理はベクトルや行列の処理で重要な役割を果たす．以下の例では，ベクトル xx に入力されたデータの累積和を順次求めてベクトル answer に入力している．

```
> xx <- c(0,-1,2,3,5,3,2)
# 累積和の計算結果を入力する空のオブジェクトを answer とする
> answer <- NULL
# 累積和を計算する際のベクトルを sum.x（初期値を 0 とする）
> sum.x   <- 0
> for(i in 1:7){
  # i の値を変えながら，sum.x の値に xx[i] の値を足して更新する
+    sum.x <- sum.x + xx[i]
  # 関数 rbind() を用いて sum.x を answer の最終行に追加する
+    answer <- rbind(answer, sum.x)
+ }
```

この処理で得られた answer は次のような縦ベクトルとなるので，関数 as.vector() を使用して，一般的なベクトルのフォーマットに変換している．

```
> answer
       [,1]
sum.x    0
sum.x   -1
sum.x    1
sum.x    4
sum.x    9
sum.x   12
sum.x   14
# answer をベクトルに直し，累積和を求める関数 cumsum() の結果と比較
> as.vector(answer); cumsum(xx)
[1]   0 -1  1  4  9 12 14
[1]   0 -1  1  4  9 12 14
```

　次の例では，行列の要素の逆数の値を各要素とした行列 inverse を出力する．行について処理を行うループの内部で，列に関して処理を行うループを記述することにより，行と列に関するすべての組合せについて同一の処理を行うことができる．

```
# A は 3 行 3 列の行列
> A <- matrix(c(1:9),ncol=3,byrow=T)
# 結果を入力する 3x3 行列を invserse とし，その要素をすべて 0 とする
> inverse <- matrix(rep(0,9),ncol=3)
> for(i in 1:3){
+    for(j in 1:3){
     # A の i 行 j 列の要素の逆数を行列 inverse の i 行 j 列の要素とする
+       inverse[i,j] <- 1/A[i,j]
+    }
+ }

> A
      [,1]  [,2]  [,3]
 [1,]    1     2     3
 [2,]    4     5     6
 [3,]    7     8     9
> inverse
           [,1]    [,2]       [,3]
 [1,] 1.0000000  0.500  0.3333333
 [2,] 0.2500000  0.200  0.1666667
 [3,] 0.1428571  0.125  0.1111111
```

反復処理は処理の流れがみやすい反面，処理の方法によっては処理時間に違いが発生することが起こりうる．特に，処理するデータの数が膨大となる場合や，多重ループ[8] を行う場合には，ループ内で行う処理の方法によって実行時間に極端な差が出ることが起こりうるので注意を要する．このような状況では，データの書き換えを伴う rbind() や cbind() の処理を避けることや，別な関数 (apply() など) を用いることで処理時間を短縮することが可能である．

2.2.9　ユーザ関数の定義

ある一連の処理を条件を変えながら繰り返して実行する場合，処理する内容を
まとめて**ユーザ関数**として定義すると，その後の処理の見通しがよくなる．ユーザ
関数 foo() を定義するためには関数 function() を用いて次のような構文を記述
する．

　　foo <- function(**引数リスト**) **処理**

たとえば，

```
calc.sqrt <- function(x){sqrt(x)}
```

を実行するとベクトル x に関する関数 calc.sqrt() が定義され，以後，ベクトル
x をこの関数で指定すると入力した値の平方根を返す．この例を以下に示す．

```
# ベクトル x の関数 calc.sqrt() を定義
> calc.sqrt <- function(x){sqrt(x)}
# 定義した内容を確認する場合は，関数名を実行する
> calc.sqrt
function(x){sqrt(x)}
# ベクトルを入力すると平方根を返す
>  calc.sqrt(2); calc.sqrt(c(2,3,5))
[1] 1.414214
[1] 1.414214 1.732051 2.236068
```

以下の例では，i と j の値を入力すると $\dfrac{i}{j}$ の平方根の値を求めて出力するユーザ
関数 calc2.sqrt() を定義した後，3×3 行列 result の i 行 j 列の要素ごとに
calc2.sqrt() を実行した値を入力している．

```
# x,y を入力とした関数 calc2.sqrt() を定義
> calc2.sqrt <- function(x,y){sqrt(x/y)}
# 3x3 行列 result （要素の値はすべて 0 とする）
> result <- matrix(rep(0,9),ncol=3)
> for(i in 1:3){
+   for(j in 1:3){
      # result の i 行 j 列の要素に calc2.sqrt(i,j) の値を入力
```

```
+     result[i,j] <- calc2.sqrt(i,j)
+   }
+   }
# (x,y)=(1,1), (3,1) における関数の値
> calc2.sqrt(1,1); calc2.sqrt(3,1)
[1] 1
[1] 1.732051
# results の内容を表示
> result
          [,1]       [,2]       [,3]
[1,] 1.000000 0.7071068 0.5773503
[2,] 1.414214 1.0000000 0.8164966
[3,] 1.732051 1.2247449 1.0000000
```

2.2.10 CSV 形式のファイルの入出力

データを公的に提供しているサイトからダウンロードしたときのファイルは，xxxxx.csv のように "csv" という拡張子が末尾についている場合が一般的である．これは **CSV 形式**[9]のファイルとよばれ，異なるデータを識別するためにカンマが挿入されている．CSV ファイルに記録されているデータを R 環境で使用するためには，このデータを R 環境のオブジェクトとして入力することが必要となる．この処理は関数 read.csv() を実行することで行うことができる．

例として，Windows 環境のデスクトップ画面の下にフォルダ **data** を作成し，このなかにダウンロードした CSV ファイル example.csv があるとき，このファイルを R へ入力してデータフレーム base.dat を生成する処理を行ってみよう．まず，example.csv が格納されている経路を直接示した情報である**絶対パス**を調べる必要がある[10]．いま，example.csv の絶対パスが

  C:¥Users¥data¥example.csv

である場合には，¥ の部分を / に置き換えた

  C:/Users/data/example.csv

---

[9]comma-separated values の略である．
[10]Windows 環境では，エクスプローラーの上部中央に表示されているフォルダを 1 回クリックすると絶対パスが ¥ を用いて表示される．

を read.csv() の括弧内で指定する．macOS や Linux の場合には絶対パスが / で表示されるため，表示される絶対パスの情報をそのまま指定するとよい※11．

```
read.csv(file="C:/Users/data/example.csv")
```

上記を実行すると，CSV ファイル内のデータが R に入力されて画面上に表示される．これを base.dat という名前の行列として生成するためには付値を行う左矢印を用いて

```
base.dat <- read.csv(file="C:/Users/data/example.csv")
```

を実行すると，CSV ファイルの内容が R のオブジェクト base.dat へ入力される．以下の例では，CSV ファイルのデータが以下のように各列の変数名 (ヘッダー) を含む場合に read.csv() を用いてデータフレーム base.dat を生成している．

kousui	wspeed	kion	nissyou	kiatsu	sitsudo	kaimen.kiatsu	jyouki
0	1.7	10.1	0	1013.6	76	1016.8	9.4
0	1.1	9.6	0	1013.5	80	1016.7	9.6
0	2	10.4	0	1013.1	76	1016.3	9.6

```
> base.dat <- read.csv(file="C:/Users/data/example.csv")
# データフレーム base.dat の先頭から 3 行を表示
> base.dat[1:3,]
  kousui wspeed kion nissyou kiatsu sitsudo kaimen.kiatsu jyouki
1      0    1.7 10.1     0.0 1013.6      76        1016.8    9.4
2      0    1.1  9.6     0.0 1013.5      80        1016.7    9.6
3      0    2.0 10.4     0.0 1013.1      76        1016.3    9.6
```

次に，各列の変数名がついていない CSV ファイルに対して read.csv() を実行してみることにする．

※11 データに日本語が含まれている場合，文字コードによって入力に失敗することがあるので注意を要する．2.4.5 項を参照．

```
0   1.7   南     10.1   0   1013.6   76   1016.8   9.4
0   1.1   南東    9.6   0   1013.5   80   1016.7   9.6
0   2     南東   10.4   0   1013.1   76   1016.3   9.6
```

　このように変数名をもたないデータに対しては，header=F をオプションに与え
て read.csv() を実行する．この場合には，9つの形式的な変数名 V1 〜 V9が自動
的に付加されたデータフレーム base.dat が生成される．

```
> base.dat <- read.csv(file="C:/Users/data/example2.csv", header=F)
> base.dat[1:3,]
   V1 V2     V3   V4 V5     V6 V7      V8  V9
1   0 1.7     南 10.1  0 1013.6 76 1016.8 9.4
2   0 1.1   南東  9.6  0 1013.5 80 1016.7 9.6
3   0 2.0   南東 10.4  0 1013.1 76 1016.3 9.6
```

　上記とは逆に，R 環境で生成されたオブジェクトを CSV ファイルとして出力し
たい場合には，関数 write.csv() を用いる．R のオブジェクト A を CSV ファイ
ル A.csv として生成する場合には，以下のように write.csv() を実行すると，変
数名 (ヘッダー) を含む情報が CSV ファイルへ出力される．

```
> write.csv(file="C:/Users/data/A.csv", row.names=FALSE)
```

2.2.11　テキスト形式のファイルの入出力

　入力するデータが CSV 形式ではなく，データ間が空白やタブで区切られたテキ
スト形式のデータを R へ入力する場合には，関数 read.table() を実行するとデー
タフレームが生成される．

```
# ヘッダーのないテキストデータ text.txt を入力する
> base.dat <- read.table("C:/Users/data/textdata.txt")
> base.dat[1:3,]
   V1 V2     V3   V4  V5     V6 V7      V8  V9
1   0 1.7     南 10.1 0.0 1013.6 76 1016.8 9.4
2   0 1.1   南東  9.6 0.0 1013.5 80 1016.7 9.6
3   0 2.0   南東 10.4 0.0 1013.1 76 1016.3 9.6
```

テキストデータを入力して行列を生成する場合には，関数 scan() を利用する．
ヘッダーを含まないテキストファイル example2.txt

0	1.7	10.1	0	1013.6	76	1016.8	9.4
0	1.1	9.6	0	1013.5	80	1016.7	9.6
0	2	10.4	0	1013.1	76	1016.3	9.6

より行列 a を生成する例を以下に示す．

```
> a <- matrix(scan("C:/Users/data/example2.txt"), ncol=8, byrow=T)
Read 6136 items
> a[1:3,]
     [,1] [,2] [,3] [,4]    [,5] [,6]    [,7] [,8]
[1,]    0  1.7 10.1    0  1013.6   76  1016.8  9.4
[2,]    0  1.1  9.6    0  1013.5   80  1016.7  9.6
[3,]    0  2.0 10.4    0  1013.1   76  1016.3  9.6
```

上記のオブジェクトをテキスト形式のファイルとして出力したい場合には，関数
write.table() を用いる．

2.2.12 インターネット上にある外部ファイルを R へ入力する

関数 read.csv() は，インターネットで接続されている他のサイト上にある CSV
ファイルにアクセスして，R のオブジェクトとして入力することが可能である．た
とえば，example.csv がサイト http://www.example.xxx 上でアクセスが可能と
なっている場合，以下を実行すると上記のサイトへアクセスして example.csv の
データをオブジェクト base.dat として入力することができる．

```
base.dat <- read.csv("http://www.example.xxx/example.csv")
```

他のサイトにあるデータを入手する際には，知的財産権の問題に十分注意して実
行する必要がある．

2.3 Rプログラミングの基本技術 (2)

この節では，実際のデータ処理において重要となるいくつかのプログラム技術を紹介する．

2.3.1 データの属性

コンソール画面上からは同じようにみえるデータも，その属性が異なっているために処理を行った結果が異なる場合がある．このような場合には，データの属性を確認することが必要となる．

関数 class() はデータの型を調べて結果を報告する．この関数を用いてデータの型を調べた例を以下に示す．

```
> c(class(FALSE), class(30), class(1/3), class(1+2i), class("A"))
[1] "logical"   "integer"   "numeric"   "complex"   "character"
```

以下の例において，Z と Z2 の観測データは同じようにみえるが，変数 a に関する和を関数 sum() を用いて計算すると，その結果が異なることがわかる．関数 sapply()[12]を用いて，変数 Char, year, a のデータを含むベクトルごとに関数 class() を実行してデータの属性を調べる．その結果，Z2\$a は integer (整数型)であるが，Z\$a は factor (因子型[13]) であり，両者のデータの型が異なっていることがわかる．Z\$a の値は整数型のデータではなく，因子型のデータと認識していたことが，異なる実行結果となった原因であることがわかる．

```
# Z と Z2 は同じデータのようにみえる
> Z
  Char year  a
1    C 2018 10
2    D 2018  5
3    A 2018 20
> Z2
  Char year  a
```

---

[12]sapply() の括弧内に関数を指定すると，変数ごとに指定した関数を繰り返し実行し，得られた結果を一括して返す．

[13]質的なカテゴリカルデータを取り扱う際にこの属性を指定する．詳細については 4.2.11 項を参照．

```
1    C 2018 10
2    D 2018  5
3    A 2018 20
# しかし，Z と Z2 で同じ計算を行っても動作が異なる
> sum(Z$a)
 Summary.factor(c(1L, 3L, 2L), na.rm = FALSE) でエラー：
    ‘sum’ は因子に対しては無意味です

> sum(Z2$a)
[1] 35
# 各変数の属性は異なることがわかる
> sapply(Z, class)
    Char      year         a
"factor" "factor" "factor"
> sapply(Z2, class)
     Char      year         a
 "factor" "integer" "integer"
```

2.3.2 データ構造やデータ型の変換

処理の過程でデータ構造やデータの型を変換する必要のある状況がしばしば起こるが，このような変換を行うための関数群が用意されている．as. にデータ構造の名前をつけたものが関数名となっており，以下のようなものがよく用いられる．

1. データ構造の変換

```
as.vector()    ベクトルへ変換
as.matrix()    行列へ変換
as.list()      リストへ変換
```

2. データ型の変換

```
as.integer()     整数型ベクトルへ変換
as.numeric()     実数型ベクトルへ変換
as.character()   文字列型ベクトルへ変換
```

as.logical()　　　論理値型ベクトルへ変換

as.complex()　　　複素数型ベクトルへ変換

as.factor()　　　因子型ベクトルへ変換

as.ts()　　　　　時系列データに変換

as.Date()　　　　日付を含むベクトルに変換

2.3.3　データの欠損

　データが存在しない状態を**欠損** (missing data) という．R環境ではベクトルや行列の要素に欠損が発生していることを**欠損値**とよび，NA (Not Available) で表す．NAは一般の値と同じように扱うことができ，NAを含むオブジェクトに対して関数を実行した場合，欠損値を認識した処理が行われる．たとえば，NAを含むベクトル間で四則計算を行った結果はNAを返し，統計計算の関数を実行した結果も原則としてNAを返す[※14]．

```
# NA を含むデータを入力
> a <- c(1,2,NA,3,2,1)
> b <- c(3,7,NA,5,4,2)
> a
[1]   1  2 NA  3  2  1
# anyNA() は，NA を含むかどうかをチェックして論理値を返す
#    ベクトル a は NA を含み，a の 3 番目以外には NA を含まない
> c(anyNA(a), anyNA(a[-3]))
[1]   TRUE FALSE
# NA を含むすべての演算はすべて NA となる
> c(2+a[3], 2*a[3], 3/a[3], a[3]/a[3])
[1] NA NA NA NA
# 作画処理では NA を除いて処理される
> stem(a)

  The decimal point is at the |
```

[※14] 統計計算を行う関数では，欠損値を除外して計算を行うことができるようにオプションが用意されていることが多い．

```
  1 | 00
  1 |
  2 | 00
  2 |
  3 | 0


# NA を含む統計値は NA となる
> c(sum(a), mean(a), max(a), min(a))
[1] NA NA NA NA
> cor(a,b)
[1] NA
# NA を除いて統計値を求める場合にはオプションを与える
> c(mean(a, na.rm=TRUE), var(a, na.rm=TRUE))
[1] 1.8 0.7
> cor(a,b, use = "complete.obs")
[1] 0.6524383
```

if 文において，条件を判定する対象が NA である場合はエラーを表示するので注意する．このような場合には関数 is.na() を用いる．この関数は括弧内の要素が NA であるか否かを判定して，論理値 (TURE / FALSE) を返す．以下は，欠損値を含むベクトルの条件処理に関する一例である．

```
# NA を含むベクトル a で，要素が 1 である行の番号を調べる
#     NA を含む場合は if 文が適切に判断できない
> ANS <- NULL
> for(i in 1:6){
+   if(a[i]==1){
+     updated <- i
+     ANS <- rbind(ANS, updated)
+   }
+ }
 if (a[i] == 1) { でエラー:  TRUE/FALSE が必要なところが欠損値です
# 関数 is.na() は欠損値であるか否かを論理的に判定する
> is.na(a[3])
[1] TRUE
```

```
# is.na() を if 文の条件分岐に利用するとエラーを回避できる
> ANS <- NULL
> for(i in 1:6){
+    if(is.na(a[i])==FALSE && a[i]==1){
+        updated <- i
+        ANS <- rbind(ANS, updated)
+    }
+ }
> as.vector(ANS)
[1] 1 6
```

　実際の観測データにおいて，一部が欠損となっていることは決してめずらしいことではなく，その取り扱いが問題となる場合もしばしば発生する．以下の例では，関数 anyNA() を用いて行ごとにデータの一部に欠損がないかを調べ，ある場合にはその行をすべて削除することによって，欠損を含む行をすべて除いたデータセットを生成する．

```
> Z
  Char year1 a1 year2 a2 year3  a3
1    A  2018 27  2019 -6  2020 100
2    E  2018 11  2019 -1  2020  NA
3    C  2018  5  2019 NA  2020 150
# 欠損を含まない結果を Z.nona に記録する
> Z.nona <- NULL
> for(i in 1:3){
+    if(anyNA(Z[i,])==FALSE){
+      updated <- Z[i,]
+      Z.nona <- rbind(Z.nona, updated)
+    }
+ }
> Z.nona
  Char year1 a1 year2 a2 year3  a3
1    A  2018 27  2019 -6  2020 100
```

2.3.4 連続する数列

ベクトルや行列の識別番号を指定する際に，関数 seq() や rep() が便利である．
seq() はある規則にそった数列，rep() は指定した値を指定した回数だけ繰り返し
た結果をそれぞれ発生させて，ベクトルを生成する．行列やベクトルの要素を部分
的に抽出するために識別番号を指定するときや，ループの範囲を指定する際にも役
立つ関数である．

```
# 1 から 10 までの連続する数の列
> 1:10
 [1]  1  2  3  4  5  6  7  8  9 10
# 同上
> seq(1:10)
 [1]  1  2  3  4  5  6  7  8  9 10
# 10 から 1 まで増分-1 で変化させる
> seq(from=10, to=1, by=-1)
 [1] 10  9  8  7  6  5  4  3  2  1
# 上記の階差系列（i 番目の値-(i-1) 番目の値）
> diff(seq(from=10, to=1, by=-1))
[1] -1 -1 -1 -1 -1 -1 -1 -1 -1
# 1 を 5 回繰り返す
> rep(1,5)
[1] 1 1 1 1 1
# (1,2,3) を 2 回繰り返す
> rep(c(1:3),2)
[1] 1 2 3 1 2 3
# 3 次正方行列の初期化
> matrix(rep(0,9),ncol=3,byrow=TRUE)
     [,1]  [,2]  [,3]
[1,]    0     0     0
[2,]    0     0     0
[3,]    0     0     0
```

2.3.5 多重選択による実行

文字ごとに異なる数値へ置き換える場合など，if 文で処理する場合が多くなるときに if 文を多用すると処理の見通しが大変悪くなる．このような場合には，関数 switch() を使用すると簡潔に記述でき，処理速度も速い．

```
# 文字列を含むベクトル x を対応する数値へ変換
> x <- c("西", "北", "東"); y <- c(2,3,1)
> for(i in 1:3) cat(switch(x[i], 北=1, 東=2, 南=3, 西=4),"\n")
4
1
2
# 整数値を含むベクトル y を対応する文字へ変換
> for(i in 1:3) cat(switch(y[i], "A", "B", "C"),"\n")
B
C
A
```

2.3.6 データの並べ替えとデータセットの併合

実際のデータ分析では，データを入力したデータフレームやベクトルの情報を基にして，新たなデータの集合 (**データセット**) を生成する必要がある場面も多い．このような処理においてよく用いられる基本技術として，データセットに含まれる要素の並べ替え (**ソート**) やファイル間の併合 (**マージ**) があげられる．ソートは前節でも紹介したが，データをある順序に従って並べ替える操作である．マージは，2 つのファイルに含まれる観測データを両者に共通な変量の情報に基づいて関連付けて，1 つのファイルを生成する操作である．R 環境では，数値，複素数，文字列，論理値をとるデータを含むベクトルのソートを関数 sort() で行うことができる．また，2 つのデータフレームを併合する操作を関数 merge() を実行して行うことができる．

ベクトル内の要素，およびデータセット全体のソートに関する基本的な実行例を以下に示す．Z はデータフレームで，変数名が含まれていることに注意する．Z に含まれる変数 a1 の観測データを含むベクトルは Z$a1 で指定することができるので，これを sort() の実行の際に指定する．文字列の場合には五十音やアルファ

ベットの順，数値では大小順で並べ替えを行う．また，値が増加 (減少) するように並べる場合には，オプション decreasing で論理値 FALSE (TRUE) を指定する．

　ある変量に関してソートした結果に基づいてデータセット全体のデータを並べ替えたい場合には，関数 order() を用いる．この関数は，ソートを行った際の順位 (order) をベクトルとして出力する．そこで，この結果を行番号とする行列を出力することで，データセット全体の並べ替えができる．order() でもソートする方向を指定するオプション decreasing が利用できるので，ベクトルと同様にデータセット全体をソートする方向を指定することができる．

```
# 1) ベクトルに関するソート
#    データフレーム Z
> Z
  Char year1 a1 year2 a2 year3  a3
1    A  2018 27  2019 -6  2020 100
2    E  2018 11  2019 -1  2020  NA
3    C  2018  5  2019 NA  2020 150
#    a1 に関して増加する順に Z をソートする
> sort(Z$a1, decreasing=FALSE)
[1]  5 11 27
#    a2 に関して減少する順に Z をソートする
> sort(Z$a2, decreasing=TRUE)
[1] -1 -6
# 2) データフレームに関するソート
#    関数 order() はソートしたときの順位を返す
#         (Char のソートはアルファベット順)
> order(Z$Char)
[1] 1 3 2
# Char のアルファベット順に Z 全体をソートする
> Z[order(Z$Char),]
  Char year1 a1 year2 a2 year3  a3
1    A  2018 27  2019 -6  2020 100
3    C  2018  5  2019 NA  2020 150
2    E  2018 11  2019 -1  2020  NA
# a1 が増加する順に Z 全体をソートする
```

```
> Z[order(Z$a1),]
  Char year1 a1 year2 a2 year3  a3
3    C  2018  5  2019 NA  2020 150
2    E  2018 11  2019 -1  2020  NA
1    A  2018 27  2019 -6  2020 100
# a1 が減少する順に Z 全体をソートする
> Z[order(Z$a1, decreasing=TRUE),]
  Char year1 a1 year2 a2 year3  a3
1    A  2018 27  2019 -6  2020 100
2    E  2018 11  2019 -1  2020  NA
3    C  2018  5  2019 NA  2020 150
```

2) の例を多重化したソートの例を以下に示す．行列 Y を最初に Char でソートし，さらに year でソートする．order() に 2 つのベクトルを指定することにより，このような多重ソートを行うことができる．空間と時間によって変化する観測変量のデータを整備する場合など，さまざまな局面で必要となる処理である．

```
# 3) 2) の多重化によるソート
> Y
  Char year  a
1    D 2018  5
2    A 2018 20
3    B 2019 -7
4    A 2019 -4
5    A 2020  5
6    B 2020  2
7    E 2020  7
> Y[order(Y$Char, Y$year, decreasing=c(FALSE, FALSE)),]
  Char year  a
2    A 2018 20
4    A 2019 -4
5    A 2020  5
3    B 2019 -7
6    B 2020  2
1    D 2018  5
```

　次に，2つのデータフレームのマージに関する基本的操作の例を示す．2つのデータフレーム A18, A19 には共通な変数 Char, year, a があるが，これらを Char に関して関連付ける．この場合には，merge() のオプション by を用いて，マージの対象とする Char を指定する．標準で実行すると Char が共通となるデータのみがマージされるが，共通しない変量もデータとして含める場合にはオプション all=T を指定する．これらのマージでは，2つのデータフレームに共通に含まれる変数 year, a があり，これらが並列に結合されるため，変数名が year.x, year.y などと自動的に変更される．

```
# 2つのデータフレーム A18, A19 をマージする
> A18
  Char year  a
1    C 2018 10
2    D 2018  5
3    A 2018 20
> A19
  Char year  a
1    D 2019  0
2    B 2019 -7
3    A 2019 -4
#   1) A18 と A19 を変数 Char でマージ
#      両方に共通なデータをマージ
> X <- merge(A18, A19, by="Char"); X
  Char year.x a.x year.y a.y
1    A   2018  20   2019  -4
2    D   2018   5   2019   0
#   2) A18 と A19 を変数 Char でマージ
#      一方にしかないデータもマージするときは all=T を指定
> X <- merge(A18, A19, by="Char", all=TRUE); X
  Char year.x  a.x year.y  a.y
1    A   2018   20   2019   -4
2    C   2018   10   <NA> <NA>
```

```
3    D   2018    5   2019    0
4    B   <NA> <NA>   2019   -7
```

2.3.7 行列演算

R 環境では，線形代数における基本的計算を行う関数も豊富に整備しており，多変量の統計計算を行う際に必要となる計算をサポートしてくれる．行列やベクトルに関する基本的な演算に関する実行の例を以下に示す．

```
 # 2 次の正方行列 A と単位行列 I
> A <- matrix(seq(1,4),ncol=2,byrow=TRUE); A
     [,1] [,2]
[1,]    1    2
[2,]    3    4
> I <- diag(rep(1,2)); I
     [,1] [,2]
[1,]    1    0
[2,]    0    1
 # 2 行 3 列の行列 C
> C <- matrix(seq(12,2, by=-2), nrow=2, ncol=3,byrow=TRUE); C
     [,1] [,2] [,3]
[1,]   12   10    8
[2,]    6    4    2
 # 二つの行列の積（後者の積は定義されない）
> A %*% I; C %*% A
     [,1] [,2]
[1,]    1    2
[2,]    3    4
 C %*% A でエラー：  適切な引数ではありません
 # 行列とベクトルとの積（前者の積は縦ベクトル，後者の積は横ベクトル）
> x <- c(1,1)      # x はベクトル
> I %*% x; x %*% I
     [,1]
[1,]    1
[2,]    1
```

```
      [,1] [,2]
[1,]    1    1
 # 行列のべき乗
 #   直接計算するための標準的記法はないが，ライブラリ expm を導入すると
 #   「%^%」を用いて簡潔に記述することができる
> library("expm")  # ライブラリ expm を有効にする
 # 行列 A の 3 乗
> A %^% 3
      [,1] [,2]
[1,]   37   54
[2,]   81  118
 # 同上
> A %*% A %*% A
      [,1] [,2]
[1,]   37   54
[2,]   81  118
 # 列ごとに R のベクトルと解釈され，その 3 乗 (要素ごとに 3 乗) を計算
> A^3
      [,1] [,2]
[1,]    1    8
[2,]   27   64
 # A の行列式の値と逆行列
> det(A); solve(A)
[1] -2
      [,1] [,2]
[1,] -2.0  1.0
[2,]  1.5 -0.5
 # A の転置，対角要素とトレース
> t(A); diag(A); sum(diag(A))
      [,1] [,2]
[1,]    1    3
[2,]    2    4
[1] 1 4
[1] 5
 # A と (A の逆行列) との積 (数値計算 => 小数第 2 位まで表示)
```

```
> round(A %*% solve(A), 2); round(solve(A) %*% A, 2)
     [,1] [,2]
[1,]    1    0
[2,]    0    1
     [,1] [,2]
[1,]    1    0
[2,]    0    1
 # A の固有値と固有ベクトル
 # 2つの固有値に対応する固有ベクトルを縦に結合した行列を P
> eigen.A <- eigen(A); eigen.A
eigen() decomposition
$values
[1]  5.3722813 -0.3722813

$vectors
           [,1]        [,2]
[1,] -0.4159736 -0.8245648
[2,] -0.9093767  0.5657675

> e.val <- eigen.A$values; P <- eigen.A$vectors
 # A の対角化
 # （P の逆行列）× A × P =（固有値を対角要素とする対角行列）
> round(solve(P) %*% A %*% P, 2)          # 小数第2位まで
     [,1]  [,2]
[1,] 5.37  0.00
[2,] 0.00 -0.37
 # P は直交しない
> round(P %*% t(P), 2)
       [,1]  [,2]
[1,]  0.85 -0.09
[2,] -0.09  1.15
 # 3次の対称行列を生成する例
 # 対角要素の入力
> Z <- diag(c(3,2,1)); Z
     [,1] [,2] [,3]
```

```
[1,]    3    0    0
[2,]    0    2    0
[3,]    0    0    1
# 行列の上三角行列と下三角行列の要素
> upper.tri(Z) # 上三角行列の要素（該当する場合は TRUE）
      [,1]   [,2]   [,3]
[1,] FALSE   TRUE   TRUE
[2,] FALSE  FALSE   TRUE
[3,] FALSE  FALSE  FALSE
> lower.tri(Z) # 下三角行列の要素（該当する場合は TRUE）
      [,1]   [,2]   [,3]
[1,] FALSE  FALSE  FALSE
[2,]  TRUE  FALSE  FALSE
[3,]  TRUE   TRUE  FALSE
# 上三角行列と下三角行列を入力（TRUE の要素のみ更新される）
> upper <- c(-1,5,2)
> Z[upper.tri(Z)] <- upper; Z
     [,1] [,2] [,3]
[1,]    3   -1    5
[2,]    0    2    2
[3,]    0    0    1
> Z[lower.tri(Z)] <- upper; Z
     [,1] [,2] [,3]
[1,]    3   -1    5
[2,]   -1    2    2
[3,]    5    2    1
# 対称行列 Z の固有値と固有ベクトルの計算
> eZ <- eigen(Z); eZ
eigen() decomposition
$values
[1]  7.151217  2.755866 -3.907083

$vectors
           [,1]        [,2]        [,3]
[1,] 0.7547292 -0.3021017   0.5823387
```

```
[2,] 0.1049181   0.9318194   0.3474258
[3,] 0.6475925   0.2011145 -0.7349673
```
各固有値に対応する固有ベクトル（縦ベクトル）を結合した行列を P
```
> P <- eZ$vectors
```
最大となる固有値 Lambda と固有ベクトル x で計算結果を検証
（Z・x=Lambda・x となるか）
各固有値に対応する固有ベクトル
```
> ev1 <- P[,1]; ev2 <- P[,2]; ev3 <- P[,3]
> as.vector(Z %*% ev1)   # Z・x
[1] 5.3972320 0.7502921 4.6310746
> as.vector(eZ$value[1] %*% ev1)    # Lambda・x
[1] 5.3972320 0.7502921 4.6310746
```
対称行列の場合，固有ベクトルは互いに直交（ベクトルの内積=0）
```
> round(c(ev1 %*% ev2, ev2 %*% ev3, ev3 %*% ev1), 1)
[1] 0 0 0
```
（P の逆行列）× A × P＝（固有値を対角要素とする対角行列）
```
> round(solve(P) %*% Z %*% P, 2)               # 小数第 2 位まで
     [,1] [,2]   [,3]
[1,] 7.15 0.00  0.00
[2,] 0.00 2.76  0.00
[3,] 0.00 0.00 -3.91
```
P は直交行列となる
```
> round(P %*% t(P), 2) ; round(t(P) %*% P, 2)
     [,1] [,2] [,3]
[1,]    1    0    0
[2,]    0    1    0
[3,]    0    0    1
     [,1] [,2] [,3]
[1,]    1    0    0
[2,]    0    1    0
[3,]    0    0    1
```

2.3.8　関数の微分演算 (数値計算の例)*

R 環境では，関数 D()，あるいは derib() を用いて，関数を解析的，あるいは数値的に微分することができる．いずれの関数も，関数 expression() を実行し

て得られる**表現式**を用意しておく必要がある. D() は導関数の表現式そのものを,
derib() は導関数の表現式を数値的に近似計算するための関数をそれぞれ生成する.

　例として, 平均が 0, 分散が 1 である標準正規分布の確率密度関数[15]

$$f(x) = \frac{1}{\sqrt{2\pi}} \exp\left(-\frac{x^2}{2}\right)$$

に関して x に関する 1 階, および 2 階の微分計算を行い, 関数 $f(x)$, 1 階導関数
$f'(x)$, 2 階導関数 $f''(x)$ の変化をそれぞれグラフに描いてみよう. 関数 $f(x)$ が
$x = \pm 1$ で変曲点が発生することは数学的によく知られている事実であるが, この
ことを数値的観点から検証してみることにする. 以下のプログラム例は, $f(x)$ の 2
階までの導関数の表現式を得た後, $x = 1$ における微分係数の値を数値的に求めて
いる.

```
# 関数 f(x) の定義 (正規分布の密度関数)
> fx <- function(x){1/sqrt(2*pi)*exp(-x^2/2)}
# 関数 expression() は R が解釈可能な表現式を作成
> fx.expr <- expression(1/sqrt(2*pi)*exp(-x^2/2))
> fx.expr
expression(1/sqrt(2 * pi) * exp(-x^2/2))
#  D(expr, name) -> 関数 expr(name) を name で微分した表現式を出力
#  k 階微分を求める関数  DD(数式, 微分する変数, 微分の階数 (k=1,2,...))
> DD <- function(expr, name, order) {
+    if(order == 1) D(expr, name)
+    else DD(D(expr, name), name, order - 1)
+ }
#  2 階導関数の表現式
> DD(fx.expr, "x", 2)
-(1/sqrt(2 * pi) * (exp(-x^2/2) * (2/2) - exp(-x^2/2) * (2 *
    x/2) * (2 * x/2)))
#  1 階, 2 階の導関数の表現式を数値計算する関数を出力
> fx.d1 <- deriv(DD(fx.expr, "x", 1), "x", func=TRUE)
> fx.d2 <- deriv(DD(fx.expr, "x", 2), "x", func=TRUE)
#  x=1 における 1 階導関数 fx.d1() の値 ([1] の値が導関数の値)
> fx.d1(1)
```

---

[15]$\exp(x)$ は e^x を表す. 3.2.3 項を参照.

```
[1] -0.2419707
attr(,"gradient")
      x
[1,] 0
#   1 階微分は理論上，以下の値となる
> -1/sqrt((2*pi*exp(1)))
[1] -0.2419707
# x=1 における 2 階導関数 fx.d2() の値（理論上は 0 となる）
> fx.d2(1)
[1] 0
attr(,"gradient")
               x
[1,] 0.4839414
```

　関数 $f(x)$ の 1 階と 2 階の導関数は $f'(x) = -\dfrac{x}{\sqrt{2\pi}}e^{-x^2/2}$, $f''(x) = \dfrac{x^2-1}{\sqrt{2\pi}}e^{-x^2/2}$ となるから，理論上は $f'(1) = -\dfrac{1}{\sqrt{2\pi e}}$, $f''(1) = 0$ である．一方で，上記の数値計算の結果もこれらの値とほぼ一致している．

　次に，$f(x)$, $f'(x)$ と $f''(x)$ の各変化をグラフで示すことにする．以下はプログラムの例である．

```
#   出力する変数 x の範囲の定義
> x.from <- -3
> x.to   <- 3
#   作画関数 plot() による折れ線グラフの出力
#   type: グラフの種別（"l":折れ線，"p":点，"b":折れ線+点）
#   xlab, ylab: x 軸，y 軸の名前， xlim, ylim: x 軸，y 軸の表示範囲
#   main: タイトル
> par(mfrow=c(2,2))                 # 1 つの画面を 4 分割（2 × 2）
#   関数を直接指定する場合には，x の指定は必要ない
> plot(fx, type="l", xlab="x", ylab="f(x)", xlim=c(x.from, x.to),
+ main=fx.expr)
> plot(fx.d1, type="l", xlab="x", ylab="f'(x)", main="df(x)/dx",
+ xlim=c(x.from,x.to))
#   fx.d2() は関数の値を計算して，y=0 と重ね描きする
```

```
#      [-3，3] を 0.01 ずつ刻みながら，y2() の値，x 軸の値，0 をベクトルへ入力
> d2.numeric <- fx.d2(seq(x.from,x.to, by=0.01))
> x.scale    <- seq(x.from,x.to, by=0.01)
> zero       <- rep(0, length(seq(x.from,x.to, by=0.01)))
#   グラフを描く場合は，x 軸，y 軸の値を含むベクトルを指定
> plot(x.scale, d2.numeric, type="l", xlab="",  ylab="",
+ xlim=c(x.from, x.to), ylim=c(min(d2.numeric), max(d2.numeric)))
> par(new=T)      # 重ね描きの際に実行する
#   重ね描きする際には，y 軸の値の範囲を統一する必要がある
> plot(x.scale, zero, type="l", lty=c(4), xlab="x",  ylab="f''(x)",
+ xlim=c(x.from, x.to), ylim=c(min(d2.numeric), max(d2.numeric)),
+ main="d^2 f(x)/dx^2")
```

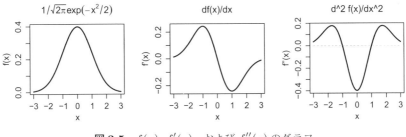

図 2.5　$f(x)$, $f'(x)$, および $f''(x)$ のグラフ

図 2.5 は上記の実行結果を示しており，左より順に $f(x)$, $f'(x)$, $f''(x)$ のグラフである．右の図より，点線で示された $f''(x) = 0$ と曲線の交点は $x = \pm 1$ のときであることが確認できる．

なお，上記の例でも示されているとおり，expression() で与えた表現式を含むベクトルを作画関数 plot() のオプション main などで指定した場合，表題にこの表現式が表示される．

2.3.9　関数の積分計算 (数値計算の例)*

R 環境では，関数 integrate() を用いて，指定した関数を数値的に積分することが可能である．例として，2.3.8 項で用いた標準正規分布の確率密度関数

$$f(x) = \frac{1}{\sqrt{2\pi}} \exp\left(-\frac{x^2}{2}\right)$$

の積分を実行する例を示す．はじめに，確率密度関数をベクトル x に関するユーザ
関数として定義した後，これを integrate() の括弧内で指定し，積分範囲を指定
する．以下の例では，$\int_0^5 f(x)\,dx$ (およそ 0.5)，$\int_{1.96}^5 f(x)\,dx$ (およそ 0.025) の値
を数値的に計算した結果，ほぼ一致することが示されている．

```
# 関数 f(x) の定義 （標準正規分布の確率密度関数）
> fx <- function(x){1/sqrt(2*pi)*exp(-x^2/2)}
# 関数 fx に登録された内容を確認する
> fx
function(x){1/sqrt(2*pi)*exp(-x^2/2)}
# 0 から 5 の範囲で f(x) を積分
> integrate(fx, 0, 5)
0.4999997 with absolute error < 4.3e-10
# 1.96 から 5 の範囲で f(x) を積分 （1.96 は 2.5 パーセント点）
> integrate(fx, 1.96, 5)
0.02499761 with absolute error < 2.8e-16
```

2.4　補遺

2.4.1　オンラインヘルプ

R 関数にはヘルプ機能が用意されており，関数の機能やオプションの指定方法な
どに関する詳細な情報が得られる．たとえば，関数 plot() の使用方法を調べたい
場合には

```
> help(plot)
```

```
> ?plot
```

のいずれかを実行すると，plot() のマニュアルが参照できる．

2.4.2　コメント文の作成

ステートメントの先頭に # があると，その行に記述した内容はすべて「コメン
ト」とみなされ，プログラムとしての実行は行われない．たとえば，以下の 2 つの

プログラム

```
> # help(plot)
> mean(x); # help(plot)
```

を実行した場合，いずれも「# help(plot)」の部分がコメントとして解釈されるため，plot() のヘルプ画面は表示されない．

2.4.3 ライブラリの導入

R には有志によって開発された膨大な数の関数のパッケージが**ライブラリ**として，CRAN 上にアップロードされている．この関数をネットワークを経由してインストールすることで，標準の R 環境では行うことのできないさまざまな計算を行うことができるようになる．ライブラリに関するさまざまな情報は，CRAN のトップページ (https://cran.r-project.org/) で左側にある "Software" の下段にある "Packages" を選択すると表示される "Contributed Packages" のページから得ることができる．

例として，ABC という名のライブラリを自分の R 環境に導入するためには，①から③の手続きを行う (インターネットの接続環境が必要となる)．

① RGui の上部に表示されている [パッケージ] を左クリックして表示されるプルダウンメニューのなかから，[パッケージのインストール] を選択する．

② ダウンロードを行うミラーサイトの一覧が表示されるので，日本にいる場合には「Japan」のサイトのなかから 1 つを選択して「OK」を押す．

③ 利用可能なライブラリの一覧が表示されるので，導入するパッケージ名 (この場合は ABC) を探して「OK」を押すと，選択したライブラリのダウンロードとインストールを開始する．ライブラリを起動する際に必要となる他のパッケージがある場合には，あわせてダウンロードとインストールが行われる．

関数 install.packages() は①から③の手続きを自動的に行う関数である．上記の例を実行するためには

```
install.packages("ABC")
```

をコンソール画面より実行する．実行が開始されると②のステップに入るので，ミ

ラーサイトを指定すると，ネットワークを経由してライブラリのダウンロードとインストールが自動的に行われる．

なお，ライブラリのインストールに成功しても，すぐにライブラリが使えるわけではない．パッケージ ABC の関数群を利用するためには，コンソール画面上で関数 library() を実行して，ライブラリを利用できるするための準備を行うことが必要となる．この場合には

```
library("ABC")
```

を実行する必要がある．また，関数 library() の実行は，RGui を新規に起動するごとに必要となるので注意する．

2.4.4　結果の出力

グラフィック画面に表示された作画の出力結果は，いくつかのフォーマットで出力することができる．作画結果が表示されているグラフィック画面の上にマウスを移動して，右ボタンをクリックすると出力のメニューが表示される．「印刷」は出力結果を用紙に印刷する．「メタファイルに保存」を選択すると EMF (Enchanced Metafile) 形式の画像，「ポストスクリプトに保存」を選択すると EPS (Encapsulated PostScript) 形式で出力結果をファイルへ出力する．出力されたファイルは文書やプレゼンテーション用の文書にも挿入可能なもので，さまざまな形で活用することができる．

2.4.5　日本語環境

日本語の文字列を含むデータを R 環境へ入力する場合や，日本語を含む結果を出力する際には，問題が発生する場合があるので注意を要する．

日本語を含むデータを用いて read.csv() を実行する際の日本語コードはシフト JIS が標準となっていたが，バージョン 4.2 以降の R 環境では UTF-8 が標準となっている．このため，該当する R 環境において，シフト JIS コードの日本語を含むデータに read.csv() を実行するとエラーとなるので，注意が必要となる．このような場合には，read.csv() を実行する際に**エンコーディング**を指定する必要がある．例として，シフト JIS コードの日本語が含まれている CSV ファイル example.csv を R 環境へ入力する場合には，以下のような形でシフト JIS へのエン

コードを指定する.

```
read.csv(file("C:/Users/data/example.csv", encoding="Shift-JIS"))
```

　また，グラフィック画面の結果を画像ファイルとして出力する際に日本語の文字が出力されないことがある．たとえば，日本語を含むグラフを PDF (Portable Document Format) 形式のファイルとして出力する場合をみてみよう．plot() や hist() をはじめとする R の作画関数の出力を PDF ファイルに出力する際には関数 pdf() が使用できる．ただし，この関数を標準で実行すると日本語が表示されない可能性がある.

　以下は，関数 pdf() を実行した際に日本語を表示するための例である．オプションである family を用いて，利用可能な日本語のフォントを指定する必要がある．指定することが可能な日本語フォントの一覧は pdfFonts() を用いて確認することができる.

```
> list.fonts <- names(pdfFonts())    # pdf() で利用できるフォントの一覧
> head(list.fonts, 5)
[1] "serif"      "sans"       "mono"       "AvantGarde" "Bookman"
> grep("Japan", list.fonts, value=TRUE)   # 日本語のフォントのみを表示
[1] "Japan1"     "Japan1HeiMin"    "Japan1GothicBBB" "Japan1Ryumin"
```

　標準的な日本語フォントとして，明朝体の場合には Japan1，ゴシック体の場合には Japan1GothicBBB を関数 pdf() のオプションに実行すると，出力された PDF ファイルに日本語が埋め込まれる．具体的には以下の構文に従って記述する.

```
# 明朝体で出力する場合
pdf("出力する CSV ファイルのパス", family="Japan1")
# ゴシック体で出力する場合
pdf("出力する CSV ファイルのパス", family="Japan1GothicBBB")
# 可視化関数を実行
dev.off()                        # PDF ファイルの出力を終了
```

　以下の例では，R のベクトル example を作画関数[16]plot() を用いて可視化し，日本語をゴシック体で表示しながら出力した後，PDF ファイル output.pdf へ出

---

[16]R で利用可能な作画関数の例については 3.1 節を参照.

力を書き込んでいる.

```
> path <- "C:/Users/data/output.pdf"   # 出力ファイルの絶対パスを指定
> pdf(path, family="Japan1GothicBBB")  # PDF出力を開始(日本語はゴシック体)
> plot(example, type="l")              # 関数plot()を実行
> dev.off()                            # PDF出力を終了
```

第2章の問題

問 2.1　次の9つのデータがあるとき,〔1〕から〔5〕についてR環境で処理せよ.

$$3,\ -1,\ 3,\ 8,\ 1,\ -2,\ 2,\ -9,\ 1$$

〔1〕このデータを関数 c() を用いてベクトル xdata へ入力し, データを表示する
   ことにより, 正しく入力されていることを確認せよ.

〔2〕xdata から次の値, あるいはベクトルを出力せよ.

   (a) データの個数

   (b) 最大値, 最小値, 最大値 − 最小値の各値

   (c) すべてのデータの合計

   (d) 9つのデータの累積和を各要素とするベクトル

〔3〕xdata の5番目から9番目の値をそれぞれ $x_1, \ldots, x_5$ とするとき, 次の値を
   計算せよ.

   (a) データの平均値,　$m = \dfrac{1}{5}(x_1 + \cdots + x_5)$

   (b) データの分散,　$\sigma^2 = \dfrac{1}{5}\sum_{i=1}^{5}(x_i - m)^2$

   (c) データの標準偏差,　$\sigma = \sqrt{\sigma^2}$

   (d) 正値をとるデータに基づく平均値

〔4〕以下の (a) から (e) は, 上記の9つのデータを用いて生成した行列, ベクトル
   を結合した行列, データフレーム, およびリストをそれぞれ作成した結果であ
   る. 表示されている状態を基にして, それぞれのデータ構造をプログラムに
   よって生成せよ.

(a) 行列 x

```
> x
     [,1] [,2] [,3]
[1,]    3   -1    3
[2,]    8    1   -2
[3,]    2   -9    1
```

(b) ベクトル a, b, c を結合したベクトル y

```
> y
     a  b  c
[1,] 3 -1  3
[2,] 8  1 -2
[3,] 2 -9  1
```

(c) データフレーム z

```
> z
  a  b  c
1 3 -1  3
2 8  1 -2
3 2 -9  1
```

(d) リスト X

```
> X
[[1]]
[1] 3 8 2

[[2]]
[1] -1  1 -9

[[3]]
[1]  3 -2  1
```

(e) リスト Y

```
> Y
$a
[1] 3 8 2

$b
[1]  -1   1  -9

$c
[1]   3  -2   1
```

〔5〕〔4〕の (a) で生成した行列 x に各列の和と各行の和の値を 4 行目と 4 列目に
それぞれ追加することにより，以下のような行列 x2 を生成するプログラムを
書け．

```
> x2
     [,1] [,2] [,3] [,4]
[1,]    3   -1    3    5
[2,]    8    1   -2    7
[3,]    2   -9    1   -6
[4,]   13   -9    2    6
```

〔6〕〔5〕で作成された行列 x2 を入力すると，上三角行列 (対角要素を含む上側の
三角部分の要素) と下三角行列 (対角要素を含む下側の三角部分の要素) の各
要素に関する総和を計算して出力するユーザ関数をつくり，その動作を確認
せよ．

問 2.2　ある日の札幌における風向の変化を 1 時間ごとに観測したアメダスデータ
を記録した CSV ファイル wdir.csv がある．これを R 環境へ入力した後，「北」，「北
北東」などと表示された 16 方位の観測データを 1 から 16 までの整数に変換した
データを作成する．

〔1〕関数 read.csv() を用いて CSV ファイルを R 環境へ入力すると列数が 1
の行列として認識される．この行列を関数 as.vector() を用いてベクトル
wdir.dat に変換せよ．また，このベクトルの先頭行から 5 行目までを表示せよ．

〔2〕観測された期間は何時間になるか.

〔3〕観測結果のなかには 16 方位の他に「静穏」とよばれる,ほぼ無風で風向が定まらないデータも含まれる.「静穏」は何件あるかを調べよ.

〔4〕16 方位を北,北北東,北東,… と「北」から時計回りに 1, 2, ..., 16 の各整数に対応させ,静穏は 99 に対応させることにする.〔1〕で生成した `wdir.dat` の要素に基づいて,1 から 16,および 99 のいずれかの整数の観測値からなるベクトルを生成せよ.

〔5〕〔4〕でできた観測データのうち,99 (静穏) を除いたデータを要素とするベクトルを,反復 (ループ) 処理と条件分岐を用いて生成せよ.

〔6〕〔5〕で生成されたベクトルを用いて関数 `table()` を実行すると,各方位が何回観測されたかが表示される.この状況を調べて,最も発生頻度が高かった風向はどの方位から吹く風であるかを調べよ.

解答例

問 2.1 9 つのデータを関数 `c()` を用いてベクトル `x` へ入力した後に,必要な計算を行う.いずれも基本関数を実行することによって求められるが,計算の方法はいくつか考えられる.下記の例を参考にして,自分ならどのように計算するかを考えながらプログラミングを進める習慣をつけてほしい.

プログラムと実行結果の例を以下に示す.プログラム例の「〔6〕ユーザ関数の生成」において,プロンプト > の直下に + が表示されている.これは,長いプログラムや複数行からなるプログラムが連続して実行される際に自動的に表示される記号であり,プログラム自体には + が入力されているわけではないことに注意する.このようなプログラミングの場合には,R 環境とは別にテキストエディタを起動して,> の右隣から `function()` が終了する右括弧 } までの 10 行を + を入れないで入力した後,この範囲を指定してコピーし,R のコンソール画面上で貼り付け (ペースト) する方法がある.プログラムにエラーがあった場合にはテキストエディタで修正して再度実行すればよく,効率的である.

```
# 〔1〕データの入力と表示
> xdata <- c(3, -1, 3, 8, 1, -2, 2, -9, 1)
> xdata
[1]  3 -1  3  8  1 -2  2 -9  1
# 〔2〕関数を用いた計算
> length(xdata)
[1] 9
> max(xdata); min(xdata);   range(xdata)
[1] 8
[1] -9
[1] -9  8
> max(xdata)-min(xdata)
[1] 17
> sum(xdata)
[1] 6
> cumsum(xdata)
[1]  3  2  5 13 14 12 14  5  6
# 〔3〕5 番目から 9 番目までのデータをベクトル x に入力
> x <- xdata[5:9]; x
[1]  1 -2  2 -9  1
# (3-a) 平均値
> n <- length(x)
> heikin <- sum(x)/n; heikin
[1] -1.4
# (3-b) 分散
#       x[i]-m の 2 乗を要素とするベクトル
> diff2 <- (x-heikin)^2
#       分散はこの総和をデータ数で割る
> bunsan <- sum(diff2)/n; bunsan
[1] 16.24
# (3-c) 標準偏差
#       (3-b) の平方根の値
> sdev <- sqrt(bunsan); sdev
[1] 4.029888
# (3-d) 正値をとるデータのみを集める
```

```
> x.positive <- x[x > 0]
> sum(x.positive)/length(x.positive)
[1] 1.333333
# 〔4〕さまざまなデータ構造
# (4-A) 行列
> x <- matrix(xdata, nrow=3, ncol=3, byrow=TRUE); x
     [,1] [,2] [,3]
[1,]    3   -1    3
[2,]    8    1   -2
[3,]    2   -9    1
# (4-B) ベクトルの結合による行列
> a <- x[,1]; b <- x[,2]; c <- x[,3]
> y <- cbind(a,b,c); y
     a  b  c
[1,] 3 -1  3
[2,] 8  1 -2
[3,] 2 -9  1
# (4-C) データフレーム
> z <- data.frame(y); z
  a  b  c
1 3 -1  3
2 8  1 -2
3 2 -9  1
# (4-D) リスト X
> X <- list(a,b,c); X
[[1]]
[1] 3 8 2


[[2]]
[1] -1  1 -9


[[3]]
[1]  3 -2  1
# (4-E) リスト Y
> Y <- NULL; Y$a <- a; Y$b <- b; Y$c <- c; Y
```

```
$a
[1]  3  8  2


$b
[1]  -1   1  -9


$c
[1]   3  -2   1
```

```
# 〔5〕総和を 4 列目と 4 行目に追加
#    行ごとに和を 4 列目に追加する
> row1 <- c(x[1,], sum(x[1,]))
> row2 <- c(x[2,], sum(x[2,]))
> row3 <- c(x[3,], sum(x[3,]))
#    4 行目に各列の総和を追加する
> row4 <- c(sum(x[,1]), sum(x[,2]), sum(x[,3]), sum(x))
#    上記の 4 行を結合して行列とする
> output <- rbind(row1, row2, row3, row4)
> x2 <- matrix(output, ncol=4)
> x2
      [,1] [,2] [,3] [,4]
[1,]    3   -1    3    5
[2,]    8    1   -2    7
[3,]    2   -9    1   -6
[4,]   13   -9    2    6
# 〔6〕ユーザ関数の作成
#    上三角行列と下三角行列の各要素の総和を
#    求める関数 sum.sankaku()
> sum.sankaku <- function(xx,nn){
+ sum.up  <- 0
+ sum.low <- 0
+ for(i in 1:nn){
+   for(j in 1:nn){
+     if(i <= j) sum.up  <- sum.up  + xx[i,j]
+     if(i >= j) sum.low <- sum.low + xx[i,j]
```

```
+    }
+  }
+  return(c(sum.up, sum.low))
+ }
# sum.sankaku() の実行
#   上三角行列の総和は 17, 下三角行列の総和は 18
> sum.sankaku(x2,4)
[1] 17 18
```

問 2.2　CSV ファイルを R 環境へ入力して，データの発生頻度の状況を把握する練習である．外部ファイルを R 環境に入力する際は，関数 read.csv() を使用する．実行の際は wdir.csv がコピーされているコンピュータ上の場所 (フォルダ) の絶対パスを調べ，read.csv() の括弧内で指定する必要がある．ここで入力された結果は，列数が 1 である行列として認識される．後に行う処理ではベクトルを入力する必要があるため，この行列を関数 as.vector() を用いてベクトル wdir.dat に変換する．

〔4〕は，if 文を用いて「ベクトル wdir.dat の i 番目の要素が「北」の場合には 1 を出力し，「北北東」の場合には 2 を出力し，…」… と方位ごとに条件を与えて整数に変換していくことで可能であるが，条件の数が多いため，if 文の数が増える上に処理の見通しが悪くなる．以下の例では，多重選択を行う関数 switch() を用いて処理を行っている．

```
# 〔1〕wdir.csv を R 環境へ入力
# read.csv() で入力した work.dat は 1 列の行列
#   => as.vector() を用いてベクトルに変換する
> work.dat <- read.csv(file="C:/データ/wdir.csv")
> wdir.dat <- as.vector(work.dat[,1])
# 観測値ベクトルの先頭から 5 行目までを表示
> head(wdir.dat, 5)
[1] "南"     "南東"   "南東"    "南南東" "南東"
# 〔2〕観測データの数をチェック （767 件=767 時間）
> n.dat <- length(wdir.dat); n.dat
[1] 767
# 〔3〕「静穏」と観測されたデータは 4 件ある
```

```
> wdir.dat[wdir.dat=="静穏"]
[1] "静穏" "静穏" "静穏" "静穏"
# 〔4〕風向の結果を 1-16，99 の数値へ変換
> dir.dat <- NULL
> for(i in 1:n.dat){
+    numeric.dat <-
+    switch(
+      wdir.dat[i],
+      北=1，北北東=2，北東=3，東北東=4，東=5，東南東=6，南東=7，南南東=8，
+      南=9，南南西=10，南西=11，西南西=12，西=13，西北西=14，北西=15，
+      北北西=16，静穏=99
+    )
+    dir.dat <- rbind(dir.dat, numeric.dat)
+ }
> dir.dat <- as.vector(dir.dat)
# 生成された結果の一部を確認
> head(dir.dat)
[1] 9 7 7 8 7 6
# 〔5〕99 となるデータを削除
> wdir.mod <- NULL
> for(i in 1:length(dir.dat)){
+    if(dir.dat[i] != 99){
+        output <- dir.dat[i]
+        wdir.mod <- rbind(wdir.mod, output)
+    }
+ }
> wdir.mod <- as.vector(wdir.mod)
# 〔6〕各方向の発生頻度と頻度の合計を調べる
#      南南東からの風の頻度が最も高い
> table(wdir.mod); sum(table(wdir.mod))
wdir.mod
  1   2   3   4   5   6   7   8   9  10  11  12  13  14  15  16
 23   8  10   8  13  35  68 114  55  47  50  69  55  57  70  81
[1] 763
```

第 **3** 章
データの概観

3.1 データの可視化

3.1.1 データの分類

　実験や調査で得られた観測結果をまとめたものを**データ**とよぶ．データがもつ属性や情報は観測する方法によって異なる．統計学ではデータがもつ属性の違いにより**量的データ**と**質的データ**に分類される．量的データは，長さ，重さを測定した値などのように，計測結果を定量的な数量で表した情報のことである．これに対して，質的データは性別や天気などのように，限られた選択肢 (カテゴリ) のなかから選択される情報である．質的データは整数の数値として表されることもあるが，量的データの数値とはその意味合いが異なることは明らかであろう．

　データは観測変量の数によっても分類される．変量の数が 1 つのときには **1 次元データ**，2 つ以上のデータは**多次元データ**とよばれる．インターネットのサイト上で公開される観測データの情報は，膨大な観測項目からなることが多い．このようなデータを多次元データとして取り扱うことによって，現象の評価の精度をより高めることが期待される．

3.1.2 1 次元データの可視化に関する基本的な技術

　観測データを入手して最初に関心をもつことは，現象の発生や変化に関する実態を知ることである．しかし，単なる数値や文字の集合にすぎないデータを漠然と眺めても現象の状況を把握するのには限界がある．そこで，データを用いて適切な**可視化**を行うことで，現象の特徴を把握し，より発展的な分析への見通しが得られることが多い．以下では，1 次元データの特徴を把握する上で最も基本的となる可視

化の方法について紹介する.

（a）　折れ線グラフ

　時間の変化を横軸に，観測した変量の値を縦軸にとってプロットした図が**折れ線グラフ** (line plot) であり，現象の時間変動を調べる際に有効である．R 環境では作画関数 plot() を用いて描くことが可能であり，折れ線プロットや点プロットの描画ができる．図 3.1 は 2015 年年初から 2017 年までの期間における日経平均に関する日次の観測値を plot() を用いて描いたものである．

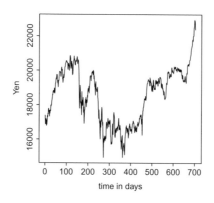

図 3.1　日経平均に関する月ごとの変化 (2015 年 1 月〜2017 年 1 月)

（b）　棒グラフ

　変量 1 の観測値を縦軸，変量 2 の観測値を横軸にとり，変量 2 の階級ごとに変量 1 の変化のプロットしたものは**棒グラフ** (bar chart) とよばれる．R 環境では，関数 barplot() を用いて描くことができる．図 3.2 は，年収の階級幅 (単位は万円) と全体に占める比率 (単位はパーセント) に関するデータを基に，それぞれの値を横軸と縦軸にとって棒グラフを描いた結果である．

（c）　円グラフ

　各観測項目が全体に占める割合を円を用いて可視化したものが**円グラフ** (pie chart) である．各観測項目が全体に占める割合を示す場合に効果がある．図 3.3 は，図 3.2 に使用したデータの円グラフを関数 pie() を用いて描いたものである．高額所得者が国民全体に占める割合を知りたい場合，棒グラフに比べてイメージしやすい．

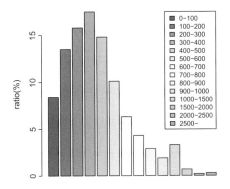

図 3.2 年収分布 (2018 年, 国税庁「民間給与実態統計調査」) (カラー口絵参照)

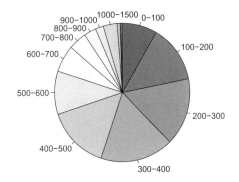

図 3.3 図 3.2 に関する円グラフ (カラー口絵参照)

(d) ヒストグラム

ヒストグラム (histogram) は, 横軸に観測した変量の階級, 縦軸に階級ごとに観測した回数を観測頻度, あるいは頻度確率 (= 観測頻度/頻度の合計) としてとり, 可視化したものである. 図 3.4 は, 全国の気象庁アメダスで観測された気圧に関するヒストグラムで, 横軸に気圧の観測値の階級, 縦軸に各階級における観測値の発生頻度をとって表示している. ヒストグラムは, 関数 hist() を用いて描くことができる.

(e) ローズダイアグラム

ヒストグラムのやや特殊なケースとして, 方向データの観測頻度に関する可視化がある. 方向ごとの観測頻度を円の半径の長さにとって描いた図が**ローズダイアグ**

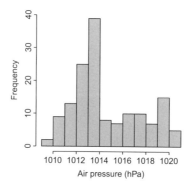

図 3.4 全国の気圧に関するヒストグラムの例 (2015 年，気象庁アメダス)

ラム (rose diagram) である．図3.5 はある月に発生した風向データに基づいて，R のライブラリ[※1] plotrix を用いてローズダイアグラムを描いた例である．棒グラフと比較すると，方向に関する物理的なイメージで SSE (南南東) からの風に関する観測頻度が最も高いことが理解できる．

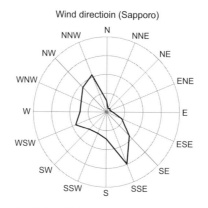

図 3.5 ある月の札幌の風向に関するローズダイアグラムの例 (カラー口絵参照)

（f） レーダーチャート

ローズダイアグラムとよく似ているが，異なる観測項目間の頻度のバランスを調べる目的でよく用いられる方法が**レーダーチャート** (radar chart) である．図3.6

[※1] このローズダイアグラムは，R の標準的な環境では利用できない．このように標準では利用できない環境は，CRAN からライブラリとしてダウンロードすることで利用できることが多い．ライブラリの導入手続きについては 2.4.3 項を参照.

は高校1年生の男子と女子のそれぞれに9種目の体力テストを実施して10点満点で評価した結果の平均値を基にして，体力のバランスを評価するレーダーチャートをライブラリ fmsb を用いて出力した例である (男性は緑色の実線，女性は紫色の破線). 男女ともに他の種目に比べて握力が弱い傾向にあること，前屈において男女差がやや認められることなどが理解できる.

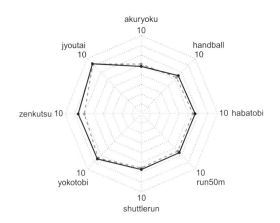

図 3.6 レーダーチャートの例 (高等学校体力測定データ) (カラー口絵参照)

3.1.3 Rへのデータ入力

前節で紹介した可視化を R 言語の方法を R 環境で実行するための方法を示す. 公的なサイトからダウンロードされたデータは CSV 形式のファイルとして入手される場合が多い. このようなデータを R に入力する際に用いられる関数として read.csv() があることを第2章で紹介したが，この関数を用いて可視化を行う方法をみることにする.

例として，Windows 系の環境で C:¥Users 上のフォルダ data のなかに，以下のような観測項目とデータから構成される CSV ファイル test.csv がある場合を考える.

風速 (m/s)	風向	気温 (度)	日照時間 (時)	現地気圧 (hPa)
1.7	南	10.1	0	1013.6
1.1	南東	9.6	0	1013.5
2	南東	10.4	0	1013.1

このCSVファイルのデータをRへ入力して,データフレーム Rdata を生成するためには,以下のように実行する.

```
> Rdata <- read.csv(file="C:/Users/data/test.csv")
```

read.csv()を実行する際には,test.csv が格納されているコンピュータ上の場所を示す絶対パスを指定する必要がある. macOS や Linux の場合には,絶対パスを調べてそのまま指定すればよいが,Windows の場合は絶対パスが C:¥Users¥data¥test.csv と ¥ を用いて表示される. read.csv()を実行する場合には,¥の部分を / に置き換えて括弧内で指定する必要がある.

入力した絶対パスが誤っている場合には,指定したファイルが正しく検索できないため,"No such file or directory" とエラーメッセージが表示される. この場合には,入力内容を修正して再度実行する[2].

read.csv()により生成された Rdata は行列の構造をもち,行数を示すための**行番号**と列数を示す**列番号**がある. データは行番号と列番号を与えることによって識別される. Rdata に含まれるデータの可視化は,対象とするデータを特定した後,そのデータに対して作画関数を実行するとよい. まず,Rdata の1列目にある風速のデータを取り出してベクトル ws へ入力して,入力されたデータを確認してみる.

```
# Rdata の最初の2行を出力
> Rdata[1:2,]
    風速.m.s. 風向 気温.度. 日照時間.時. 現地気圧.hPa.
 1     1.7    南    10.1      0         1013.6
 2     1.1    南東   9.6      0         1013.5
# 1列目にある風速のデータをベクトル ws に入力し,最初の10個を確認
> ws <- Rdata[,1]; ws[1:10]
 [1] 1.7 1.1 2.0 0.9 1.2 2.2 2.9 4.2 3.9 7.6
```

行列構造をもつ Rdata から必要なデータを部分的に取り出すには,以下のような記法が用いられる (第2章を参照).

---

[2]コンソール画面上で,キーボード上の4つの矢印ボタンのうち「↑」(上方向の矢印)を押すと,コマンドラインに入力した内容が表示されるので,誤った入力部分を訂正して再度実行する.

Rdata[,3]	3列目にあるデータすべて
Rdata[2,]	2行目にあるデータすべて
Rdata[1:50,]	1行目から50行目までのデータすべて
Rdata[,1:3]	1列目から3列目までのデータすべて
Rdata[,c(1,2,7)]	1列目，2列目，7列目のデータすべて
Rdata[-1, 3]	2行目以降にある3列目のデータすべて
Rdata[,-c(1,2,7)]	1列目，2列目，7列目を除くデータすべて

ベクトル ws に風速のデータが入力されたので，このベクトルを用いて可視化を行ってみることにする．以下の例では，表示する画面全体を2行2列の4つの画面に分割した後，風速データに関する折れ線グラフ，点プロット，棒グラフ，ヒストグラムを作成して表示する．以下を実行すると，グラフィック画面が新規に立ち上がり結果が表示される．

```
# A4画面を4分割 (2x2) する
> par(mfrow=c(2,2))
# プロット ("l" (小文字のエル) は折れ線グラフを指定するオプション)
> plot(ws,xlab="time",ylab="ws",type="l",main="w.speed",col="red")
# プロット ("p"は点プロット を指定するオプション)
> plot(ws,xlab="time",ylab="ws",type="p",main="w.speed",col="blue")
# 棒グラフ
> barplot(ws,xlab="time",ylab="ws",main="w.speed",col=c("orange"))
# ヒストグラム
> hist(ws, xlab="ws",main="w.speed",col=c("yellow"))
```

作画関数の括弧内でさまざまな**オプション**を設定すると，出力結果のカスタマイズが可能である[3]．以下にあげる作画関数のオプションは，他の作画関数でも共通に利用できるものが多いので，覚えておくと便利である．なお，オプション col= で指定できる色の名称は，関数 colors() を実行すると表示される．

---

[3]どのようなオプションが利用可能であるかを知りたい場合には，オンラインヘルプを活用する．2.4.1項を参照．

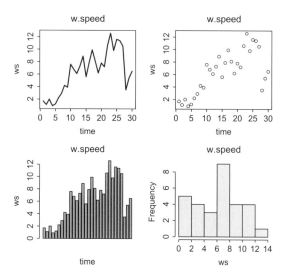

図**3.7** 風速に関するプロットの結果

main="**文字列**"	タイトル
xlab="**文字列**"	x軸名
ylab="**文字列**"	y軸名
xlim=c(**下限値，上限値**)	表示するx軸の範囲
ylim=c(**下限値，上限値**)	表示するy軸の範囲
lty=0**から**6**までの整数**	線種の指定(実線，破線など)
lwd=0**以上の整数**	線の幅を指定(大きくなるほど太くなる)
pch=0**から**25**までの整数**	マーカの指定
col=c("**色の名前**")	色

3.1.4 多次元データの可視化

　次に，観測変量が複数である多次元データを可視化する方法を紹介する．最も基本的な作画方法は，観測変量ごとに1次元データと捉えて可視化を行うことである．for文(ループ)を用いて作画関数であるplot()やhist()を実行することですべての可視化は可能であるが，出力結果が多くなりやすい．このため，複数の観測変量のデータを同時にみながら，全体の傾向を知るための方法も考えられてきた．このような可視化の方法として代表的なものを紹介する．

（a） 2次元データの可視化

2つの変量の観測値を縦軸と横軸にそれぞれとって2次元平面上にプロットした**散布図** (scattered plot) がよく用いられる．散布図はRの標準的な関数である plot() や pairs() を用いて描くことができる (第4章を参照)．

（b） 3次元データの可視化

3次元データの変化を可視化する方法も，データの属性や分析の視点に応じてさまざまな方法が提案されてきた．以下ではいくつかの代表的なものを紹介する．

● 鳥瞰図とヒートマップ

3次元データの各値を3次元の座標値としてプロットした図は**鳥瞰図** (bird's-eye view) とよばれ，空間的な分布の特徴を把握するために用いられる．R環境には鳥瞰図を描く関数 persp() が標準で利用できるが，ライブラリにも同様な関数が提供されている．図3.8は persp() を用いて，荒天となる際の海面の相対水位に関するヒストグラムがどのように変化するかをプロットした例である．平面の2つの軸を相対水位 (m) と時間 (分) にとり，観測頻度を縦軸にとっている．

鳥瞰図を描くためのプログラム例を以下に示す．seasf は90行29列の行列で，各行 [1,],... に1分ごとの時間，各列 [,1],..., [,29] を29階級の海面水位レベルをとり，i行j列目に対応する第j階級の相対海面水位に関する観測頻度が入力されている．x を時間スケール，y を海面水位のスケールと定義するとき，x, y, seasf の3次元情報を persf() のなかで指定して実行する．

```
# 入力データの先頭行の一部
> seasf[1, 11:20]
     [,11] [,12] [,13] [,14] [,15] [,16] [,17] [,18] [,19] [,20]
[1,]     0     0    18    83   106    76    17     0     0     0
# 3次元の各データ
> x <- seq(1,90)
> y <- seq(1,29)
# 3次元の描画
> persp(x, y, seasf, theta = 120, phi = 30, box = TRUE,
+ shade = 0.30, xlab="time (sec.)", ylab="sea level (m)",
+ zlab="frequency")
```

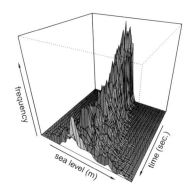

図 3.8　海面水位のヒストグラムの変化に関する鳥瞰図 (カラー口絵参照)

　実行結果を図 3.8 に示す．横軸に示した相対水位のレベルは $-2.3\,\mathrm{m}$ から $2.3\,\mathrm{m}$ までの 29 階級，奥行きに示される観測期間は 90 分間である．観測開始直後の海面水位は比較的小さな上下幅で変動していたが，60 分以降より時化 (しけ) となり海面水位の上下幅が大きく変化した．鳥瞰図はこの状況におけるヒストグラムの変化を示している．

　また，鳥瞰図の縦軸 (観測頻度) の値の変化をグラデーションで表示することにより，2 次元平面で捉えることもできる．これは**ヒートマップ** (heatmap) とよばれ，標準関数 image() を実行することで出力できる．図 3.8 のヒートマップを描いた例を図 3.9 に示す．関数 image() は，x を時間スケール，y を階級，seasf をこれらの基で定まる海面水位の頻度の値とするとき，これらの 3 次元イメージを描き，真上から俯瞰した 2 次元のイメージとして描画する[4].

```
# ヒートマップ
> image(x, y, seasf, col=hcl.colors(11,"heat", rev=TRUE),
+ xlab="time (sec.)", ylab="Rank of Relative sea level")
```

● **3 次元散布図**

　基本的には鳥瞰図と同じであるが，3 つの変量の観測値を 3 次元空間上にプロットしたものが**3 次元散布図**である．この図は，3 つの変量間に潜む変化の傾向を調

---

[4]R3.6.0 以降，image() のオプション col= で hcl.colors() を指定することにより，グラデーションを与えることができる．

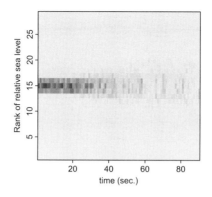

図 3.9 図 3.8 のヒートマップ (カラー口絵参照)

べる際に効果がある.

図 3.10 は, 関数 scatterplot3d() を用いて, 気圧 (hPa), 湿度 (%), 風速 (m/s) の観測データから 3 次元散布図を描いた例である. 俯瞰する角度をオプションで変えながら観察することにより, 3 変量間の変化の傾向を調べることもできる. 関数 scatterplot3d() は, ライブラリ scatterplot3d を導入することにより使用できる[※5].

```
> kisyou.dat <- read.csv(file="C:/Users/data/kisyou.csv")
# データの先頭を表示
> head(kisyou.dat,3)
  風速 現地気圧 相対湿度
1 1.7    1013.6      76
2 1.1    1013.5      80
3 2.0    1013.1      76
# 3つのベクトルを定義
> wind.speed  <- kisyou.dat[,1]
> a.pressure  <- kisyou.dat[,2]
> humidity    <- kisyou.dat[,3]
# ライブラリ"scatterplot3d"を起動する準備
> library(scatterplot3d)
# 3次元散布図
```

[※5]2.4.3 項を参照.

```
> scatterplot3d(a.pressure, moisture, wind.speed,
+ xlab="air pressure (hPa)",
+ ylab="humidity (%)",
+ zlab="wind speed (m/s)",
+ box=F,
+ pch=1,
+ angle=70,
+ type ="p", color="palevioletred"
+ )
```

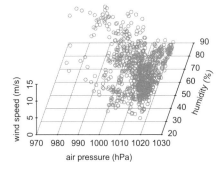

図 3.10   気圧，湿度，風速の 3 次元散布図 (カラー口絵参照)

● 等高線

　等高線 (contour) を用いた 3 次元データの可視化は，関数 contour() を用いる
と実行できる．図 3.11 は北海道における 227 地点のアメダス気象観測ステーショ
ンの緯度と経度，およびステーションの海上からの高さ (m) に関する 3 次元の観
測データについて，高さに関する等高線を描いた例である．contour() を用いて，
経度 deg.keido と緯度 deg.ido のデータをそれぞれ横軸と縦軸にとり，海上から
の高さ height に関する等高線を描いている．観測された経度と緯度の間隔が等し
くないデータに contour() を実行することはできないため，観測データを基に x
軸と y 軸の観測点が規則正しく整列した格子点を作成してから contour() を実行
する必要がある．関数 interp()[6]は deg.ido と deg.keido を基に等間隔に配置
された格子点を生成する．ただし，実際に計測されていない部分の height の値は

---

[6]非標準の関数であり，ライブラリ akima を導入する必要がある．

deg.ido, deg.keido, height を基に**内挿** (interpolation) を行い，その結果に基づいて**補間**を行っている．

```
# データの一部表示
> head(amedas.height, 3)
     deg.keido deg.ido height
[1,]     141.9    45.5     26
[2,]     141.7    45.4      3
[3,]     141.0    45.3     65
> x <- amedas.height[,1]
> y <- amedas.height[,2]
> z <- amedas.height[,3]
# ライブラリ"akima"を利用可能にする
> library("akima")
# 格子点データの生成
> base.dat <- interp(x, y, z, duplicate="median")
# 格子点データを contour() へ入力
> contour(base.dat, lwd=c(2), xlab="Latitude", ylab="Longitude",
+ col = terrain.colors(11, alpha=1, rev = FALSE))
```

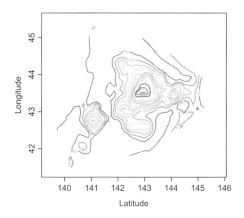

図 3.11　アメダス観測地点の海上からの高さに関する等高線 (北海道) (カラー口絵参照)

● **バブルチャート**

　観測変量が3つ以上となる場合でも可視化を可能とする方法の1つに**バブル**
チャート (bubble chart) がある．2つの変量のデータで2次元座標をプロットし，1
つの変量の値を色の変化，もう1つの変量の値を座標を中心とする円の半径に割り
当てることで，4次元データの可視化が可能となる．図3.12はライブラリ `ggplot2`
にある関数 `ggplot()` を用いて，高校生の体格と体力測定の結果に関するバブル
チャートを描いた例である．高校生の体重 (kg) と身長 (cm) の観測値をそれぞれ横
軸と縦軸にとってプロットし，さらに，シャトルラン，50 m 走の体力測定の観測値
を円の半径の長さと色にそれぞれ割り当てることにより，4次元の可視化を行って
いる．この図より，身長や体重が大きいほど，体力検査の結果がよいとは限らない
ことが読み取れる．

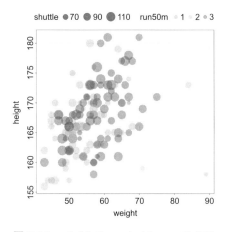

図 3.12　バブルチャート (カラー口絵参照)

（c）　**チャーノフの顔**

　より多次元のデータを可視化して，データ全体がもつ特徴をイメージとして捉え
るための方法も存在する．その1つとして，**チャーノフの顔** (Chernoff face(s)) と
よばれている方法がある．チャーノフ (Chernoff) は多次元データの各値に基づい
て，顔の面積，顔の形，顔の色，鼻の長さ，口の位置などといった顔の特徴を与え
て顔を描くことによって，データ全体の特徴をイメージによって捉える方法を提案
している．人間は顔をみる際に，個別の部分よりも全体的なイメージで捉える傾向

がある点を利用して，多次元データ全体の特徴を把握する方法である．観測データにチャーノフの顔を適用した例をみてみよう．

例1　米国の雇用統計データ

1947年から1955年までに観測された米国の雇用統計のデータを含むCSVファイル econ.csv がある．以下に示されるデータから1年ごとに「年」を除く観測データを6次元データと捉えて「毎年の経済動向に関する顔」を描き，年とともにどのように変化するかを観察してみる．

年	GNPデフレータ	GNP	失業者数	陸軍人口	人口	雇用者数
1947	83	234.289	235.6	159	107.608	60.323
1948	88.5	259.426	232.5	145.6	108.632	61.122
1949	88.2	258.054	368.2	161.6	109.773	60.171
1950	89.5	284.599	335.1	165	110.929	61.187
1951	96.2	328.975	209.9	309.9	112.075	63.221
1952	98.1	346.999	193.2	359.4	113.27	63.639
1953	99	365.385	187	354.7	115.094	64.989
1954	100	363.112	357.8	335	116.219	63.761
1955	101.2	397.469	290.4	304.8	117.388	66.019

チャーノフの顔を描く関数 faces() は標準的な関数ではなく，パッケージ aplpack を導入することで利用できる．このパッケージにある関数 faces() を用いて，以下のプログラムを実行する．

```
# ライブラリ"aplpack"を起動する準備
> library("aplpack")
> base.dat <- read.csv(file="C:/Users/data/econ.csv")
# 関数 faces() を用いてチャーノフの顔を描く
> faces(base.dat[,2:6], labels=base.dat[,1])
```

チャーノフの顔は，顔を構成する多次元データの値が全体的に大きくなるほど，顔は赤みを帯びた状態から色白に変わり，顔を構成する各部分が大きく変化する．図3.13は上記を実行して得られた，毎年の経済活動に関するチャーノフの顔の変化である．第二次世界大戦後，米国の経済をめぐる環境は好転した．描かれた顔は年の経過とともに色白に変わるとともに各部も大きく変わっており，この状況を支

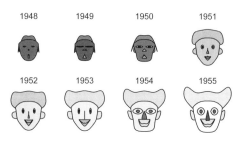

図 3.13　1948 年 〜1955 年の経済状況に関するチャーノフの顔の変化 (カラー口絵参照)

持する結果を示す.

例 2　気象要因に関する時系列データ

　図 3.14 に示されるグラフは，気象庁アメダスに基づき札幌市で観測された気象要因の時間変化を示したものである．上から順に風速 (m/s)，湿度 (%)，気圧 (hPa) の変化を示し，横軸は時点 (単位は時間)，縦軸は各観測変量の観測値を意味している．このグラフは 50 時間 (約 2 日間) の変化を示しているが，各要因は異なる傾向をもちながら変化していることが観察される．もし，気象の状況がある程度同じとみなせる期間を推定する必要があるとき，どのように考えるとよいだろうか.

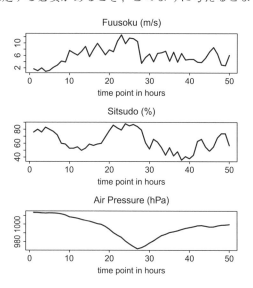

図 3.14　風速，湿度，気圧に関する時間変動の例 (札幌市)

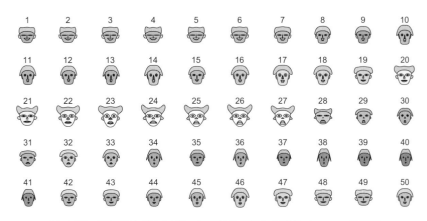

図 3.15 観測時点ごとに描いた「気象の顔」の変化 (カラー口絵参照)

　この問題を考える 1 つの方法として，チャーノフの顔を描いてみる．各時点で発生する 3 つの観測変量の値を基にチャーノフの顔を描くと，顔のイメージは「その時点における気象状況」を意味すると考えられる．したがって，描かれた顔の特徴が大きく変化するときの時点を調べることにより，「気象状況がある程度同じであるとみなせる期間」を推定する手がかりになると考えられる．

　風速，湿度，気圧の 1 時点目の観測データから「1 時点目における気象の顔」を描く操作を逐次繰り返して，50 時点目までの各時点における顔を描いた結果が図3.15 に示されている．厳密な判定は難しいが，たとえば 20 時点，28 時点，42 時点の周辺で，顔の表情や色が変化するとみなして，この 3 つの時点でグラフを分割する．この時点によって分割された 4 つの期間を図3.16 に示す．点線は上記の 3 つの時点で分割した結果であることを示している．分割された時間帯の前後で，各気象要因の変化の傾向は大きく変化していることが観察できる．厳密な推定とはいえないが，気象状況が変わらないとみなすことのできる期間の目安を推定する方法の 1 つとして用いることができる．

3.2　ヒストグラムに基づく発生確率の分析

3.2.1　分布の特徴を要約する統計値

　この節では，観測データのヒストグラムがもつ特徴を数的に捉えるための方法と R 環境で行うための方法を紹介する．

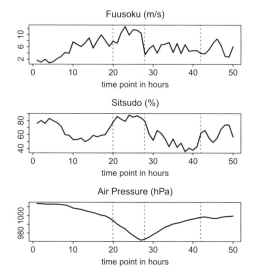

図 3.16 チャーノフの顔に基づく気象状況の分類結果

（a） 分布の代表値

可視化されたヒストグラムは現象の特徴を捉えやすくする一方で，幾何的な意味での情報量が多く，分析者の所見を第三者へ客観的に伝えるには不便なことがある．このため，ヒストグラムの特徴を示す数値をデータより求めて，この情報 (**統計値**) を示すことが多い．このような統計値としてさまざまなものが考えられてきたが，そのなかで関心の高い値の 1 つは，「起こりうる確率が最も高い値」であろう．この統計値は**分布の代表値**として，分布の特徴を客観的に伝えるためによく用いられる．分布の代表値としてよく用いられるものを以下にあげる．

① **平均値** (mean)

個別のデータの値を均一にしたときの値．データの総和をデータの個数で割った**算術 (相加) 平均** (arithmetic mean) がよく用いられる．相加平均は $x_1, \ldots, x_N$ を N 個のデータとするとき，以下で定義される．

$$\overline{x} = \frac{1}{N}(x_1 + \cdots + x_N)$$

$$= \frac{1}{N} \sum_{i=1}^{N} x_i \tag{3.1}$$

平均の方法は (3.1) 以外の方法も考えられる．成長率や利率などのように，連続す

る観測データの比率が緩やかに変化するデータの場合には，以下の**幾何 (相乗) 平均** (geometric mean) がよく用いられる[7]．

$$\overline{x}_G = (x_1 \cdots x_N)^{\frac{1}{N}} \tag{3.2}$$

② 中央値 (メディアン) (median)

データを最大値 (あるいは最小値) から順に並べたとき，中央にある値．データ数が偶数となる場合には，中央の近傍で隣り合う 2 値の平均値．

③ 最頻値 (モード) (mode)

ヒストグラムにおいて，観測頻度が最大となるときの階級値．

（b） 分布の散らばり

分布の代表値を用いて現象を評価する場合には注意が必要となる．2 つの分布の平均が等しくても，両者の「散らばり」が大きく異なっていれば，分布は明らかに異なる．言い換えれば，2 つの分布の平均値が等しいとみなすことができても，現象の発生確率は必ずしも等しいとはいえない．2 つの分布が等しいか否かを平均値が等しいか否かだけで判断すると，現象の実態を誤って評価してしまう可能性があることに十分な注意が必要である．

この問題を回避するためには，分布の代表値以外に「散らばり」の状況を評価した統計値を求める必要がある．このばらつきの状況は現象によって異なるから，データから「ばらつきの程度」を測る必要がある．この目的で用いられる量が**分散** (variance) や**標準偏差** (standard deviation) である．観測されたデータが分布の重心である平均値からどれだけ離れているかを両者の差 (**偏差**) を 2 乗した値で測る．偏差の値は観測データによって異なるため，この平均を求めた量が分散である．分散は $x_1, \ldots, x_N$ を N 個のデータとするとき

$$S_X{}^2 = \frac{1}{N} \left((x_1 - \overline{x})^2 + \cdots + (x_N - \overline{x})^2 \right)$$

---

[7]成長率を r $(r > 0)$ とするとき，x_i が $x_i = r \cdot x_{i-1}$ $(i = 1, \ldots, N)$ に従って変化する場合には，$\left(\dfrac{x_1}{x_0}\right)\left(\dfrac{x_2}{x_1}\right)\cdots\left(\dfrac{x_N}{x_{N-1}}\right) = r^N$ となる．したがって，比率 $\dfrac{x_i}{x_{i-1}}$ の観測値 y_i が得られた下で r の値を「平均」によって求めたい場合には，$(y_1 \cdots y_N)^{\frac{1}{N}}$ の値を調べるほうがより適切となる．なお，一般的に (3.2) は (3.1) と等しいか小さい値のいずれかをとることは，相加・相乗平均の不等式としてよく知られている．

$$= \frac{1}{N} \sum_{i=1}^{N} (x_i - \overline{x})^2 \tag{3.3}$$

で計算する ($\overline{x}$ は平均値を表す). 分散は「偏差の 2 乗」に関して平均した値であるが, 実現象の解釈を行う際には偏差そのものの値で評価したほうがわかりやすい[8]. このため, 分散の平方根 S_X を求めることで, 偏差の大きさを評価することも多い. この値が標準偏差である.

分散や標準偏差は分布の散らばりを評価した指標であるが, これ以外の観点からばらつきを評価する指標もある. 代表的なものを以下にあげる.

① **最大値・最小値・範囲** (maximum value, minimum value, range)
ヒストグラムにおける最大値, 最小値は, 横軸に示される変量の観測値に関する最大値, あるいは最小値のことである. また, 最大値から最小値を引いた差は**範囲** (range) とよばれる.

② **四分位点** (quantile)
ヒストグラム全体の面積を 4 等分する境界を与える横軸の 3 つの値が**四分位点**であり, 小さい値から順に第 1 四分位点, 第 2 四分位点, 第 3 四分位点とよばれる. 第 2 四分位点は, この値によって分割される左右のヒストグラムの面積が等しい (発生確率が 2 分の 1) ことから, 中央値と一致する.

3.2.2　R による 1 次元分布の基本調査
1 次元データに基づく基本的な分析について, R を用いた実行例とともにみていくことにする.

（a）　分布の基本調査
高校生の身長に関する 1 次元データを基に, 基本的な分布の特徴を R 環境で調べるための方法を以下に示す. 身長の観測データをベクトル x に入力した後, 分布の概形と代表値を調べる. 身長に関するヒストグラムを関数 hist() を用いて描くことができることを既に紹介したが, 関数 stem(x) を用いると x の**幹葉図** (stem-and-leaf plot) をコンソール画面上に描く. 幹葉図はデータの値そのものと

---

[8] たとえば, マラソン走者の位置に関する分布の散らばりを分散で示した場合には, m^2 や km^2 といった「距離の 2 乗」の単位となる. これを標準偏差で表すと, 距離の 2 乗の平方根を求めるために距離そのものの単位となり理解がしやすい.

ヒストグラムの概形を一緒に示した図で，実際に発生したデータの値とその頻度分布が同時に理解できる特徴がある．以下の例では，幹葉図の一番上の行に「166.0」というデータが 8 個あること，そして 166.0 の階級に 8 個のデータがあることが示されている．なお，階級ごとの頻度を表した**度数分布**は，関数 table() を実行すると得ることができる．

　分布の算術平均の値や中央値を求める場合は，mean(), median() をそれぞれ実行する．幾何平均の値を直接計算する関数はないため，データの総積を求める関数 prod() を用いて計算し，これを (1/データの個数) 乗する．最頻値も直接計算する関数はないが，他の関数の結果を利用して得ることが可能である．以下の実行例では，table() を実行して度数分布を生成した後，ヒストグラムの縦軸の値に相当する観測頻度が最も高くなるときの値を調べている．なお，ベクトル a に含まれるデータのなかで，ある条件式[9]を満たすものを取り出したいときには，if 文を用いなくても

　　a[条件式]

を実行すると条件式を満たすデータが抽出できる．分布の四分位点を得るためには関数 quantile() を実行する．また，四分位点を含む基本的な分布の代表値 (最小値，四分位点，平均値，最大値) を報告する関数が summary() である．

```
# ベクトル x の先頭の 10 個を表示する
> head(x, 10)
 [1] 172 167 169 169 169 166 169 173 169 167
# 度数分布と総度数
> x.table <- table(x); x.table; sum(x.table)
x
166 167 168 169 170 171 172 173 174
  8   6   8  12  13   5  10   9   6
[1] 77
#  データの幹葉図
> stem(x)

  The decimal point is at the |
```

---

[9]条件式と if 文については，2.2.7 項を参照．

```
166 | 00000000
167 | 000000
168 | 00000000
169 | 000000000000
170 | 0000000000000
171 | 00000
172 | 0000000000
173 | 000000000
174 | 000000
```

```
#　算術平均の値（2通りで計算）
> mean(x); sum(x)/length(x)
[1] 169.974
[1] 169.974
#　幾何平均の値
> prod(x)^(1/length(x))
[1] 169.9569
#　中央値（メディアン）
> median(x)
[1] 170
# 度数分布を出力したベクトル x.table より，観測頻度が最大となる x の値と頻度
> label.max <- x.table[x.table==max(x.table)]; label.max
170
 13
# label.max の階級を as.numeric() で数値化して，最頻値とする
> as.numeric(names(label.max))
[1] 170
# 最小値，最大値，範囲（=最大値-最小値）
> min(x); max(x); range(x); diff(range(x))
[1] 166
[1] 174
[1] 166 174
[1] 8
# 四分位点
> quantile(x)
```

```
   0%   25%   50%   75%  100%
  166   168   170   172   174
# 最小値，四分位点，平均値，最大値
> summary(x)
   Min. 1st Qu.  Median    Mean 3rd Qu.    Max.
    166     168     170     170     172     174
```

　平均値，中央値，最頻値の各代表値がヒストグラムにおいて何を推定しているかを調べるため，これらの値をヒストグラムの上に表示してみよう．実行の際に用いたプログラムを以下に示す．ベクトル x に hist() を実行してヒストグラムを描いた後に，算術平均の値，中央値，最頻値を横軸にとり，直線をヒストグラム上に重ねて描く．関数 lines() は，作画関数の出力結果の上に 2 点の座標を通る直線を描く．2 次元座標値が (x_1, y_1), (x_2, y_2) である 2 点を通る直線を引く場合には，(x_1, x_2) を x 軸の座標値，(y_1, y_2) を y 軸の座標値とするベクトル x, y をそれぞれ用意して，lines(x,y) を実行する．作画関数で一般的に利用できるオプション (col, lty, lwd など) は，この関数でも利用できる．

```
# x のヒストグラムを描く
> hist(x, col="snow", xlab="height (cm)", main="")
# 代表値をヒストグラムにプロットする
> x.p.mean   <- c(mean(x), mean(x))
> x.p.median <- c(median(x), median(x))
> x.p.mode   <- c(x.mode, x.mode)
> y.plot <- c(0, 160)
> lines(x.p.mean,   y.plot, lty=c(1), lwd=3, col="black")
> lines(x.p.median, y.plot, lty=c(4), lwd=3, col="red")
> lines(x.p.mode,   y.plot, lty=c(2), lwd=3, col="purple")
```

　図 3.17 は，高校生の身長に関するデータ 135 個を用いて上記の例を実行した結果を示している．ヒストグラムの概形は平均に関して概ね左右対称とみなすことができる．代表値である算術平均，中央値，最頻値はいずれも 170 cm の付近にあり，ほぼ同一とみなすことができる．一般的に，峰が 1 つであり，この峰に関して対称とみなせる分布の場合には，3 つの代表値がほぼ一致する．また，この代表値はヒ

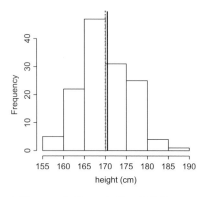

図 3.17 身長のヒストグラムとその代表値 (カラー口絵参照)

ストグラムの縦軸の値，すなわち身長の発生件数が最も多いときの値を推定してお
り，確率的に最も発生しやすいと考えられる身長の値を適切に推定していることが
わかる．

　しかし，どのような分布であっても 3 つの代表値が一致するとみなせるとは限ら
ない．図 3.18 は，風速の観測値を用いて図 3.17 と同様の結果を得たものである．
この場合，風速のヒストグラムは非対称な形状であり，算術平均の値 (実線)，中央
値 (破線)，最頻値 (点線) は大きく異なっていることが観察される．このように非
対称な分布の場合には，各代表値が異なることがわかる．非対称な分布では極端に
大きな値や小さな値が発生しやすくなる．図 3.18 のような分布のデータから平均
値を求めると，すべての値を等しく均すため，非常に大きな値の影響を受けて，分
布の実態よりも大きくなりやすい．このように，分布の形状を把握せずに平均値を
代表値として示すと，現象の実態と異なる印象を第三者へ与える可能性があるので
注意が必要である．このような場合には，平均値の代わりに中央値を用いて利用す
ることがよく行われるが，厳密な理論的根拠があるわけではない．

（b） 箱ひげ図

　分布の構造を簡潔に表した図として**箱ひげ図** (boxplot) がよく用いられる．箱ひ
げ図は，「箱」と「ひげ」から構成される．「箱」は第 1 四分位点から第 3 四分位点
までの範囲，「ひげ」は箱に属さず，かつ同一の分布から発生したとみなすことので
きる範囲を意味する．第 1 四分位点から第 3 四分位点をそれぞれ Q_1, Q_2, Q_3，お

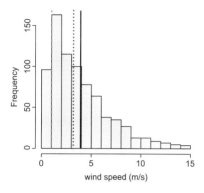

図 3.18 風速のヒストグラムとその代表値 (平均 (黒), 中央値 (赤), 最頻値 (紫))
(カラー口絵参照)

よび, $s = Q_3 - Q_1$ とするとき, 具体的な定義は以下のとおりである[10].

① 「箱」の下限:Q_1

② 「箱」の太線:Q_2 (中央値)

③ 「箱」の上限:Q_3

④ 「ひげ」の下限:$[Q_1 - 1.5s,\ Q_1]$ の範囲に属するデータの最小値

⑤ 「ひげ」の上限:$[Q_3,\ Q_3 + 1.5s]$ の範囲に属するデータの最大値

「箱」の範囲に値が発生する確率は 50 パーセントである. また, 箱の中央付近にある太線は中央値を意味するから, この線から箱の上端あるいは下端までの範囲のデータが発生する確率はともに 25 パーセントとなる. ひげの下限, あるいは上限を超える値は, 他のデータから極端に異なる値として, **外れ値** (outlier) とよばれる.

図 3.18 に示した観測データの箱ひげ図を, 関数 `boxplot()` を用いて示した例を図 3.19 に示す. 左図は風速のヒストグラムであり, 横軸に示される風速が箱ひげ図における縦軸に対応していることに注意する. ひげの外側に一部のデータがプロットされているが, 観測している期間内では発生することが考えにくい風速も発生している可能性があることが示唆されている.

図 3.20 は, 海上が時化となる状況における海面の相対的な水位のレベル (m) を 0.2 秒ごとに 90 分間観測したデータを 10 分ごとの 9 つの時間帯に分類し, それぞれについて分布の箱ひげ図を描いた実行結果である. このプログラムの実行例を以

---

[10] 「ひげ」の上限と下限に関する定義はいくつか存在する.

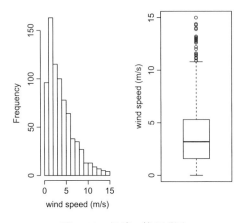

図 3.19　風速の箱ひげ図

下に示す.

```
# 観測データの先頭 3 行を表示する
> head(seasf, 3)
     surface.level period
[1,]       0.30889      1
[2,]       0.29912      1
[3,]       0.22096      1
# 箱ひげ図を描く
> boxplot(surface.level ~ period, data = seasf, col = "lightgray",
+ xlab="period (x 10min.)", ylab="relative sea surface level (m)")
```

　行列 seasf は 2 列からなり, 1 列目に海面水位の観測値 (surface.level), 2 列目には 9 つの時間帯を分類するための番号 (period) が入力されている. boxplot() は period ごとにデータを分類した 9 つの分布ごとに箱ひげ図を描き, その変化を示している. 図 3.20 は実行結果である. 箱の中央は各時間帯における水位分布の中央値である. これは時間が経過してもほぼ一定と捉えることができる一方で, ひげの上限と下限で定まる分布の幅は時間の経過とともに大きくなっていくことがわかる. これは時間の経過とともに, 海面変動の振幅が徐々に大きくなることを示している.

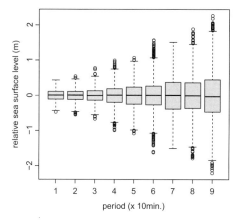

図 3.20 海面水位の分布に関する箱ひげ図の変化

3.2.3 確率分布の推定と発生確率の計算

ランダムな現象を確率的に捉え，観測値から得られたヒストグラムに基づいて分布を確率的観点から推定することにより，現象の発生確率に関する理論的な評価が可能となる．この考え方は，現象に関する**リスク** (risk) を観測データに基づいて評価するための1つの方法となる．この節では，確率の観点から現象の発生確率を計算する諸方法と，R環境で実際に計算するための方法について紹介する．

（a） 確率分布の推定

前節で調べた海面変動の相対水位のヒストグラムを例として，発生確率に関する検討を行ってみよう．図3.8でみた相対水位の観測データは正負の実数値をとり，1つの分布の峰に関して左右対称な分布とみなすことができる．いま，相対水位を連続的な値をとる**確率変数** X と定義する[11]．また，X の発生確率を求めるために**確率密度関数**を定義する．確率密度関数にはさまざまなものがあるが，ここでは**正規分布** (normal distribution) としてよく知られている次の関数を用いることにする．

$$f(x; \mu, \sigma) = \frac{1}{\sqrt{2\pi}\sigma} \exp\left(-\frac{(x-\mu)^2}{2\sigma^2}\right) \tag{3.4}$$

ここで，μ は分布の重心である**平均**，σ^2 は分布の散らばりである**分散**，σ は分散の

---

[11] 以下の内容では，確率に関する知識が必要となる．確率の基礎学習を行っていない読者は，3.4節に要点をまとめたので事前に学習すること．

平方根をとった**標準偏差**である[※12]. (3.4) の左辺の表記は, μ や σ の値は未知であるが, これらの値を事前に与えることにより, 実数 x の関数となることを意味する. そこで, 実際の観測データから平均値, 分散, 標準偏差の各値をそれぞれ求め, 未知である μ, σ^2, σ をこれらの値と置き換えることで, ヒストグラムの変化を近似することを考えてみる. このようにして, データから推定された正規分布の確率密度関数 $f(x)$ を用いてヒストグラムの概形を近似することを, 「ヒストグラムに正規分布をあてはめる」とよぶ.

上記の処理を行うためのプログラム例を示す. まず, 海面水位データをベクトル x に入力した後, hist(x) を実行するとヒストグラムを描く. この例では, 海面水位の値を 0.1 m で表示できるように[※13], 関数 seq() を用いて最小値と最大値にあたる -1 m から 1 m の範囲で 0.1 m 刻みの値を要素にもつベクトル break.class を生成し, hist() で刻み幅を与えるオプション breaks で break.class を指定する. hist() を標準で実行すると, 縦軸を観測頻度 (Frequency) として表示するが, 確率密度関数を描く場合にはオプション freq=F を指定し, 縦軸を確率密度 (Density) にとって表示する必要があることに注意する.

次に, ヒストグラムの上に推定された (3.4) の概形を重ね描く. このように関数の変化を重ね描く場合には, hist() を実行した後に関数 curve() を実行して関数の概形をグラフとして描画する. curve() では, 括弧内に描きたい関数の形を x の関数として与える必要がある. 正規分布の確率密度関数 $f(x; \mu, \sigma)$ の値を出力する関数は dnorm(x, mean=, sd=) であり, オプション mean で平均 μ の値を, sd で標準偏差 σ の値を指定すると (3.4) の概形を描く. これは x に関する関数として認識されるので, curve() でこの関数を指定すると関数の変化をグラフに描くことができる. 関数の変化を重ね描きする場合には, curve() でオプション add=T を与える.

```
# 海面水位データ (m) の先頭を表示
> head(x, 5)
[1] 0.36879 0.42741 0.44695 0.34925 0.21247
```

[※12] (3.1) や (3.3) を用いてデータから求める平均値, 分散, 標準偏差のことではなく, 確率密度関数の構造としての平均, 分散, 標準偏差を意味することに注意する.
[※13] hist() を標準で実行した場合, 階級幅はスタージェスの公式を用いて定められる.

```
# 平均水位，最大水位，最小水位
> mean(x); range(x)
[1] -0.001790243
[1] -0.98924  0.99407
# 0.1m を階級幅としたヒストグラム
> break.class <- seq(-1.0, 1.0, by=0.1)
> hist(x, breaks=break.class, freq=F)
# 平均値と標準偏差
> x.mean <- mean(x)
> x.sd   <- sd(x)
#  ヒストグラムと正規分布の確率密度関数を重ねて描く
> hist(x, freq=F, breaks=break.class, xlim=c(-1.0, 1.0),
+ ylim=c(0, 1.5), xlab="relative sea surface level (m)", main="")
> curve(dnorm(x, mean=x.mean, sd=x.sd), xlim=c(-1.0, 1.0),
+ ylim=c(0, 1.5), add=T, type="l", lwd=c(2), lty=c(2), main="",
+ xlab="", ylab="", col="blue")
```

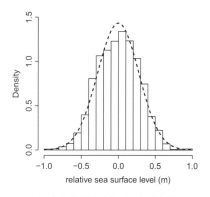

図 3.21 確率密度関数を用いた海面水位分布の近似

　2つ以上の作画関数を同時に実行する場合，それぞれの関数で x 軸や y 軸の値の範囲を自動的に設定するため，重ね描きをした図がずれてしまうので注意する．例に示されるように，この状況を避けるためには，作画関数でオプション xlim, ylim を使用し，x 軸，y 軸それぞれに共通の範囲を与えておくとよい．同様に，軸名やタイトルに与える文字列も各関数ごとに違う文字列が出力されるので，一方の作画関数を実行する際，xlab="", ylab="" などを指定し，空白の文字列を出力すると

よい.

図 3.21 は上記の実行結果を示している. 海面水位の観測値のヒストグラムは, 正規分布の確率密度関数を用いてよく近似できるといえる. この結果に基づいて, 0.5 m 以上の海面水位が発生する確率を求めてみよう. 連続な実数値をとる場合には, この確率は確率密度関数 $f(x)$ を積分することで求めることができる.

$$P(X > 0.5) = \int_{0.5}^{\infty} f(x)\, dx$$

R 環境では, 関数 $f(x)$ の積分計算を数値的に行う関数 integrate() が用意されており, 積分計算の値を数値計算によって求めることが可能である[※14]. 一般に定積分 $\int_a^b f(x)\, dx$ の値をこの関数を用いて求める際には, 関数 $f(x)$ を x に関するユーザ関数[※15] として定義した後に, 関数 integrate() でこの関数と (a, b) の値を指定するとよい. 具体的には以下のような流れで処理を行う.

```
f <- function(x){関数 f(x) の定義}
integrate(f, a, b)
```

上記の計算に関するプログラミングと実行の例を示す. 観測データ全体から求めた平均値は 0, 最大値と最小値はほぼ 1 と −1 である. そこで, 「0 m (平均値) 以上の値をとる確率」と「0.5 m 以上の値をとる確率」を integrate() を用いて計算したところ, 前者の確率はほぼ 0.5, 後者のそれは 0.036 となる. 前者は (3.4) の確率密度関数 $f(x)$ が平均 μ について対称となること[※16]と, 確率密度関数の定義から $\int_{-\infty}^{\infty} f(x)\, dx = 1$ であることより正当化される.

```
# 正規分布の確率密度関数 (x.mean, x.sd はデータから計算された値)
> f <- function(x) dnorm(x, mean=x.mean, sd=x.sd)
# 0m(平均値) 以上の値をとる確率
> integrate(f, 0, 1.0)
0.4972746 with absolute error < 5.5e-15
# 0.5m 以上の値をとる確率
```

[※14] 2.3.9 項を参照.
[※15] 2.2.9 項を参照.
[※16] 数学的には, (3.4) がすべての x で $f(\mu + x) = f(\mu - x)$ となることを意味する.

```
> integrate(f, 0.5, 1.0)
0.0356196 with absolute error < 4e-16
```

　一方，後者の確率として求められた 0.036 の正当性を検証するため，度数分布から「0.5 m 以上の値をとる頻度確率」を計算してみる．table() を実行して度数分布を生成し，階級が 0.5 より大きくなる頻度の数を集計したのち，頻度の総数で割る．この結果は 0.032 となり，積分の結果と似ている．こうして，海面水位の分布は正規分布で概ね近似できることがわかる．

```
# 度数分布を作成
> x.table <- table(x)
# 最大水位付近の度数分布
> tail(x.table, 5)
x
0.82798 0.86706 0.90614 0.95499 0.99407
      2       1       1       2       1
# x.table から階級の境界値を数値に変換する
> kaikyuu <- as.numeric(names(x.table))
# 0.5 より小さい階級に属する観測値の総数
> length(kaikyuu[kaikyuu < 0.5])
[1] 252
# 総度数（頻度の総数）
> length(kaikyuu)
[1] 289
# 0.5 よりも大きい階級値の頻度から（頻度）確率を計算
> sum(x.table[253:289])/sum(x.table[1:289])
[1] 0.03232256
```

　ただし，どのような関数を integrate() で指定しても有限な値が得られるわけではなく，関数によっては値が発散する可能性がある．また，積分計算を数値的に行っているため，指定した関数によっては計算の結果が不安定になる可能性もある．このような場合には，部分的に台形などで近似しながら面積を求めるなど，数値計算上の工夫が必要となる．

3.3 確率分布に関する仮説検定

3.3.1 確率分布の平均に関する仮説検定

　高校の男子生徒の平均身長について，学年ごとに伸びているのかどうかという点に関心があるものとしよう．これを調べるための直接的な方法は，全国の高校生を対象に学年ごとの身長のデータを調査 (**全数調査**) した後，それぞれの確率分布を**母集団分布**としたときの平均値を計算することである．しかし，全数調査は時間的，経済的なコストが大きく，現実的ではないことが一般的である．このため，一部の人を無作為に抽出して同様の調査を行い (**標本調査**)，この結果に基づいて，母集団分布の平均について推測することが一般的である．

　次の例は，ある年において無作為に抽出された高校 1 年生から高校 3 年生までの男子生徒の身長に関する観測データ (単位は cm) に基づき，学年ごとの分布に関する代表値と分散を計算して小数第 2 位まで出力した結果である．

```
# 高校 1 年生の身長データ (N=136)
> round(c(summary(h1), setNames(var(h1), "var")), 2)
   Min. 1st Qu.  Median    Mean 3rd Qu.    Max.     var
 156.30  163.50  167.25  167.61  171.02  181.70   30.62
# 高校 2 年生の身長データ (N=141)
> round(c(summary(h2), setNames(var(h2), "var")), 2)
   Min. 1st Qu.  Median    Mean 3rd Qu.    Max.     var
 143.70  165.00  169.00  169.41  173.90  184.60   42.20
# 高校 3 年生の身長データ (N=135)
> round(c(summary(h3), setNames(var(h3), "var")), 2)
   Min. 1st Qu.  Median    Mean 3rd Qu.    Max.     var
 158.40  166.80  170.20  170.89  174.50  186.70   31.92
```

　上記の結果に基づくと，高校 2 年生から 3 年生にかけて身長が伸びたと評価してよいだろうか．平均値をみると，2 年生の身長の平均値は 169.41 cm，3 年生の平均値は 170.89 cm であるから，平均値が 1.5 cm 程度伸びていることは事実である．しかし，分布の散らばりを表す分散 var の値は，2 年生の値が 42.2 cm^2，3 年生の値が 31.92 cm^2 であり，10 cm^2 以上の差がある．3.2.1 項の「(b) 分布の散らばり」でも考えたが，この場合に確率分布の平均は実質的に上がったと考えてよいのだろうか？　2 つの分布の散らばりが異なっているのだから，約 1.5 cm という平均値の

差は，単なる偶然変動の範囲にすぎないと考えるべきではないか？ 不確実な現象に関してこのような評価を行う場合には，確率的な観点から分析が行われる．この基本的な方法として**仮説検定**がよく知られている．

分析者は実際の現象を基にして，確率分布の特徴に関してある予想をもつ．仮説検定では，この予想を**帰無仮説** (null hypothesis) として設定する．しかし，この仮説が真であっても，観測データがこの仮説を支持するとは限らない．そこで，帰無仮説と対立するもう1つの仮説を**対立仮説** (alternative hypothesis) として設定し，2つの仮説のうち，どちらが支持されるかを観測データに基づいて判定する．この判定は，**検定統計量** (test statistic) を定義して行われ，実際のデータより得られた検定量の値が発生する確率を推定することにより評価される．帰無仮説を「起こりえない」と評価し，対立仮説を支持する基準となる確率は**有意水準** (significance level) とよばれ，解析者が事前に定めておく必要がある．また，検定統計量が従う確率分布において，帰無仮説が支持できないと判定する基準となる値の範囲を**棄却域** (rejection region) として設定する．

実際の仮説検定の流れは以下のようなものである．

① 帰無仮説と対立仮説を設定する．

② 帰無仮説が真であると仮定した下で，検定統計量を定める．

③ 有意水準を定める．

④ 有意水準や対立仮説に基づいて，検定統計量が従う確率分布で棄却域を定める．

⑤ 観測データから検定統計量の値を計算する．

⑥ 検定統計量の値が棄却域に入る場合には帰無仮説を**棄却** (reject) し，対立仮説を**採択** (accept) する．棄却域に入らない場合には，帰無仮説を採択する．

仮説検定を実施する際には，2つの誤りが存在することに注意しなければならない．1つは，帰無仮説が真であるにもかかわらず，偽と判定してしまう誤り (**第1種の誤り**)，そしてもう1つは，帰無仮説が偽であるにもかかわらず，真と判定してしまう誤り (**第2種の誤り**) である．もちろん，これらの誤りがともに小さくなるような検定が望ましいが，この2つの誤りは一方を小さくしようとすると他方が大きくなるという関係にあるため，両者の誤りを同時に小さくすることができない．こ

のため，実際の検定では第 1 種の誤りが発生する確率を有意水準で設定する[17].

　第 1 種の誤りが発生する確率は，有意水準を小さく与えるほど，より小さく抑えられるが，これによって第 2 種の誤りを起こす確率も小さくなるとは限らない．したがって，帰無仮説が棄却されることが誤りとなる確率は有意水準のみで小さいため，帰無仮説が棄却されたという結果は，かなり信頼できるものといえる．これに対して，帰無仮説が採択されたという結果には，「帰無仮説が真の場合に正しく真と判定された可能性」以外に，「帰無仮説は偽であったが，真と誤って判定された第 2 種の誤りの可能性」も含まれている．このため，第 2 種の誤りの可能性が小さいという保証がない限り，「採択された帰無仮説」を十分に信頼することはできない．仮説検定における「仮説の採択」は，「採択を積極的に評価する」というイメージではなく，むしろ消極的なものであることに注意が必要である．

　このような背景から，帰無仮説が棄却された結果には意味がある (**有意** (significant)である) が，帰無仮説が採択された結果に対しては積極的な意味をもたないと評価される．「帰無仮説を採択する」ことを消極的な意味合いを込めて「帰無仮説を**受容**する」，あるいは「帰無仮説を棄却できない」とよぶことが多い．

　最初に取り上げた身長の評価の問題を仮説検定で行ってみよう．高校 3 年生男子生徒の身長に関する母集団分布が正規分布に従うものと仮定する．この下で「3 年生の身長に関する平均[18] μ は，2 年生の身長に関する平均値である 169.41 cm と同じと考えてよいか」という点について，仮説検定を用いて調べる．

　まず，分析者の予想に基づき「3 年生の身長の平均は 2 年生の身長の平均値とは一致しない」を対立仮説 H_1 とし，これを否定した「3 年生の身長の平均は，2 年生の身長の平均値と一致する」を帰無仮説 H_0 として，次の仮説検定を有意水準を 5 パーセントとして実施する．

$$H_0 : \mu = 169.41, \qquad H_1 : \mu \neq 169.41 \tag{3.5}$$

これは「正規分布の母平均に関する仮説検定」とよばれているものである．正規分布の平均に関する統計検定量としてどのようなものが考えられるのだろうか．い

---

[17]有意水準として 5 %，1 %，0.1 % に設定されることが多く，5 % の有意水準で棄却される場合には *，1 % の場合には **，0.1 % の場合には *** と表記されることが一般的である．星の数が多いほど，帰無仮説は棄却されにくくなる．

[18]この「平均」はデータから求めた「平均値」のことではなく，正規分布の確率密度関数 (3.4) の平均 μ のことである．同様に「分散」は (3.4) の分散 σ^2 を意味することに注意する．

ま，N 個の観測値 $X_1, \ldots, X_N$ を平均が μ，分散が σ^2 である正規分布 ($\mathrm{N}(\mu, \sigma^2)$ と表記する) に独立に従う確率変数とすると，この平均

$$\overline{X} = \frac{1}{N} \sum_{i=1}^{N} X_i$$

もまた正規分布に従う確率変数で，平均が μ，分散が $\dfrac{\sigma^2}{N}$ となることが数学的に確認できる[19]．よって，$\overline{X}$ を**標準化**[20]した

$$Z = \frac{\overline{X} - \mu}{\sqrt{\dfrac{\sigma^2}{N}}}$$

は平均が 0，分散が 1 である**標準正規分布** $\mathrm{N}(0, 1)$ に従う．しかし，分散 σ^2 の真の値は未知であるため，この結果をそのまま検定量として用いることはできない．そこで，σ^2 の値を実際のデータから**不偏分散**

$$s^2 = \frac{1}{N-1} \sum_{i=1}^{N} (X_i - \overline{X})^2 \tag{3.6}$$

を用いて推定し，σ^2 をこの値で置き換えることにする．

(3.6) の右辺の分母は $N-1$ であり，(3.3) のそれとは異なることに注意する．(3.6) を用いて σ^2 の値を推定する際には，最初に観測値から $\overline{X}$ を用いて平均を推定した後，この値と標本を用いて推定値を計算する．このため，(3.6) を求める際の $\overline{X}$ は推定値で置き換わる．また，$\overline{X}$ を推定することは N 個の標本の間に

$$(X_1 - \overline{X}) + \cdots + (X_N - \overline{X}) = 0$$

の関係が常に成り立つことを意味する．この関係は，$(N-1)$ 個の $X_i - \overline{X}$ の値を決めると，残りの 1 個の値は自動的に決まることを意味するため，自由に決めることのできる $X_i - \overline{X}$ の個数は $(N-1)$ 個となる．この個数を**自由度** (degree of freedom) とよぶ．

このようにしてできた

$$t = \frac{\overline{X} - \mu}{\sqrt{\dfrac{s^2}{N}}} \tag{3.7}$$

---

[19] 3.4.10 項を参照.

[20] 確率変数 Y に関して $Z = \dfrac{Y - E[Y]}{\sqrt{V[Y]}}$ を，Y を標準化した確率変数とよぶ．Z は期待値が 0，分散が 1 となることが期待値の公式 (3.4 節を参照) を用いて確認できる．

の分布の理論的な形はよく知られており，**自由度** $(N-1)$ **の** t **分布**とよばれる．平均 μ に関する仮説検定は，(3.7) の t を検定統計量として行われる．この確率分布は原点 $(t=0)$ に関して対称な分布であり，自由度に依存して変化する．

　具体的な仮説検定の流れは次のとおりである．いま，帰無仮説 H_0 が真であると仮定すると $\mu = 169.41$ となる．高校 3 年生のデータ数は 135 であるから，以下の検定量

$$t = \frac{\overline{X} - 169.41}{\sqrt{\dfrac{s^2}{135}}} \tag{3.8}$$

は自由度が 134 の t 分布に従う．ここで

$$\overline{X} = \frac{1}{135} \sum_{i=1}^{135} X_i, \qquad s^2 = \frac{1}{134} \sum_{i=1}^{135} (X_i - \overline{X})^2$$

である．そこで観測データ $X_1, \ldots, X_{135}$ を用いて，この t の値 (t 値) を計算する．対立仮説は $\mu > 169.41$ となる場合と $\mu < 169.41$ となる場合の 2 つの可能性があるから，帰無仮説が棄却される可能性として，t 値が十分に大きい場合と小さい場合がある．そこで，自由度 134 の t 分布において $P(t > t_{0.025}) = 0.025$，あるいは，$P(t < -t_{0.025}) = 0.025$ となる**上側 2.5 パーセント点** $t_{0.025}$ **と下側 2.5 パーセント点** $-t_{0.025}$ を調べて，観測データから得られた t 値が $|t| > t_{0.025}$ となる場合には帰無仮説を棄却して対立仮説を採択する．$|t| > t_{0.025}$ となる t 値の範囲が棄却域となる．この検定では棄却域が 2 つ設定されるため，**両側検定** (two-sided test) とよばれる．

　t 値を用いる代わりに，得られた t 値よりもさらに大きな t 値が発生する (上側) 確率 p のことを p **値** (p-value) として用いることも多い．両側検定の場合はこの確率を 2 倍した $2p$ を**両側** p **値**として用いる．t 値が $t_{0.025}$，あるいは $-t_{0.025}$ の場合の両側 p 値は有意水準 0.05 となる．したがって，両側 p 値が 0.05 よりも小さい場合には t 値が棄却域に入ることを意味するから，帰無仮説は棄却される．

3.3.2　確率分布の分散に関する仮説検定

　前節で示したデータについて，分布の散らばりを表す分散の値は高校 2 年生のときに $42.2\,\mathrm{cm}^2$，3 年生のときに $31.92\,\mathrm{cm}^2$ と両者の間に $10\,\mathrm{cm}^2$ 以上の差があるが，両者は等しいとみなせるのだろうか．以下では，このように確率分布の分散に

関する仮説検定を行う方法について考えよう．高校2年生の身長を表す確率変数を X，高校3年生のそれを Y とする．両者は正規分布に従い，それぞれの分散を σ_X^2，σ_Y^2 とするとき，次の仮説をたてることにする．

$$H_0: \sigma_X^2 = \sigma_Y^2 \qquad H_1: \sigma_X^2 \neq \sigma_Y^2 \tag{3.9}$$

観測データから求めた分散の値より，両者の確率分布の分散が等しいかどうかを検定する方法を考える．X の確率分布の分散は (3.6) で定義された不偏分散を用いて

$$s_X^2 = \frac{1}{N-1} \sum_{i=1}^{N} (X_i - \overline{X})^2$$

を用いて推定することを示したが，これを用いて

$$\chi_X^2 = (N-1) \frac{s_X^2}{\sigma_X^2}$$
$$= \sum_{i=1}^{N} \left(\frac{X_i - \overline{X}}{\sigma_X} \right)^2 \tag{3.10}$$

を定義する．χ_X^2 が従う確率分布の理論的な形はよく知られており，**自由度** $(N-1)$ **のカイ2乗分布**[21]とよばれる．自由度 $(N-1)$ のカイ2乗分布は $\chi^2(N-1)$ と表記する．

χ_X^2，χ_Y^2 がそれぞれ $\chi^2(N-1)$，$\chi^2(M-1)$ に従うとき，χ_X^2 と χ_Y^2 をそれぞれの自由度で割った量の比

$$f = \frac{\dfrac{\chi_X^2}{N-1}}{\dfrac{\chi_Y^2}{M-1}} = \frac{\sigma_Y^2 \cdot s_X^2}{\sigma_X^2 \cdot s_Y^2} \tag{3.11}$$

が従う確率分布の理論的な形もよく知られており，**自由度** $(N-1, M-1)$ **の** F **分布**[22]とよばれる．自由度 $(N-1, M-1)$ の F 分布は $F(N-1, M-1)$ などと表される．

---

[21] $X_1, \ldots, X_N$ が平均 μ_X，分散 σ_X^2 の正規分布に互いに独立に従うとき，標準正規分布に従う N 個の確率変数の和，$\sum_{i=1}^{N} \left(\dfrac{X_i - \mu_X}{\sigma_X} \right)^2$ が従う分布のことを自由度 N のカイ2乗分布とよぶ．(3.10) では，μ_X を $\overline{X}$ を用いて推定しているため，自由度は $(N-1)$ となる．

[22] U，V がそれぞれ自由度 m，n のカイ2乗分布に従うとき，$F = \dfrac{U/m}{V/n}$ が従う分布のことを自由度 (m, n) の F 分布とよんでいる．(3.11) は U，V として不偏分散 (3.6) を用いているため，それぞれ自由度が $m-1$，$n-1$ となる．

(3.9) に関する分散が等しいか否かの検定 (**等分散検定**) は，(3.11) を検定統計量とすることで実施できる．帰無仮説 H_0 が真であると仮定すると $\sigma_X{}^2 = \sigma_Y{}^2$ であり，(3.11) より

$$f = \frac{s_X{}^2}{s_Y{}^2} \tag{3.12}$$

は自由度 $(N-1, M-1)$ の F 分布となる．したがって，(3.12) を検定統計量として観測データから f の値を求める．次に，対立仮説 H_1 の形から両側検定を行うための棄却域を設定する．自由度 $(N-1, M-1)$ の F 分布について，上側 2.5 パーセント点と下側 2.5 パーセント点，すなわち $P(f > f_{0.975}) = 0.025$，および $P(f < f_{0.025}) = 0.025$ となる $f_{0.975}$ と $f_{0.025}$ を調べて，f の値が $f < f_{0.025}$，または $f > f_{0.975}$ となる場合には，H_0 を棄却する．

3.3.3　2 標本問題

(3.5) では，高校 2 年生における身長の観測データから求めた平均値を確率分布の平均 μ とみなして検定を行った．しかし，求めた平均値自体にも不確実性が存在する[23]ため，平均値を用いた検定は十分といえないのではないか，という疑問が生じる．そこで，平均値を用いないで，2 つの確率分布の平均に差があるか否かについて仮説検定を行う方法を考えてみよう．

高校 3 年生の身長に関する確率変数 X，および高校 2 年生の確率変数 Y はともに正規分布に従うとみなせるものとし，X の平均と分散を μ_X と $\sigma_X{}^2$，Y の平均と分散を μ_Y と $\sigma_Y{}^2$ とする．いま，X から N 個の観測値 $X_1, \ldots, X_N$，Y から M 個の観測値 $Y_1, \ldots, Y_M$ が得られているものとする．このときに，以下の検定

$$H_0: \mu_X = \mu_Y, \qquad H_1: \mu_X \neq \mu_Y \tag{3.13}$$

について，有意水準を 5 パーセントとして実施してみよう．この検定の方法として**ウェルチ (Welch) の検定**がよく知られている．この方法では

$$t = \frac{\overline{X} - \overline{Y}}{\sqrt{\dfrac{s_X{}^2}{N} + \dfrac{s_Y{}^2}{M}}} \tag{3.14}$$

で定義される t を検定統計量として用いる（$s_X{}^2$, $s_Y{}^2$ は X, Y に関する不偏分散 (3.6) を示す）．これは t 分布に従い，その自由度 d は

---

[23] たとえば，観測データの数が少ない場合，平均値と μ の間にはずれが生じる．

$$d \approx \frac{\left(\dfrac{s_X^2}{N} + \dfrac{s_Y^2}{M}\right)^2}{\dfrac{s_X^4}{N^2(N-1)} + \dfrac{s_Y^4}{M^2(M-1)}}$$

で近似されることが知られている. そこで, 実際の検定では d の値を求めて, 最も近い整数の値 d^* を自由度として用いるとよい. 対立仮説の形より自由度 d^* の t 分布より上側 2.5 パーセント点 $t_{0.025}$ を調べて, $|t| > t_{0.025}$ の場合には H_0 を棄却する.

3.3.4 R による仮説検定の例

例 1 平均 μ に関する両側検定

(3.5) の検定を R 環境で実施した例を以下に示す. (3.8) の t 値を計算すると 3.045 となる. 自由度 134 の t 分布における上側 2.5 パーセント点を求める場合には, 関数 qt() を用いて qt(上側のパーセント, 自由度) を実行する. この値は 1.978 であり, 上記の t 値はこの値よりも大きいから, 帰無仮説は棄却される. この結果, 「高校 3 年生の身長の平均は, 2 年生の平均値 (= 169.4) とは異なると考えてよい」と評価できる. また, t 値が 3.045 の場合に $t < 3.045$ となる確率 p が関数 pt(t 値, 自由度) で求められることを利用すると, 両側 p 値は 2(1-pt(t 値, 自由度)) によって得られる. この値は 0.0028 となり, 0.05 よりも小さいため帰無仮説は棄却される.

上記の仮説検定は, 関数 t.test() を両側検定を指定するオプション alternative = "two.sided" を与えて実行しても同様の結果が得られる.

```
#   2 年生の平均身長
#   3 年生のデータ数, 平均, 不偏分散の推定値
> mean(h2)
[1] 169.4113
> length(h3); mean(h3); var(h3)
[1] 135
[1] 170.8919
[1] 31.92314
# 3 年生の身長の平均は 2 年生の平均値と異なるといえるか?
#     帰無仮説: 3 年生の平均=2 年生の平均値
```

```
#      対立仮説：3年生の平均は2年生の平均値と異なる
#   t-検定（自由度134）の統計値（t値）
#      不偏分散は var() で求めることができる
> (mean(h3)-169.4113)/sqrt(var(h3)/135)
[1] 3.044751
#  (1) t-検定における上側2.5パーセント点（自由度=134）
> qt(0.975, 134)
[1] 1.977826
#    => t値 > 上側2.5パーセント点より 帰無仮説は棄却
#  (2) 上記のt値よりも大きい値が発生する確率×2(=両側p値)
> 2(1-pt(3.044652, 134))
[1] 0.002805042
#    => p値 < 0.025 より帰無仮説は棄却
#  「3年生の身長の平均は2年生の平均値とは異なると考えてよい」
#
# 関数 t.test() で対立仮説を"two.sided"とする
> t.test(h3, alternative = "two.sided", mu = 169.4113)


        One Sample t-test

data:  h3
t = 3.0447, df = 134, p-value = 0.002805
alternative hypothesis: true mean is not equal to 169.4113
95 percent confidence interval:
 169.9301 171.8536
sample estimates:
mean of x
 170.8919
```

例2　平均 μ に関する片側検定

今度は，次の検定について有意水準5パーセントの下で実施する．

$$H_0: \ \mu = 169.41, \quad H_1: \ \mu > 169.41$$

帰無仮説は (3.5) と同一であるが，対立仮説は $\mu > 169.41$ であるかという点に焦点があてられている．帰無仮説が正しいと仮定すると，(3.8) で定義された t が検定統

計量として利用できる．$\mu > 169.41$ の場合，(3.7) の分子の値が大きくなることが考えられるので，t が大きくなる側に有意水準 5 パーセントの棄却域を 1 つ設定して検定を行う．この検定方式を**右片側検定**とよぶ[※24]．具体的には，(3.8) を用いて得られた t 値である 3.045 が $P(t > t_{0.05}) = 0.05$ となる**上側 5 パーセント点** $t_{0.05}$ を超える場合には帰無仮説を棄却する．あるいは，(3.8) の t が 3.045 よりも大きな値をとる上側確率 p を**上側 p 値**として求め，この値が有意水準である 0.05 よりも小さい場合は仮説を棄却する．

この検定の実行例を以下に示す．関数 t.test() を使用して上記のような上側の棄却域を設定して検定を行う場合には，オプション alternative = "greater"を指定する[※25]．この検定の上側 p 値は 0.0014 であり 0.05 よりも小さいから，帰無仮説は棄却され，対立仮説が採択される．すなわち，3 年生の身長の平均は 2 年生の身長の平均値から大きくなったと考えてよいと評価される．

```
# 3 年生の平均身長は 2 年生の平均身長よりも高いといえるか？
#  帰無仮説：3 年生の平均 ＝ 2 年生の平均値
#  対立仮説：3 年生の平均 ＞ 2 年生の平均値
# (1) t-検定における上側 5 パーセント点（自由度=134）
> qt(0.95, 134)
[1] 1.656305
#   => t 値（3.045）＞ 上側 5 パーセント点より帰無仮説は棄却
# (2) |t|の値が上記の t 値よりも大きくなる確率（=上側 p 値）
> 1-pt(3.044652, 134)
[1] 0.001402521
#   => 上側 p 値 ＜ 0.05 より帰無仮説は棄却
#  「3 年生の身長の平均は，2 年生よりも大きくなったと考えてよい」
# (2) 関数 t.test()で対立仮説を"greater"とする
> t.test(h3, alternative = "greater", mu = 169.4113)

        One Sample t-test
```

[※24]上記とは逆に，対立仮説が「$\mu < 169.41$」である場合には，有意水準 5 パーセントの棄却域を t が小さくなる側に設定する．この検定方式は**左片側検定**とよばれる．左片側検定では，右片側検定における上側 5 パーセント点の代わりに**下側 5 パーセント点**，上側 p 値の代わりに**下側 p 値**を定義して同様な検定を行う．

[※25]左片側検定の場合には alternative = "less"と指定する．

```
data:  h3
t = 3.0447, df = 134, p-value = 0.001403
alternative hypothesis: true mean is greater than 169.4113
95 percent confidence interval:
 170.0864      Inf
sample estimates:
mean of x
 170.8919
```

例 3　分散 σ^2 に関する検定

高校 1 年生と 2 年生の身長に関する分布の分散をそれぞれ $\sigma_X{}^2$, $\sigma_Y{}^2$ とするとき，次の 2 つの検定を有意水準 5 パーセントで検定する．

$$H_0: \ \sigma_X{}^2 = \sigma_Y{}^2, \qquad H_1: \ \sigma_X{}^2 \neq \sigma_Y{}^2 \tag{3.15}$$

$$H_0: \ \sigma_X{}^2 = \sigma_Y{}^2, \qquad H_1: \ \sigma_X{}^2 < \sigma_Y{}^2 \tag{3.16}$$

H_0 が真と仮定した下で，(3.12) から f の値を求め，自由度 $(136-1, 141-1)$ の F 分布を用いて，(3.15) については両側検定，(3.16) については左片側検定を実施する．これらの検定は，関数 var.test() を実行すると実施できる．t.test() と同様に，両側検定はオプションで alternative = c("two.sided")，左片側検定の場合には alternative = c("less") を指定する．(3.15) の両側検定に関する p 値は 0.0614 で有意水準 0.05 よりも大きいため，帰無仮説を棄却することはできない．一方，(3.16) の左片側検定の p 値は 0.0307 となり，有意水準 0.05 の下で帰無仮説は棄却される．したがって，高校 1 年生の身長の分布の分散は 2 年生のそれよりも小さいと評価してよい．

```
# f の値
> var(h1)/var(h2)
[1] 0.7255696
# 両側検定
> var.test(h1, h2, alternative = c("two.sided"), conf.level=0.95)

        F test to compare two variances
```

```
data:  h1 and h2
F = 0.72557, num df = 135, denom df = 140, p-value = 0.06144
alternative hypothesis: true ratio of variances is not equal to 1
95 percent confidence interval:
 0.5189134 1.0155795
sample estimates:
ratio of variances
        0.7255696
# 左片側検定
> var.test(h1, h2, alternative = c("less"), conf.level=0.95)


        F test to compare two variances

data:  h1 and h2
F = 0.72557, num df = 135, denom df = 140, p-value = 0.03072
alternative hypothesis: true ratio of variances is less than 1
95 percent confidence interval:
 0.0000000 0.9619296
sample estimates:
ratio of variances
        0.7255696
```

例 4　2 つの確率分布の平均の差に関する検定

　3 年生の身長に関する確率分布の平均 μ_X と 2 年生のそれに関する確率分布の平均 μ_Y が等しいとみなせるかどうかを評価する仮説検定を行う．ウェルチの検定を用いて，次の検定を行うことにする．

$$H_0: \mu_X = \mu_Y, \qquad H_1: \mu_X \neq \mu_Y$$

$$H_0: \mu_X = \mu_Y, \qquad H_1: \mu_X > \mu_Y$$

　(3.14) の検定統計量 t は自由度 d^* の t 分布に従うから，`t.test()` を用いることができる．以下は実行結果である．上記の二つの検定結果はいずれも p 値が 0.05 よりも小さくなり，帰無仮説は棄却される．したがって，2 年生から 3 年生にかけて平均身長が伸びたと考えてよいことを示している．

```
# mu(3) は mu(2) と等しくないか（両側検定）
> t.test(h3, h2, data=base.dat, alternative = "two.sided")


        Welch Two Sample t-test


data:  h3 and h2
t = 2.0227, df = 271.53, p-value = 0.04408
alternative hypothesis: true difference in means is not equal to 0
95 percent confidence interval:
 0.03951485 2.92149382
sample estimates:
mean of x mean of y
 170.8919   169.4113
# mu(3) は mu(2) よりも大きいか（右片側検定）
> t.test(h3, h2, data=base.dat, alternative = "greater")


        Welch Two Sample t-test


data:  h3 and h2
t = 2.0227, df = 271.53, p-value = 0.02204
alternative hypothesis: true difference in means is greater than 0
95 percent confidence interval:
 0.2724564       Inf
sample estimates:
mean of x mean of y
 170.8919   169.4113
```

3.4　確率に関する数学的背景

3.4.1　確率変数と確率分布

　確率 (probability) は，ランダムな現象を観測する**試行** (trial) を行った結果を意味する**事象** (event) に基づいて定義される．「さいころを1回振る」という試行の場合，「1の目が出る」や「奇数の目が出る」などは事象の例である．いま，起こりうる事象のなかで，これ以上細分化することのできない事象を考える．たとえば，上

記の試行において「k の目が出る」という 6 つの事象を $\omega_k\ (k = 1, \ldots, 6)$ とする. このとき, この試行で起こりうるすべての事象は, 集合 $\Omega = \{\omega_1, \ldots, \omega_6\}$ の要素 $\omega_1, \ldots, \omega_6$ の集合として表すことができる. このとき, Ω を**標本空間**, ω_k を**根元事象**とよぶ.

根元事象を導入することにより, $X(\omega_1) = 1, \ldots, X(\omega_6) = 6$ と「事象」とこの試行で発生する各値 $(1, \ldots, 6)$ との間に 1 対 1 の対応がつき, かつ根元事象から対応する確率も定義される. したがって, $\omega_1, \ldots, \omega_6$ のなかから 1 つを決めることを試行を行うことに対応させることにより, 試行の結果としてある値が発生する状況と, その際の確率を「関数」として定義することが可能となる. こうして定義された関数が**確率変数** (random variable) とよばれるものである. 本来は, Ω を定義域とする関数として $X(\omega)$ と表すべきであるが, 括弧を省略して, X などとアルファベットの大文字のみで表すことのほうが一般的である.

確率変数の取りうる各値に対して確率を対応することができるとき, この対応のことを**確率分布** (probability distribution) とよぶ. 確率変数の取りうる値が整数などのように離散的な (飛び飛びの) 値であるときに, 分布の変化を関数で表したものを**確率関数** (probability function) とよぶ. 一方, 身長などのように確率変数の取りうる値が実数のように連続的である場合, どのような実数値に対しても確率が定義できるように, **確率密度関数** (probability density function) を定義する. 確率分布を表す関数の数学的な定義は以下のとおりである.

- **離散型確率変数の確率関数**

確率変数 X が離散値 $\{x_1, x_2, \ldots\}$ をとるものとする. X が x_k をとる確率 $P(X = x_k)\ (k = 1, 2, \ldots)$ について, 関数 f を用いて

$$P(X = x_k) = f(x_k) \tag{3.17}$$

と表されるとき, $f(x_k)$ を X の確率関数とよぶ. ただし

$$f(x_k) \geqq 0, \quad \sum_{x_k} f(x_k) = 1$$

を満たすものとする.

● **離散型確率分布の例**

(1) 二項分布

　「成功」と「失敗」のように2つの結果のどちらかが発生する試行[26]を考え，「成功」する確率を p，「失敗」する確率を $1-p$ とする．この試行を同じ条件で m 回繰り返して行ったときの成功の回数を確率変数 X で表すことにする．この確率分布は，以下のように与えられる[27]．

$$P(X=k) = {}_m\mathrm{C}_k \cdot p^k(1-p)^{m-k}, \quad k = 0, 1, \ldots, m$$

確率 $P(X=k)$ は，試行回数 m と成功確率 p に依存しながら，k の値とともに変化する．m, p は事前に与えておく必要のある分布の特性値で，**パラメータ**とよばれる．$P(X=k)$ を k に関する関数 $f(k)$ とみると，すべての k で非負の値をとり，二項定理を用いて

$$\sum_{k=0}^{m} f(k) = \sum_{k=0}^{m} {}_m\mathrm{C}_k \cdot p^k(1-p)^{m-k} = (p+(1-p))^m = 1$$

となるから，確率関数の条件を満たす．

(2) ポアソン分布

　二項分布において「成功」する確率 p が小さい場合の確率を表す際に用いられ，一定期間における交通事故件数，不良品数，破産件数，火災件数，高速道路の車の到着台数をはじめ，発生する回数が少ない現象の解析に利用されることが多い．この確率分布は，以下のように与えられる．

$$P(X=k) = \frac{e^{-\lambda}\lambda^k}{k!}, \quad \lambda > 0, \quad k = 0, 1, \ldots$$

この $P(X=k)$ を k に関する関数 $f(k)$ とみると，非負の値をとり

$$\sum_{k=0}^{\infty} f(k) = e^{-\lambda} \sum_{k=0}^{\infty} \frac{\lambda^k}{k!} = e^{-\lambda}e^{\lambda} = 1$$

となる[28]から，確率関数の定義を満たす．λ はパラメータで，この値が小さくなるほど小さな k の確率が高くなり，大きいほどばらつきの大きな分布となる．

---

[26] このような試行は，ベルヌーイ試行とよばれる．

[27] ${}_m\mathrm{C}_k$ は，異なる m 個のものから k 個を選ぶ組合せの総数を意味する．

[28] 関数 e^{λ} がマクローリン展開を用いて $e^{\lambda} = 1 + \lambda + \dfrac{1}{2!}\lambda^2 + \dfrac{1}{3!}\lambda^3 + \cdots$ と無限級数で展開できる結果を利用している．

(3) 一様分布

さいころを振ったときに出る目を X としたときの確率分布のように，すべての値の発生確率が等しい確率分布である．

$$P(X = k) = \frac{1}{N}, \quad k = 1, 2, \ldots, N \ (N\text{ は正の整数})$$

上記の右辺を k に関する関数 $f(k)$ とみた場合，明らかに確率関数としての定義を満たしている．

(4) 幾何分布

ベルヌーイ試行を繰り返し行うとき，「失敗」が $(k-1)$ 回続いた後に，最初の「成功」が起こる確率は次のように与えられる．

$$
\begin{aligned}
P(X = k) &= p(1-p)^{k-1} \\
&= pq^{k-1}, \quad k = 1, \ldots
\end{aligned}
$$

ここで $q = 1 - p$ である．これは**幾何分布**とよばれ，最初の「成功」が得られるまでに要する時間の分布である．$P(X = k)$ を k に関する関数 $f(k)$ とみると，すべての k で非負の値をとり，総和が

$$\sum_{k=1}^{\infty} f(k) = p \cdot \left(\sum_{k=1}^{\infty} q^{k-1} \right) = p \cdot \frac{1}{1-q} = \frac{p}{p} = 1$$

となるから確率関数の条件を満たす．

● 連続型確率変数の確率密度関数

確率変数 X が連続な値をとるものとする．このとき，X が $[a, b]$ の範囲の値をとる確率 $P(a \leqq X \leqq b)$ について，

$$f(x) \geqq 0, \quad \int_{-\infty}^{\infty} f(x)\, dx = 1$$

を満たす積分可能な関数 $f(x)$ を用いて

$$P(a \leqq X \leqq b) = \int_{a}^{b} f(x)\, dx \tag{3.18}$$

と表すことができるとき，$f(x)$ を X の確率密度関数とよぶ．この定義に基づくと，X がある値 a を発生する確率は常に $P(a \leqq X \leqq a) = \int_{a}^{a} f(x)\, dx = 0$ となるから，特定の 1 つの値は発生しない[※29]．

[※29] 発生する値が離散値か連続値のいずれかをとるかによって，異なる関数の定義を導入する必要がある背景には，このような事情がある．

- **連続型確率分布の例**

(1) 正規分布

実数上で定義され，以下の確率密度関数で定義された確率分布を正規分布とよぶ．

$$f(x;\mu,\sigma) = \frac{1}{\sqrt{2\pi}\sigma} \exp\left(-\frac{(x-\mu)^2}{2\sigma^2}\right)$$

$f(x)$ は $x = \mu$ に関して対称に変化し，$x = \mu$ の左右に変曲点 (2 階導関数が 0 となる点) を 1 つずつもつ．μ と σ はこの分布のパラメータであり，μ は**平均**，σ は μ から変曲点までの距離を意味し**標準偏差**とよばれる．統計量を検討する際の理論的な分布として用いられるばかりでなく，測定誤差，人体や生物の測定データなどの解析に応用される．

(2) 指数分布

非負の実数上で定義され，以下の確率密度関数をもつ確率分布を指数分布とよぶ．

$$f(x;\lambda) = \begin{cases} \lambda e^{-\lambda x} & (\lambda > 0,\ x \geqq 0) \\ 0 & (\text{その他の } x) \end{cases}$$

この確率密度関数は x の値が大きくなると減衰し，x の値が 0 に近づくほどその値の発生確率は高くなる．定数 λ は正値をとるパラメータで，この値が大きくなるほど確率密度関数が急激に減衰する．連続的な待ち時間分布 (事象の生起時間間隔) をはじめ，ある災害が発生してから次の災害が発生するまでの日数，寿命，耐用年数など，現象の分析に広く応用される．

(3) 一様分布

一様分布は，閉区間 $[a,b]$ に属する値が等確率で発生する状況を表した分布である．確率密度関数は以下のように与えられ，a と b がパラメータとなる．

$$f(x;a,b) = \begin{cases} \dfrac{1}{b-a} & (a \leqq x \leqq b) \\ 0 & (\text{その他の } x) \end{cases}$$

(4) ガンマ分布

非負の実数値上で定義され，以下の確率密度関数をもつ確率分布をガンマ分布とよぶ[※30]．

[※30]$\Gamma(\alpha)$ は，α に関するガンマ関数とよばれる．

$$f(x; \alpha, \lambda) = \frac{\lambda^\alpha}{\Gamma(\alpha)} x^{\alpha-1} e^{-\lambda x}, \; \alpha > 0, \; \lambda > 0, \; x \geqq 0,$$

$$\Gamma(\alpha) = \int_0^\infty x^{\alpha-1} e^{-x} dx$$

α と λ はパラメータである. 指数分布の確率密度関数を一般化したもので, $\alpha = 1$ のとき指数分布と一致する.

(5) ベータ分布

開区間 $(0,1)$ 上で定義され, 以下の確率密度関数をもつ確率分布をベータ分布とよぶ[※31].

$$f(x; \alpha, \beta) = \frac{1}{B(\alpha, \beta)} x^{\alpha-1}(1-x)^{\beta-1}, \; \; \alpha > 0, \; \beta > 0, \; 0 < x < 1,$$

$$B(\alpha, \beta) = \int_0^1 x^{\alpha-1}(1-x)^{\beta-1} dx$$

α, β はパラメータであり, これらの値によってさまざまな分布形状となる. 特に $\alpha = \beta = 1$ のとき, 一様分布 $f(x) = 1$ となる.

● 確率変数の累積分布関数

確率変数 X がとる値を x とするとき, $P(X \leqq x)$ を x の関数と定義したものを累積分布関数, あるいは単に分布関数とよぶ. 確率変数 X が離散的な値をとるときには, (3.17) を用いて

$$F(x) = \sum_{x_k \leqq x} P(X = x_k) = \sum_{x_k \leqq x} f(x_k)$$

連続の値をとるときには, (3.18) を用いて

$$F(x) = P(-\infty < X \leqq x) = \int_{-\infty}^x f(z)\, dz$$

によって (累積) 分布関数 $F(x)$ が定義される. $F(x)$ は非負の値をとり, 単調非減少[※32]かつ右連続[※33]な関数となる. また, x を十分小さくしたとき, $X \leqq x$ を満たす集合が空集合 ($\emptyset$) へ近づくから, 分布関数 $F(x)$ は $P(\emptyset)$, すなわち 0 へ近づく. 逆に, x を十分大きくしたときには, $X \leqq x$ を満たす集合が標本空間 Ω へ近づくため, $F(x)$ は $P(\Omega)$, すなわち 1 へ近づく.

[※31]$B(\alpha, \beta)$ は (α, β) に関するベータ関数とよばれる.

[※32]$x_1 < x_2$ のとき, $F(x_1) \leqq F(x_2)$ となる.

[※33]任意の x において $\lim_{x \to a+0} F(x) = F(a)$ となる.

3.4.2　確率変数の期待値

　統計的には，分布の代表値の1つとして平均値を求めるが，確率の場合において
も離散型確率変数の確率関数，あるいは連続型確率変数の確率密度関数を用いて，
「確率分布の平均」に該当する値が定義される．離散型と連続型の確率変数 X に関
する**期待値** (expectation) $E[X]$ は，離散値の場合には確率関数，連続値の場合に
は確率密度関数を $f(x)$ とした場合に，それぞれ次のように定義される．

$$E[X] = \sum_{x_k} x_k f(x_k) \tag{3.19}$$

$$E[X] = \int_{-\infty}^{\infty} x f(x)\, dx \tag{3.20}$$

期待値は，必ずしも有限な値が存在するとは限らない．また，確率変数 X の連続
関数 $g(X)$ に関する期待値を以下のように定義する．

$$E[g(X)] = \sum_{x_k} g(x_k) f(x_k)$$

$$E[g(X)] = \int_{-\infty}^{\infty} g(x) f(x)\, dx$$

　a, b を任意の実数とするとき，確率変数 $g(X) = aX + b$ の期待値は重要となる．
X を連続型の確率変数とするとき，

$$\begin{aligned}
E[aX + b] &= \int_{-\infty}^{\infty} (ax + b) f(x)\, dx \\
&= a \int_{-\infty}^{\infty} x f(x)\, dx + b \int_{-\infty}^{\infty} f(x)\, dx \\
&= aE[X] + b \tag{3.21}
\end{aligned}$$

となる．この結果は，X が離散型の確率変数である場合にも同様となる．ここで，
$b = 0$ とおけば

$$E[aX] = aE[X] \tag{3.22}$$

また，$a = 0$ とおけば

$$E[b] = b \tag{3.23}$$

となる[※34]．

[※34]定数 b を確率変数とみた場合，ランダムな試行に対して定数 b を確実に発生するから，その期待値
は b となる．

3.4.3 確率変数の分散

確率変数 X とその期待値 $E[X]$ とのずれの 2 乗に関する期待値

$$E[(X - E[X])^2]$$

を X の**分散** (variance) とよび，$V[X]$ と表す．$V[X]$ は確率 (密度) 関数 $f(x)$ を用いて，次のように定義される．

$$V[X] = \sum_{x_k}(x_k - \mu)^2 f(x_k)$$

$$V[X] = \int_{-\infty}^{\infty}(x - \mu)^2 f(x)\,dx$$

ここで，μ はそれぞれ (3.19), (3.20) である．また，分散の平方根 $\sqrt{V[X]}$ を**標準偏差** (standard deviation) とよび，$S[X]$ と表す．

a, b を任意の実数，X を確率変数とするとき，(3.21) より

$$\begin{aligned}
V[aX + b] &= E[((aX + b) - E[aX + b])^2] \\
&= E[((aX + b) - (aE[X] + b))^2] \\
&= E[a^2(X - E[X])^2] \\
&= a^2 E[(X - E[X])^2] \\
&= a^2 V[X]
\end{aligned}$$

となる．これより，$b = 0$ とおけば

$$V[aX] = a^2 V[X] \tag{3.24}$$

また，$a = 0$ とおけば

$$V[b] = 0 \tag{3.25}$$

となる[※35]．

3.4.4 代表的な確率分布に関する期待値と分散

3.4.1 項で定義した確率分布の期待値と分散は以下のとおりとなる．

[※35]定数 b を確率変数とみた場合，ランダムな試行を行っても必ず b の値をとるため，観測結果の変動はない．これが，分散が 0 となる状況である．

- **離散型確率分布**

	期待値	分散
二項分布	mp	$mp(1-p)$
ポアソン分布	λ	λ
一様分布	$(N+1)/2$	$(N^2-1)/12$
幾何分布	$1/p$	$(1-p)/p^2$

- **連続型確率分布**

	期待値	分散
正規分布	μ	σ^2
指数分布	λ	$1/\lambda^2$
一様分布	$(a+b)/2$	$(b-a)^2/12$
ガンマ分布	α/λ	α/λ^2
ベータ分布	$\alpha/(\alpha+\beta)$	$\alpha\beta/\{(\alpha+\beta)^2(\alpha+\beta+1)\}$

3.4.5　2 次元の確率分布

2 つの確率変数 X, Y に関する**同時確率** $P(X = x, Y = y)$ に関する確率分布は，(3.17), (3.18) の考え方を自然に拡張して以下のように定義される．

- **同時確率関数**

X, Y が離散型確率変数のとき，同時確率 $P(X = x_i, Y = y_j)$ が関数 $h(x_i, y_j)$ を用いて

$$P(X = x_i, Y = y_j) = h(x_i, y_j)$$

と表せるとき，関数 h を **2 次元確率変数** (X, Y) の**同時確率関数** (joint probability function) とよぶ．ただし，以下の条件を満たすものとする．

$$\text{すべての } x_i, y_j \text{ で } h(x_i, y_j) \geqq 0, \quad \sum_{x_i} \sum_{y_j} h(x_i, y_j) = 1$$

- **同時確率密度関数**

X, Y が連続型確率変数のとき，$a \leqq X \leqq b$，かつ $c \leqq Y \leqq d$ となる同時確率 $P(a \leqq X \leqq b,\ c \leqq Y \leqq d)$ が積分可能な関数 $h(x, y)$ を用いて

$$P(a \leqq X \leqq b,\ c \leqq Y \leqq d) = \int_a^b \int_c^d h(x, y)\, dxdy$$

と表されるとき，$h(x, y)$ を**同時確率密度関数** (joint probability density function) とよぶ．ただし，$h(x, y)$ は以下の条件を満たすものとする．

$$\text{すべての } x, y \text{ で } h(x,y) \geqq 0, \quad \int_{-\infty}^{\infty} \int_{-\infty}^{\infty} h(x,y)\,dxdy = 1$$

● **周辺確率関数と周辺確率密度関数**

同時確率 (密度) 関数 $h(x_i, y_j)$ より，Y が取りうるすべての値 y に関する和を求めた関数を $f(x)$，および X が取りうるすべての値 x に関する同様の和を $g(y)$ として定義する．これらは，離散型と連続型の確率変数について，それぞれ次のように定義される．

$$f(x_i) = \sum_{y_j} h(x_i, y_j), \quad g(y_j) = \sum_{x_i} h(x_i, y_j)$$

$$f(x) = \int_{-\infty}^{\infty} h(x,y)\,dy, \quad g(y) = \int_{-\infty}^{\infty} h(x,y)\,dx$$

$f(x)$ は非負の値をとる $h(x,y)$ の和であるから非負となる．また，$\sum_{x_i} f(x_i)$，あるいは $\int_{-\infty}^{\infty} f(x)\,dx$ は，$h(x,y)$ に関する定義から 1 となる．したがって，$f(x)$ および $g(y)$ はともに確率 (密度) 関数の定義を満たす．このようにして定義された $f(x), g(y)$ は，離散型確率変数の場合に，X, Y に関する**周辺確率関数** (marginal probability function)，連続型の確率変数の場合には**周辺確率密度関数** (marginal probability density function) とよばれる．

● **条件付き確率分布**

確率変数 X, Y について，$Y = y$ という事象が発生した下で，X に関する**条件付き確率** (conditional probability) を

$$P(X = x \,|\, Y = y) = \frac{P(X = x, Y = y)}{P(Y = y)}$$

で定義する．また，この確率に基づく**条件付き確率 (密度) 関数** (conditional probability (density) function) を，同時確率 (密度) 関数 $h(x,y)$，および Y の周辺確率 (密度) 関数 $g(y)$ を用いて，以下のように定義する．

$$f(x \,|\, y) = \frac{h(x,y)}{g(y)}$$

ただし，y は $g(y) \neq 0$ を満たすものとする．$f(x \,|\, y)$ は定義より非負の値をとり，

$$\sum_{x_i} f(x_i \,|\, y_j) = \frac{\sum_{x_i} h(x_i, y_j)}{g(y_j)} = \frac{g(y_j)}{g(y_j)} = 1$$

$$\int_{-\infty}^{\infty} f(x\,|\,y)\,dx = \frac{\displaystyle\int_{-\infty}^{\infty} h(x,y)\,dx}{g(y)} = \frac{g(y)}{g(y)} = 1$$

となるから，確率 (密度) 関数の条件を満たす．

　また，上記の確率 (密度) 関数に基づく期待値と分散が自然な形で定義される．こ
れらは $Y = y$ を条件とする X の**条件付き期待値** (conditional expectation)，およ
び**条件付き分散** (conditional variance) とよばれ，離散型と連続型の確率変数に関
してそれぞれ次のように定義される．

$$E[X\,|\,Y = y_j] = \sum_{x_i} x_i f(x_i\,|\,y_j) \quad (\equiv \mu_{X|Y=y_j})$$

$$V[X\,|\,Y = y_j] = \sum_{x_i} (x_i - \mu_{X|Y=y_j})^2 f(x_i\,|\,y_j)$$

$$E[X\,|\,Y = y] = \int_{-\infty}^{\infty} x f(x\,|\,y)\,dx \quad (\equiv \mu_{X|Y=y})$$

$$V[X\,|\,Y = y] = \int_{-\infty}^{\infty} (x - \mu_{X|Y=y})^2 f(x\,|\,y)\,dx$$

3.4.6　独立性

　確率変数 X と Y の同時確率 $P(X = x, Y = y)$ について，

$$P(X = x,\ Y = y) = P(X = x)P(Y = y)$$

がすべての x, y で成り立つとき，X と Y は**互いに独立**であるという．これは，
2 つのランダムな事象が「無関係」であることを確率的に定義したものである．
X と Y が互いに独立であるとき，$Y = y$ を条件とした X の条件付き確率は
$P(X = x\,|\,Y = y) = P(X = x)$ となる．これは，条件として与えられた Y の発生
状況が X の発生確率へ影響を及ぼさないことを意味する．また，この独立性の定義
は，X と Y の同時確率 (密度) 関数 $h(x,y)$，X と Y の確率 (密度) 関数 $f(x), g(y)$
との間に

$$h(x,y) = f(x)g(y) \tag{3.26}$$

が成立することを意味する．

3.4.7　確率変数の和の分布

互いに独立な確率変数 X と Y の確率関数を $f(x)$, $g(y)$ とする．このとき，和の確率変数 $Z = X + Y$ に関する確率関数 $s(z)$ は次のようにして求めることができる．

離散型確率変数の場合を考えよう．X と Y が互いに独立な場合，その同時確率関数 $h(x, y)$ は $h(x, y) = f(x)g(y)$ となる．したがって，z の値が与えられたとき，$z = x + y$ を満たす x と $y\ (= z - x)$ に対して

$$f(x)g(y) = f(x)g(z - x)$$

の総和を標本空間が定義される範囲で求めるとよい．すなわち

$$s(z) = \sum_{x+y=z} f(x)g(y)$$

$$= \sum_{x} f(x)g(z - x)$$

これは確率関数 f と g の**たたみこみ** (convolution) とよばれる．確率変数 X と Y が連続型の場合にも，確率密度関数 $f(x)$, $g(y)$ を用いて以下のような連続和として求めるとよい．

$$s(z) = \int_{-\infty}^{\infty} f(x)g(z - x)dx$$

3.4.8　2つの確率変数の期待値に関するいくつかの性質

上記の定義に基づくと，2つの確率変数の期待値に関するいくつかの重要な性質が導かれる．

(a) $E[X + Y] = E[X] + E[Y]$

離散型確率変数の場合を示す[36]．

$$E[X + Y] = \sum_{x_i} \sum_{y_j} (x_i + y_j) P(X = x_i, Y = y_j)$$

$$= \sum_{x_i} \sum_{y_j} x_i P(X = x_i, Y = y_j) + \sum_{x_i} \sum_{y_j} y_j P(X = x_i, Y = y_j)$$

$$= \sum_{x_i} x_i \Big(\sum_{y_j} h(x_i, y_j) \Big) + \sum_{y_j} y_j \Big(\sum_{x_i} h(x_i, y_j) \Big)$$

---

[36](a), (b) の性質は，連続型確率変数の場合も同様に示される．

$$= \sum_{x_i} x_i f(x_i) + \sum_{y_j} y_j g(y_j)$$

$$= \sum_{x_i} x_i P(X = x_i) + \sum_{y_j} y_j P(Y = y_j)$$

$$= E[X] + E[Y]$$

(b)　X と Y が独立ならば，$E[XY] = E[X]\,E[Y]$

離散型確率変数の場合を示す．X, Y が互いに独立であれば

$$P(X = x_i, Y = y_j) = P(X = x_i)P(Y = y_j)$$

となるから

$$E[XY] = \sum_{x_i} \sum_{y_j} x_i y_j P(X = x_i, Y = y_j)$$

$$= \sum_{x_i} \sum_{y_j} x_i y_j P(X = x_i)P(Y = y_j)$$

$$= \left(\sum_{x_i} x_i P(X = x_i) \right) \left(\sum_{y_j} y_j P(Y = y_j) \right)$$

$$= E[X]\,E[Y]$$

3.4.9　共分散と相関係数

確率変数 X と Y の 2 次元分布に関する傾向を測る尺度として，**共分散** (covariance) $\mathrm{Cov}[X, Y]$ と**相関係数** (correlation coefficient) $R[X, Y]$ を次のように定義する．

$$\mathrm{Cov}[X, Y] = E[(X - E[X])(Y - E[Y])] \tag{3.27}$$

$$R[X, Y] = \frac{\mathrm{Cov}[X, Y]}{\sqrt{V[X]}\sqrt{V[Y]}}$$

共分散は，離散型と連続型の確率変数に関して，以下をそれぞれ求めることを意味する．

$$\sum_{x_i} \sum_{y_j} (x_i - \mu_X)(y_j - \mu_Y) h(x_i, y_j) \tag{3.28}$$

$$\int_{-\infty}^{\infty} \int_{-\infty}^{\infty} (x - \mu_X)(y - \mu_Y) h(x, y)\, dx dy \tag{3.29}$$

μ_X, μ_Y はそれぞれ X, Y に関する期待値，(3.19), (3.20) を意味する．(3.27) より，期待値の公式を用いて以下の関係が導出される．

$$\text{Cov}[X,Y] = E[XY] - E[X]\,E[Y]$$

3.4.7 項より，X と Y とが互いに独立な場合には $E[XY] = E[X]\,E[Y]$ となるから

$$\text{Cov}[X,Y] = E[XY] - E[X]\,E[Y] = 0$$

すなわち，独立な確率変数どうしの共分散，および相関係数は 0 となる[※37]．

　共分散に関係するいくつかの重要な性質を以下に示す．いずれも期待値の性質を用いて導出できる．

① $V[X+Y] = V[X] + V[Y] + 2\text{Cov}[X,Y]$

② X と Y が互いに独立であるとき，$V[X+Y] = V[X] + V[Y]$

③ $V[X_1 + \cdots + X_N] = V[X_1] + \cdots + V[X_N] + 2\sum_{i<j}^{N} \text{Cov}[X_i, X_j]$

④ X_i と X_j $(i \neq j)$ が互いに独立であるとき，

$$V[X_1 + \cdots + X_N] = V[X_1] + \cdots + V[X_N]$$

　相関係数 $R[X,Y]$ は -1 から 1 までの値をとる．実際，x を任意の実数とするとき，確率変数の値を 2 乗すると非負の値をとるから

$$E\left[(x(X-E[X]) - (Y-E[Y]))^2\right] \geqq 0$$

となる．これは，x に関する 2 次不等式

$$E[(X-E[X])^2]\,x^2 - 2E[(X-E[X])(Y-E[Y])]\,x + E[(Y-E[Y])^2] \geqq 0$$

がすべての x に関して成り立つことを意味するから，左辺を 0 とした x の 2 次方程式に関する判別式の値は負，または 0 となる．すなわち

$$E[(X-E[X])(Y-E[Y])]^2 - E[(X-E[X])^2]\,E[(Y-E[Y])^2] \leqq 0$$

よって

$$\left(\text{Cov}[X,Y]\right)^2 \leqq V[X]\,V[Y]$$

[※37] この逆は成り立たず，共分散が 0 であっても独立とならない 2 次元確率分布は存在する．このことから，独立性は無相関よりも強い条件であることがわかる．

$$|\mathrm{Cov}[X,Y]| \leqq \sqrt{V[X]}\sqrt{V[Y]} \tag{3.30}$$

$$|R[X,Y]| \leqq 1$$

となる[※38].

3.4.10　2 次元正規分布と多変量正規分布 *

2 次元確率分布の例として，**2 次元正規分布**をみてみよう．連続型の 2 次元確率変数 (X,Y) の同時確率密度関数 $h(x,y)$ が以下のように定義されるとき，(X,Y) は 2 次元正規分布に従うという．

$h(x,y)$

$$= C \cdot \exp\left(-\frac{1}{2(1-\rho^2)}\left[\frac{(x-\mu_X)^2}{\sigma_X{}^2} - 2\rho\frac{(x-\mu_X)(y-\mu_Y)}{\sigma_X\sigma_Y} + \frac{(y-\mu_Y)^2}{\sigma_Y{}^2}\right]\right)$$

$$C = \frac{1}{2\pi\sigma_X\sigma_Y\sqrt{1-\rho^2}} \tag{3.31}$$

ここで，(μ_X, μ_Y) は X と Y の平均，$(\sigma_X{}^2, \sigma_Y{}^2)$ は X と Y の分散，そして ρ は X と Y の相関係数を表す．

(3.31) の概形を描いた例を図 3.22 に示す (順に，$\rho = 0$, $\rho = 0.7$, $\rho = -0.7$ のケース)．相関係数を示す ρ が正の場合は，X の値が増加するとともに Y の値も増加する傾向をもつ楕円状の分布，ρ が負の場合には逆の傾向を示す楕円状の分布，そして ρ が 0 (無相関) の場合には，傾向をもたない円状の分布を示す．

1 つの例として，$\rho = 0$ に着目する．この場合，(3.31) は

$$h(x,y) = \frac{1}{2\pi\sigma_X\sigma_Y} \cdot \exp\left(-\frac{1}{2}\left\{\frac{(x-\mu_X)^2}{\sigma_X{}^2} + \frac{(y-\mu_Y)^2}{\sigma_Y{}^2}\right\}\right)$$

$$= \frac{1}{\sqrt{2\pi}\sigma_X}\exp\left(-\frac{(x-\mu_X)^2}{2\sigma_X{}^2}\right)\frac{1}{\sqrt{2\pi}\sigma_Y}\exp\left(-\frac{(y-\mu_Y)^2}{2\sigma_Y{}^2}\right)$$

となる．右辺の前半は平均が μ_X，分散が $\sigma_X{}^2$ である正規分布の確率密度関数 $f(x; \mu_X, \sigma_X{}^2)$，後半は平均が μ_Y，分散が $\sigma_Y{}^2$ である正規分布の確率密度関数 $f(y; \mu_Y, \sigma_Y{}^2)$ となるから，$h(x,y) = f(x; \mu_X, \sigma_X{}^2)f(y; \mu_Y, \sigma_Y{}^2)$ となる．よって

[※38] (3.30) はシュワルツ (Schwartz) の不等式として，よく知られている．

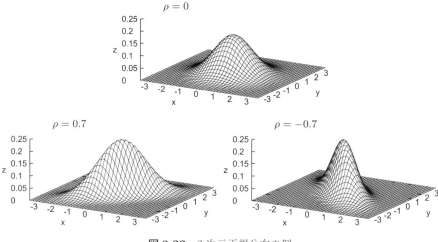

図 3.22 2 次元正規分布の例

$$\int_{-\infty}^{\infty} \int_{-\infty}^{\infty} h(x,y)\, dxdy = \int_{-\infty}^{\infty} f(x;\mu_X,\sigma_X{}^2)\, dx \int_{-\infty}^{\infty} f(y;\mu_Y,\sigma_Y{}^2)\, dy = 1$$

であり，$h(x,y)$ が 2 次元確率密度関数の条件を満たすことがわかる．また，(3.26) より X と Y は互いに独立となる[39]．X の周辺確率密度関数は，$h(x,y)$ を y について積分することにより

$$\int_{-\infty}^{\infty} h(x,y)\, dy = f(x;\mu_X,\sigma_X{}^2) \int_{-\infty}^{\infty} f(y;\mu_Y,\sigma_Y{}^2)\, dy$$

$$= f(x;\mu_X,\sigma_X{}^2)$$

であり，X の周辺確率密度関数は平均が μ_X，分散が $\sigma_X{}^2$ である正規分布となる．同様に，Y の周辺確率密度関数は平均が μ_Y，分散が $\sigma_Y{}^2$ の正規分布となる．

2 次元正規分布を一般の次元に拡張したものは，**多変量正規分布**とよばれる．$\boldsymbol{X} = (X_1,\ldots,X_n)^T$ を n 個の確率変数を要素とする縦ベクトルとし，X_i $(i = 1,\ldots,n)$ の期待値を要素とする縦ベクトルを $\boldsymbol{\mu} = (E[X_1],\ldots,E[X_n])^T$ とする[40]．また，X_i と X_j $(i,j = 1,\ldots,n)$ の共分散 ($i = j$ のときは分散) を i 行 j 列の要素とする**分散共分散行列**を $\Sigma = E\big[(\boldsymbol{X} - \boldsymbol{\mu})(\boldsymbol{X} - \boldsymbol{\mu})^T\big] =$

---

[39]一般的には成り立たないが，2 次元正規分布に従う 2 つの確率変数は，無相関であれば互いに独立となる．

[40]記号 T はベクトルの転置で，横ベクトルの各要素を縦方向へ配置し，縦ベクトルとして表すことを意味する．

$(E[(X_i - E[X_i])(X_j - E[X_j])]$; $i, j = 1, \dots, n$) と定義する. このとき, n 次元正規分布の確率密度関数は, 以下で与えられる.

$$f(\boldsymbol{x}) = \frac{1}{(2\pi)^{\frac{n}{2}} |\Sigma|^{\frac{1}{2}}} \exp\left(-\frac{1}{2}(\boldsymbol{x} - \boldsymbol{\mu})^T \Sigma^{-1}(\boldsymbol{x} - \boldsymbol{\mu}) \right)$$

ここで, $|\Sigma|$ は分散共分散行列 Σ の行列式の値, Σ^{-1} はその逆行列を意味する.

3.4.11　標本平均と標本分散

　標本が発生する背景にあると考えられる**母集団分布**を推定する方法について考える. 母集団分布の具体的な形は一般には未知であるため, 正規分布を仮定して推測を行うことが一般的である. このとき用いられる代表的な特性値が分布の平均 (**母平均**) と分散 (**母分散**) である. 以下では, 母平均 μ と母分散 σ^2 の値を観測値から推定するための推定量について考えることにする.

　母集団分布から独立に得られた大きさ N の標本を確率変数 X_i ($i = 1, \dots, N$) と表すことにする. X_i は母集団分布に従い, $E[X_i] = \mu$, $V[X_i] = \sigma^2$ である.

（a）　標本平均

　標本に基づいて, 母平均を以下の推定量 (**標本平均**) を用いて推定することを考えてみよう.

$$\overline{X} = \frac{1}{N}(X_1 + \cdots + X_N) \tag{3.32}$$

$\overline{X}$ は母集団分布に従う確率変数である. その期待値は

$$
\begin{aligned}
E\left[\overline{X}\right] &= E\left[\frac{1}{N}(X_1 + \cdots + X_N) \right] \\
&= \frac{1}{N}\Big(E[X_1] + \cdots + E[X_N] \Big) \\
&= \frac{N\mu}{N} \\
&= \mu
\end{aligned}
$$

と標本数 N とは無関係に未知の母平均 μ となる. これは, 標本平均 $\overline{X}$ を用いると「平均的には」母平均 μ を偏りなく推定できる[※41]ことを意味する. このように, 推

[※41] N 個のデータで $\overline{X}$ の値を計算しても μ に一致することは期待できない. しかし, 母集団分布から N 個のデータを観測して $\overline{X}$ の値を求める操作を繰り返すと, これらの値は μ の周りに偏りなく分布することを意味している.

定量の期待値に偏りがない性質のことを**不偏性**とよぶ.

一方, $\overline{X}$ の分散は標本数 N に影響を受けるのだろうか. X_i と X_j $(i \neq j)$ は互いに独立であるから共分散は 0 である. したがって

$$
\begin{aligned}
V\left[\overline{X}\right] &= V\left[\frac{1}{N}(X_1 + \cdots + X_N)\right] \\
&= \frac{1}{N^2}\left(V[X_1] + \cdots + V[X_N] + 2\sum_{i<j}^{N}\mathrm{Cov}[X_i, X_j]\right) \\
&= \frac{1}{N^2}\left(V[X_1] + \cdots + V[X_N]\right) \\
&= \frac{\sigma^2}{N}
\end{aligned}
$$

したがって, $\overline{X}$ の分散は, 標本数 N が大きくなるほど 0 に近づくから, $\overline{X}$ の分布は N が増えるとともに散らばりのより小さな分布へ変わっていくことがわかる.

$\overline{X}$ の平均と分散の状況より, 標本数 N が大きくなるほど, $\overline{X}$ を用いて求めた値は母平均 μ の周りに集中することがわかる. $\overline{X}$ の値自体はランダムに変化するため, N が大きくなるほど μ により近い値をとることが保証されているわけではない. しかし, 「$\overline{X}$ が μ により近い値をとる確率」は, N の値が大きくなるとともに確実に大きくなることが予想される.

「$\overline{X}$ が μ に十分近い値をとる確率」が N が大きくなるほど 1 へ近づいていくことは, 数学的に示すことができる. いま, ϵ を正の定数とする. ϵ の値を十分小さくとるとき, $|\overline{X} - \mu| \leqq \epsilon$ となる ($\overline{X}$ の値が μ の十分近くにある) 確率 $P(|\overline{X} - \mu| \leqq \epsilon)$ は, N が十分大きくなるときにどのようになるのだろうか. 実は

$$
P(|\overline{X} - \mu| \geqq \epsilon) \leqq \frac{V\left[\overline{X}\right]}{\epsilon^2} \tag{3.33}
$$

$$
= \frac{\sigma^2}{\epsilon^2 N} \tag{3.34}
$$

という関係が成り立つことが数学的に示される[42]. (3.34) は N を十分大きくするといくらでも小さくなる. 確率は 0 以上の値をとるから, (3.34) は「$\overline{X}$ が μ に近くない値をとる確率」は N の値が大きくなるとともに 0 に近づくこと, 言い換えると「$\overline{X}$ が μ に十分近い値をとる確率」が N の値が大きくなるとともに 1 に近づ

---

[42] (3.33) はチェビシェフ (Chebyshev) の不等式としてよく知られている.

く性質 (**一致性**) があることを意味している※43．この結果は，標本平均 $\overline{X}$ が標本数 N に応じた精度で母集団分布の母平均の値を推定することを示しており，**大数の (弱) 法則**が成立する重要な例としてもよく知られている．

（b）　標本分散と不偏分散

次に，$X_1, \ldots, X_N$ に基づいて母分散 σ^2 を推定するための統計量を考えることにする．いま，**標本分散**

$$S_X{}^2 = \frac{1}{N} \sum_{i=1}^{N} (X_i - \overline{X})^2$$

$$= \frac{1}{N} \sum_{i=1}^{N} X_i^2 - \overline{X}^2 \tag{3.35}$$

について，この期待値を計算してみよう．

$$E[S_X{}^2] = \frac{1}{N} \sum_{i=1}^{N} E[X_i^2] - E[\overline{X}^2] \tag{3.36}$$

$\sigma^2 = E[(X_i - \mu)^2] = E[X_i^2] - \mu^2$ より，$E[X_i^2] = \sigma^2 + \mu^2$ となる．また，

$$E[\overline{X}^2] = \frac{1}{N^2} \sum_{i=1}^{N} \sum_{j=1}^{N} E[X_i X_j]$$

$$= \frac{1}{N^2} \left(\sum_{i=1}^{N} E[X_i^2] + 2 \sum_{i \neq j}^{N} E[X_i X_j] \right)$$

$$= \frac{1}{N^2} \left(N(\sigma^2 + \mu^2) + (N^2 - N)\mu^2 \right)$$

$$= \frac{\sigma^2}{N} + \mu^2$$

これらを (3.36) へ代入すると

$$E[S_X{}^2] = (\sigma^2 + \mu^2) - \left(\frac{\sigma^2}{N} + \mu^2 \right)$$

$$= \left(1 - \frac{1}{N} \right) \sigma^2$$

$$= \left(\frac{N-1}{N} \right) \sigma^2$$

※43確率に関するこの意味の収束は，**確率収束**とよばれる．確率の世界では，このような「収束」の考え方がいくつか用意されている．

となる．この結果は，$S_X{}^2$ を用いて母分散 σ^2 を推定すると，偏り $\dfrac{\sigma^2}{N}$ が発生することを意味する．そこで，$s^2 = \dfrac{N}{N-1}S_X{}^2$ とした

$$s^2 = \frac{1}{N-1}\sum_{i=1}^{N}(X_i - \overline{X})^2 \tag{3.37}$$

を $S_X{}^2$ の代わりに用いると $E[s^2] = \sigma^2$ となり，σ^2 を推定する際の偏りは解消される．この推定量 s^2 は**不偏分散**とよばれる．

（c）　最尤推定法

前項では，母平均 μ については標本平均，母分散 σ^2 については標本分散や不偏分散を用いて推定を行った．推定量が既知というところから検討を行ったが，推定量としてどのようなものを考えるとよいかがわからない状況のほうが一般的である．このような場合に，推定量を直接導出することはできるのだろうか．この方法の1つとして**最尤推定法**がある．

以下では，母集団分布が母平均 μ，母分散 σ^2 である正規分布に従うと仮定したときに，μ と σ^2 の推定量を最尤推定法を用いて導出してみよう．この方法では，推定量の**尤もらしさ** (likelihood) について，N 個の標本 $X_1, \ldots, X_N$ に関する観測値 $x_1, \ldots, x_N$ に関する同時確率 $P(X_1 = x_1, \ldots, X_N = x_N)$ の値で評価する．標本 X_i が互いに独立であり，かつ X_i が (3.4) で定義される正規分布の確率密度関数 $f(x_i; \mu, \sigma^2)$ をもつと仮定すると，上記の同時確率に関する確率密度関数は

$$f(x_1; \mu, \sigma^2) \cdots f(x_N; \mu, \sigma^2) \tag{3.38}$$

と N 個の確率密度関数の積で表される．x_i は観測値であるから，(3.38) は μ と σ^2 の関数となる．これを $L(\mu, \sigma^2)$ と表して，**尤度関数** (likelihood function) とよぶ．最尤推定法は「尤もらしさが最大となるときの μ や σ^2 を観測値に関する式として導出したものを推定量とする」という考え方の下に，$L(\mu, \sigma^2)$ が最大となるときの μ と σ^2 が満たす条件を数学的に導出し，その解を推定量 (**最尤推定量**) とする．実際には，数学的な取り扱いがよくなることから，$L(\mu, \sigma^2)$ の代わりに (3.38) の対数をとった**対数尤度関数**

$$l(\mu, \sigma^2) = \log L(\mu, \sigma^2) \tag{3.39}$$

$$= \sum_{i=1}^{N} \log f(x_i; \mu, \sigma^2) \tag{3.40}$$

が用いられる．$l(\mu, \sigma^2)$ が μ, σ^2 において極大となる条件を導出するため，それぞれの関数を偏微分[※44]したとき，これが 0 となる状況を考え

$$\frac{\partial l(\mu, \sigma^2)}{\partial \mu} = 0 \tag{3.41}$$

$$\frac{\partial l(\mu, \sigma^2)}{\partial \sigma^2} = 0 \tag{3.42}$$

とおき，この連立解を推定量とする．$l(\mu, \sigma^2)$ は (3.4) より

$$l(\mu, \sigma^2) = \sum_{i=1}^{N} \log \left(\frac{1}{\sqrt{2\pi}\sigma} \exp \left(-\frac{(x_i - \mu)^2}{2\sigma^2} \right) \right)$$

$$= -\sum_{i=1}^{N} \frac{(x_i - \mu)^2}{2\sigma^2} - N \log \sqrt{2\pi} - \frac{N}{2} \log \sigma^2$$

となる．(3.41), (3.42) より，それぞれ以下の方程式が得られる．

$$\sum_{i=1}^{N} (x_i - \mu) = 0$$

$$\frac{1}{\sigma^2} \sum_{i=1}^{N} (x_i - \mu)^2 - N = 0$$

上記の 2 つの関係を同時に満たす μ と σ^2 を $\hat{\mu}$, $\hat{\sigma}^2$ と表すと

$$\hat{\mu} = \frac{1}{N} \sum_{i=1}^{N} x_i$$

$$\hat{\sigma}^2 = \frac{1}{N} \sum_{i=1}^{N} (x_i - \hat{\mu})^2$$

$$= \frac{1}{N} \sum_{i=1}^{N} (x_i - \overline{x})^2$$

となる．こうして，μ の最尤推定量 $\hat{\mu}$ は標本平均 $\overline{x}$，σ^2 の最尤推定量 $\hat{\sigma}^2$ は標本分散 $S_X{}^2$ であることがわかる．$\hat{\sigma}^2$ と (3.37) で得られた不偏分散 s^2 を比べると分母が 1 だけ異なるが，データ数が十分に大きければ，両者の差は無視できる．

[※44] 「$l(\mu, \sigma^2)$ を μ で偏微分する」とは，2 変数関数 $l(\mu, \sigma^2)$ の増減を調べるため，σ^2 を定数とみなして，関数 l を μ で微分することである．

（d）　推定量の有効性とフィッシャー情報量[※45]

　最尤推定法は，対数尤度関数を最大にするときの数学的な解を統計量として導出し，これを用いて推定を行う方法であるが，得られた推定量はあくまでも推定値を求める方法の1つにすぎない．たとえば，(3.35) で定義された標本分散 $S_X{}^2$，(3.37) の不偏分散 s^2，および最尤推定量 $\hat{\sigma}^2$ は，いずれも正規分布の分散 σ^2 の推定量であるが，異なる観点から得られた推定量である上に，必ずしも同一のものではない．このため，どの推定量を用いるべきかという疑問が発生する．

　不偏性や一致性は「良い推定量」が満たすべき性質であり，こうした性質を満たした推定量を使用すべきという基準であるが，このように推定量が満たすことが望ましい性質は他にも考えられる．推定量が不偏性をもつ場合，推定値と真値とのずれに関する分布の散らばりはできるだけ小さくなるべきであるという性質のことを**有効性**とよぶ．以下では，有効性の観点から推定量の良さについて検討する．

　推定量の有効性をみる上で，データがもつ**情報量**という見方が重要となる．$\boldsymbol{Y} = (Y_1, \ldots, Y_n)^T$ を n 個の標本とし，観測値を $\boldsymbol{y} = (y_1, \ldots, y_n)^T$ とする．$\boldsymbol{Y}$ の同時確率に関する確率分布は，θ を未知のパラメータとするとき，同時確率密度関数 $f(\boldsymbol{y}; \theta)$ をもつものとする．このとき，θ の推定量の良さを測る量として，以下で定義される**フィッシャー情報量**を導入する．

$$I(\theta) = -E\left[\frac{\partial^2 \log f(\boldsymbol{Y}; \theta)}{\partial \theta^2}\right]$$

ここで，$\log f(\boldsymbol{Y}; \theta)$ は対数尤度関数 $\log(f(\boldsymbol{y}; \theta))$ で観測値 $\boldsymbol{y}$ を確率変数 $\boldsymbol{Y}$ に置き換えたものを意味する．

　フィッシャー情報量は，不偏推定量の分散を評価する上で重要な役割を果たす．パラメータ θ の不偏推定量 $\hat{\theta}$ の分散について，フィッシャー情報量を用いて以下のような理論上の下限 (**クラメール・ラオの下限**) が存在することが知られている．

$$V\big[\hat{\theta}\big] \geqq \frac{1}{I(\theta)}$$

θ のすべての不偏推定量 $\hat{\theta}$ の分散は，フィッシャー情報量の逆数 $\dfrac{1}{I(\theta)}$ より小さくすることはできない，という意味である．不偏性を満たす推定量の分散が，上記の下限に達するという保証はないが，不偏推定量の分散がクラメール・ラオの下限に

[※45] ここで紹介されるフィッシャー情報量は，第4章で取り扱われる内容である．

達する場合には，真値 θ の推定誤差に関する分散が最小となる．このとき，この推定量は**有効性**をもつという．

　パラメータが複数ある場合には，パラメータごとにフィッシャー情報量を求めた結果を要素とする**フィッシャー情報行列**が定義される．p 個のパラメータを $\boldsymbol{\Theta} = (\theta_1, \ldots, \theta_p)^T$ とするとき，p 行 p 列のフィッシャー情報行列 $I(\boldsymbol{\Theta})$ は以下のように定義される．

$$I(\boldsymbol{\Theta}) = -E\left[\frac{\partial^2 \log f(\boldsymbol{Y}; \boldsymbol{\Theta})}{\partial \boldsymbol{\Theta} \partial \boldsymbol{\Theta}^T}\right]$$

$$= \left(-E\left[\frac{\partial^2 \log f(\boldsymbol{Y}; \boldsymbol{\Theta})}{\partial \theta_i \theta_j}\right]; i, j = 1, \ldots, p\right)$$

　フィッシャー情報行列の具体的な例をみるため，正規分布の場合について，平均と分散のパラメータに基づくフィッシャー情報行列を導出する．標本 Y_i ($i = 1, \ldots, n$) は，平均が μ，分散が σ^2 である正規分布に従うものとし，パラメータを $\boldsymbol{\Theta} = (\mu, \sigma^2)$ とするとき，確率密度関数 $f(y_i; \boldsymbol{\Theta})$ をもつものとする．このとき，尤度関数 $L(\boldsymbol{\Theta})$ は

$$L(\boldsymbol{\Theta}) = f(\boldsymbol{y}; \boldsymbol{\Theta})$$

$$= f(y_1; \boldsymbol{\Theta}) \cdots f(y_n; \boldsymbol{\Theta})$$

であり，対数尤度関数は

$$\log f(\boldsymbol{y}; \boldsymbol{\Theta}) = \log(f(y_1; \boldsymbol{\Theta}) \cdots f(y_n; \boldsymbol{\Theta}))$$

$$= \sum_{i=1}^{n} \log f(y_i; \boldsymbol{\Theta})$$

となる．いま，1 個の観測値 y_i に着目すると

$$f(y_i; \boldsymbol{\Theta}) = \frac{1}{\sqrt{2\pi}\sigma} \exp\left(-\frac{(y_i - \mu)^2}{2\sigma^2}\right)$$

$$\log f(y_i; \boldsymbol{\Theta}) = -\frac{1}{2}\log 2\pi - \frac{1}{2}\log \sigma^2 - \frac{(y_i - \mu)^2}{2\sigma^2}$$

であり

$$\frac{\partial^2 \log f(y_i; \boldsymbol{\Theta})}{\partial \mu \partial \mu} = -\frac{1}{\sigma^2}$$

$$\frac{\partial^2 \log f(y_i; \boldsymbol{\Theta})}{\partial \sigma^2 \partial \sigma^2} = \frac{1}{2\sigma^4} - \frac{(y_i - \mu)^2}{\sigma^6}$$

となる. よって

$$-E\left[\frac{\partial^2 \log f(Y_i; \boldsymbol{\Theta})}{\partial \mu \partial \mu}\right] = \frac{1}{\sigma^2}$$

$$-E\left[\frac{\partial^2 \log f(Y_i; \boldsymbol{\Theta})}{\partial \sigma^2 \partial \sigma^2}\right] = \frac{E[(Y_i - \mu)^2]}{\sigma^6} - \frac{1}{2\sigma^4}$$

$$= \frac{1}{2\sigma^4}$$

同様に

$$-E\left[\frac{\partial^2 \log f(Y_i; \boldsymbol{\Theta})}{\partial \mu \partial \sigma^2}\right] = \frac{1}{\sigma^4} E[Y_i - \mu]$$

$$= 0$$

$$-E\left[\frac{\partial^2 \log f(Y_i; \boldsymbol{\Theta})}{\partial \sigma^2 \partial \mu}\right] = \frac{1}{\sigma^4} E[Y_i - \mu]$$

$$= 0$$

したがって, 1 個の観測値 y_i に基づくフィッシャー情報行列 $I_1(\boldsymbol{\Theta})$ は

$$\begin{pmatrix} \dfrac{1}{\sigma^2} & 0 \\ 0 & \dfrac{1}{2\sigma^4} \end{pmatrix}$$

と i に無関係となることがわかる[46]. また, n 個の観測値 $\boldsymbol{y}$ に基づくフィッシャー情報量は

$$I_n(\boldsymbol{\Theta}) = -E\left[\frac{\partial^2 \log f(\boldsymbol{y}; \boldsymbol{\Theta})}{\partial \boldsymbol{\Theta} \partial \boldsymbol{\Theta}^T}\right]$$

$$= -E\left[\frac{\partial^2 \sum\limits_{i=1}^{n} \log f(y_i; \boldsymbol{\Theta})}{\partial \boldsymbol{\Theta} \partial \boldsymbol{\Theta}^T}\right]$$

$$= \sum_{i=1}^{n}\left(-E\left[\frac{\partial^2 \log f(y_i; \boldsymbol{\Theta})}{\partial \boldsymbol{\Theta} \partial \boldsymbol{\Theta}^T}\right]\right)$$

$$= \sum_{i=1}^{n} I_1(\boldsymbol{\Theta})$$

となるから,

---

[46] 一般的に, $y_1, \ldots, y_n$ が独立, かつ同一の分布に従う場合, 各データがもつ情報量は等しい.

$$I_n(\boldsymbol{\Theta}) = nI_1(\boldsymbol{\Theta})$$

と 1 個の観測値がもつ情報量を n 倍したものとなり

$$I_n(\boldsymbol{\Theta}) = \begin{pmatrix} \dfrac{n}{\sigma^2} & 0 \\ 0 & \dfrac{n}{2\sigma^4} \end{pmatrix}$$

となる.

こうして，$\boldsymbol{\Theta}$ の不偏推定量 $\hat{\boldsymbol{\Theta}} = (\hat{\mu}, \hat{\sigma}^2)$ に関するクラメール・ラオの下限は

$$I_n^{-1}(\boldsymbol{\Theta}) = \begin{pmatrix} \dfrac{\sigma^2}{n} & 0 \\ 0 & \dfrac{2\sigma^4}{n} \end{pmatrix}$$

となる．標本平均 $\overline{X}$ は μ の不偏な推定量であり，その分散 $V[\overline{X}]$ は $\dfrac{\sigma^2}{n}$ となるが，これはクラメール・ラオの下限と一致している．したがって，標本平均は有効性をもつ推定量 (**有効推定量**) となることがわかる.

第3章の問題

問 3.1　気象庁アメダスから入手した全国の気象データの CSV ファイル kisyou.csv を用いて，〔1〕から〔3〕の処理を行え.

〔1〕関数 read.csv() を用いて kisyou.csv のデータを行列 Rdata へ入力し，Rdata に正しくデータが入力されているかどうかをデータを表示して確認せよ.

〔2〕Rdata の 1 列目には，観測所がある都市名が記録されている．この内容を表示して，全国の都市があることと，北海道のデータが 1 行目から 22 行目にあることを確認せよ.

〔3〕以下は，Rdata の最初の 2 行を表示した結果である.

	地点	気圧	湿度	最大風速	風向	最大瞬間風速	日照時間
1	札幌	1019.1	52	9.5	北西	16.5	3.6
2	稚内	1018.5	47	13.7	北	19.2	0.5

Rdata から「湿度」のデータのみを取り出し，ベクトル sitsudo へ入力せよ. 次に，出力画面を 4 分割 (2 行 × 2 列) し，sitsudo を用いて全国と北海道の

湿度に関する棒グラフとヒストグラムをそれぞれ示せ．グラフの縦軸，横軸，タイトルなどを自由に設定すること．

問 3.2　気象庁アメダスから入手した，ある日における全国 9 カ所の気象状況を収録した CSV ファイル kisyou2.csv がある．これについて〔1〕から〔4〕を検討せよ．CSV ファイルのデータは以下のように構成されている．

地点	気圧	湿度	最大風速	最大瞬間風速	日照時間
札幌	1019.1	52	9.5	16.5	3.6
仙台	1019.8	49	6.7	10.7	0.0

〔1〕出力画面を縦に 2 分割し，上段に湿度のヒストグラム，下段に日照時間に関するヒストグラムを描け．ヒストグラムの形状は，ある程度の対称性が認められるかどうかを調べよ．

〔2〕湿度と日照時間の各データから，平均値，中央値，最頻値をそれぞれ調べよ (最頻値はヒストグラムから目視で読み取ること)．また，それぞれのヒストグラムにおいてこれらの値を比較した場合，どのような特徴があるかを説明せよ．

〔3〕地点ごとに 5 つの気象要因をまとめてチャーノフの顔を描くことにより，地点ごとの気象状況の特徴を可視化せよ．

〔4〕この日の全国の気象状況は，大きくいくつかの地域に大別することができる．〔3〕の結果を基にしてこの点を検討せよ．

問 3.3　マレーシアでは大気汚染が深刻となっており，大気中の PM2.5 (μg/m^3) の観測値に基づいて大気の汚染状況を測る尺度として AQI (Air Quality Index) とよばれる数値を発表している．クアラルンプールにおいて，2018 年の 4 月，9 月，10 月，11 月の各月に観測された AQI の日次データを含む CSV ファイル apr2018.csv, sep2018.csv, oct2018.csv, nov2018.csv を基にして，次の〔1〕から〔3〕を検討せよ．各ファイルは，年 (yyyy)，月 (mm)，日 (dd)，AQI (aqi) から構成されており，以下のようなデータである．

```
  yyyy mm dd aqi
1 2018  9  1  59
2 2018  9  2  62
```

〔1〕9 月と 10 月の AQI に関するヒストグラムを上下 2 段にそれぞれ描け．また，両者の分布の代表値や分散を調べることにより，分布の特徴 (変化の特徴や対称性) を検討せよ．

〔2〕9 月の AQI のヒストグラムに，図 3.21 と同様に正規分布の曲線で近似した結果を表示して，このヒストグラムは正規分布である程度近似できるかどうかを調べよ．もし正規分布で近似できる場合には，この結果を用いて AQI の値が 75 を超える確率を数値的に計算せよ．

〔3〕4 月，9 月，10 月，11 月の AQI のヒストグラムがともに正規分布で近似できると仮定する．このとき，以下の点について仮説検定を実施して評価せよ．

(a) 4 月と 11 月における確率分布の分散は異なると考えてよいか．

(b) 10 月の確率分布の平均は，9 月よりも小さくなったといえるか．

解答例

問 3.1

〔1〕関数 read.csv() を CSV ファイル kisyou.csv がおかれている場所の絶対パスを調べてオプション file で指定し，以下のような形で実行する．絶対パスが正しくない場合には CSV ファイルが正しく探せないため，エラーが表示される．

```
> Rdata <- read.csv(file="C:/Users/data/kisyou.csv")
```

Rdata への入力に成功したら，データの内容を確認する．以下を実行すると CSV ファイルより入力された Rdata の先頭部分が表示される (実際には 151 行のデータがある)．

```
> Rdata[1:4,]
        地点    気圧   湿度  最大風速    風向  最大瞬間風速  日照時間
1      札幌  1019.1    52       9.5    北西         16.5       3.6
2      稚内  1018.5    47      13.7      北         19.2       0.5
3    北見枝幸  1017.6    58       7.4  北北西         13.0       3.7
4      旭川  1019.3    53       3.8  南南東          4.9       6.4
```

〔2〕以下を実行して，1 列目のデータをすべて表示すると，気象観測ステーション
のある地域に関する情報が表示される.

```
> Rdata[, 1]
 [1] 札幌     稚内        北見枝幸  旭川     留萌      羽幌      岩見沢    小樽
 [9] 寿都     倶知安      網走      紋別     雄武      根室      釧路      帯広 …
```

データをみると，北海道から沖縄までの気象観測ステーションが順に並んで
いることがわかる. 観測ステーションは下記を実行すると合計で 151 地点あ
ることが確認できる. また，このなかで北海道の観測ステーションは，1 番目
(札幌) から 22 番目 (江差) までの 22 カ所であることも確認できる.

```
> length(Rdata[, 1])
 [1] 151
> Rdata[1:24,1]
 [1] 札幌     稚内        北見枝幸  旭川     留萌      羽幌      岩見沢    小樽
 [9] 寿都     倶知安      網走      紋別     雄武      根室      釧路      帯広
[17] 広尾     室蘭        苫小牧    浦河     函館      江差      青森      八戸
151 Levels: むつ 阿久根 旭川 伊良湖 宇都宮 宇和島 羽幌 浦河 雲仙岳 ...
```

〔3〕Rdata の 3 列目にある湿度のデータをベクトル sitsudo へ入力し，このベクトル
を用いて棒グラフを描く関数 barplot()，ヒストグラムを作成する関数 hist()
をそれぞれ実行して作画する. 作画関数を実行する前に par(mfrow=c(2,2))
を実行して，表示する画面を 4 分割 (＝ 2 行 × 2 列) する. この後に 4 つの作
画処理を連続して実行すると，作画の結果が「Z」を描く方向に配置される.
最初の 2 つの作画処理では sitsudo の全データを使用しているので全国の結
果が示され，後半の 2 つの処理では sitsudo の 1 番目から 22 番目までのデー
タのみを使用しているので，北海道に関する結果が表示される.

```
> sitsudo <- Rdata[,3]
# 全国の湿度に関する棒グラフとヒストグラム
> par(mfrow=c(2,2))
> barplot(sitsudo, xlab="stations", ylab="Humidity (%)",
+ main="Humidity (Japan)", col=c("gray"))
```

```
> hist(sitsudo, xlab="Humidity (%)", main="Humidity (Japan)",
+ col=c("pink"))
# 北海道の湿度に関する棒グラフとヒストグラム
> barplot(sitsudo[1:22], xlab="stations", ylab="Humidity (%)",
+ main="Humidity (Hokkaido)", col=c("cyan"))
> hist(sitsudo[1:22], xlab="Humidity (%)", col=c("orange"),
+ main="Humidity (Hokkaido)")
```

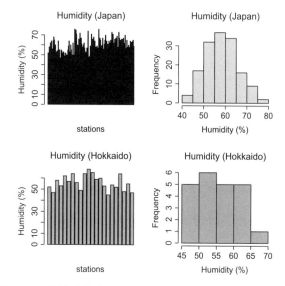

図 3.23　全国と北海道における湿度のプロットとヒストグラム

出力結果の例を図3.23に示す．グラフのタイトル，棒の色や縦軸，横軸，タイトルの名前は自由に設定すること[47]．ヒストグラムは，全国と北海道で湿度の頻度分布の状況がはっきりと異なることを示している．観測データよりヒストグラムを調べることは，現象の発生確率を調べることを意味し，現象の分析を行う上で重要な調査の1つである．

---

[47]日本語はグラフィック画面上では正常に出力されるが，ソフトウェアやプリンターの環境設定によって画像の出力過程で文字化けを起こしたり，印刷時に文字が出力されない場合がある．

問 3.2

〔1〕以下に示すプログラム例を実行すると，図 3.24 に示されるヒストグラムが得られる．湿度のヒストグラムはある程度対称とみなせるが，日照時間のそれは明らかに非対称であることがわかる．

〔2〕湿度と日照時間の平均値と中央値は，下記の実行結果を参照すること．最頻値 (モード) はヒストグラムから最も頻度の高い階級を目視で読む．湿度のモードは 50–60，日照時間のそれは 0–1 であることがわかるが，階級値 (境界値の中間の値) で示すことが一般的なので，それぞれ 55 と 0.5 とする．湿度については平均値，中央値，モードはいずれもほぼ 55 となり，一致しているとみなすことができる．一方，日照時間については，平均値が中央値やモードに比べて大きく異なることがわかる．対称とみなせる分布では平均値，中央値，モードの値がほぼ一致するが，非対称な分布ではこれらの値が一致しないことがわかる．

```
# kisyou2.csv を入力して，行列 kisyou.dat を作成する
> kisyou.dat <- read.csv(file="c:/Users/data/kisyou2.csv")
#   A4 画面を分割 (行方向に 2 分割，列方向に 1 分割) する
> par(mfrow=c(2,1))
#   湿度 (kisyou.dat の 3 列目) のヒストグラム
> hist(kisyou.dat[,3], xlab="Sitsudo(%)", main="Sitsudo")
#   日照時間 (kisyou.dat の 6 列目) のヒストグラム
> hist(kisyou.dat[,6], xlab="Nissyou Jikan(H)",
+ main="Nissyou Jikan")
#   湿度と日照時間の平均値
> mean(kisyou.dat[,3]); mean(kisyou.dat[,6])
[1] 54.77778
[1] 1.333333
#   湿度と日照時間の中央値
> median(kisyou.dat[,3]); median(kisyou.dat[,6])
[1] 55
[1] 0.5
```

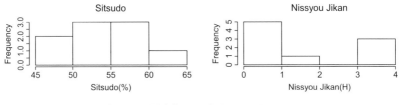

図 3.24　湿度と日照時間のヒストグラム

〔3〕〜〔4〕ライブラリ aplpack に含まれる非標準関数 faces() を実行してチャーノフの顔を描く．この関数を初めて使用する際は，関数 install.packages() を実行してライブラリ aplpack をネットワーク経由で R 環境へインストールする必要がある．

kisyou.dat の行ごとに各観測地点における気象要因の各データが記録されているので，行ごとに気圧 (2 列目) から日照時間 (6 列目) のすべてのデータを多次元データと捉えて，顔のイメージを描く．すなわち，kisyou.dat[,2:6] に対して faces() を実行する．作成されたそれぞれの顔に説明を追加するためには，faces() のオプションである labels を用いて，それぞれの顔の説明を与える文字列を含んだベクトルを指定する．この例では，1 列目の観測地点の文字列情報を labels の対象として指定している．実行例を下記に示す．

```
# 関数 faces() を利用するための準備
> library("aplpack")
# 関数 faces() を実行
> faces(kisyou.dat[,2:6], labels=kisyou.dat[,1])
```

出力結果は図 3.25 のようになる．地点ごとに気象の多次元データを顔のイメージで表現する．この顔は，さまざまな気象要因を要約した情報であるという意味で，「気象の状況」を可視化したものと解釈することができる．この特徴に基づくと，この日の全国の気象状況は，北海道から東北，関東から九州，沖縄の 3 つに大別できると考えることができる．

問 3.3　プログラムの例を以下に示す．月ごとの CSV ファイルを read.csv() で入力すると，4 列からなる行列が生成される．この 4 列目が AQI のデータであり，これを用いて分布の処理を行う．

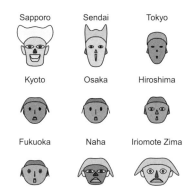

図 3.25　観測地点ごとに描いた「チャーノフの顔」(カラー口絵参照)

〔1〕表示する画面を上下 2 段にする際には，最初に `par(mfrow=c(2,1))` を実行した後，作画関数を連続して 2 つ実行する．また，分布の代表値は `summary()` で調べることができる．9 月と 10 月における AQI の分布は峰が 1 つからなり，ある程度対称な分布とみなすことができる．平均値は 9 月には 65.4，10 月には 57.4 で月の経過とともに減少しているようにみえるが，分散の値は 9 月は 30.7，10 月は 44.2 と逆に大きくなっている．したがって，月の経過とともに平均値が本質的に小さくなっているかどうかは，慎重にみる必要がある．出力結果の例を図 3.26 に示す．

```
# データの入力
> sep.2018 <- read.csv(file="C:/Users/data/sep2018.csv")
> oct.2018 <- read.csv(file="C:/Users/data/oct2018.csv")
# 上下 2 段に 9 月と 10 月の AQI 分布を描く
> par(mfrow=c(2,1))
# ヒストグラムの階級の設定
> range.sep <- seq(min(sep.2018[,4])-10, max(sep.2018[,4])+10, 5)
> range.oct <- seq(min(oct.2018[,4])-10, max(oct.2018[,4])+10, 5)
# ヒストグラムを描く
> hist(sep.2018[,4], breaks=range.sep, xlab="aqi",
+ main="Sep. 2018")
> hist(oct.2018[,4], breaks=range.oct, xlab="aqi",
+ main="Oct. 2018")
```

```
# 9 月の分布の代表値と分散
> summary(sep.2018[,4]); var(sep.2018[,4])
   Min. 1st Qu.  Median    Mean 3rd Qu.    Max.
  55.00  62.00   65.00   65.40  67.75   79.00
[1] 30.66207
# 10 月の分布の代表値と分散
> summary(oct.2018[,4]); var(oct.2018[,4])
   Min. 1st Qu.  Median    Mean 3rd Qu.    Max.
  47.00  53.50   56.00   57.39  60.50   75.00
[1] 44.17849
```

〔2〕ヒストグラムを描いた後，関数 curve() で正規分布の確率密度関数を指定すると重ね描きができる．データから計算した平均値と分散の値をベクトル x.mean, x.sd にそれぞれ出力し，dnorm(x, mean=x.mean, sd=x.sd) を実行すると，ヒストグラムにあった正規分布の確率密度関数を描く．出力された結果を図 3.27 に示す．実際のヒストグラムは正規分布の確率密度関数でよく近似できることがわかる．AQI が 75 より大きくなる確率は積分 $\int_{75}^{\infty} f(x)\,dx$ によって求められるので，関数 integral() を実行すれば，この近似値が計算できる．計算結果は 0.034 となる．

```
# 9 月の平均値と分散
> x.mean <- mean(sep.2018[,4])
> x.sd <- sd(sep.2018[,4])
> scale.dat <- seq(min(sep.2018[,4])-10, max(sep.2018[,4])+10, 5)
# 9 月のヒストグラムに正規分布の確率密度曲線を重ね描き
> par(mfrow=c(1,1))
> hist(sep.2018[,4], breaks=scale.dat, freq=F, ylim=c(0, 0.08),
+ xlab=c("aqi"), main="")
> curve(dnorm(x, mean=x.mean, sd=x.sd), add=T, lty=c(2),
+ lwd=c(2), xlim=c(min(sep.2018[,4])-10, max(sep.2018[,4])+10),
+ ylim=c(0, 0.08)
+ )
# aqi > 75 となる確率
```

```
> f <- function(x) dnorm(x, mean=x.mean, sd=x.sd)
> integrate(f, 75, max(sep.2018[,4]))
0.03446331 with absolute error < 3.8e-16
```

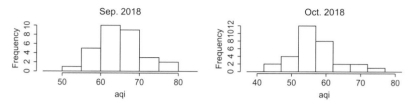

図 3.26 AQI のヒストグラム (9 月, 10 月)

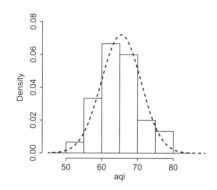

図 3.27 AQI の分布を正規分布の確率密度関数で近似した結果

〔3〕(a) では, 4 月と 11 月の 2 つの確率分布の分散が異なるかどうかを調べるた
め, 以下の仮説検定を実施する.

$$H_0 : \sigma_4{}^2 = \sigma_{11}{}^2, \qquad H_1 : \sigma_4{}^2 \neq \sigma_{11}{}^2$$

(3.12) の検定統計量 f が F 分布に従うことを用いて, 有意水準 5 パーセント
の下で両側検定を実施する. この検定の実行例を以下に示す. 計算された f
の値は 2.487, 検定の p 値は 0.017 であり, 有意水準 0.05 の下で帰無仮説は棄
却される. したがって, 両者の確率分布の分散は異なると考えてよい.
(b) では次の仮説検定を実施する.

$$H_0 : \mu_9 = \mu_{10}, \qquad H_1 : \mu_9 > \mu_{10}$$

2つの確率分布の平均が等しいかを調べるためのウェルチ検定を右片側検定で
実施する．実行結果は t 値が 5.122，p 値は 1.818×10^{-6} となる[48]から，有
意水準5パーセントで帰無仮説は棄却される．したがって，10月の AQI の平
均は9月のそれよりも小さくなっているとみなしてよい．

```
# 2つの分布の分散の比に関するF検定
> apr.2018 <- read.csv(file="C:/Users/data/apr2018.csv")
> nov.2018 <- read.csv(file="C:/Users/data/nov2018.csv")
> var.test(apr.2018[,4], nov.2018[,4])


        F test to compare two variances

data:  apr.2018[, 4] and nov.2018[, 4]
F = 2.4873, num df = 29, denom df = 29, p-value = 0.01673
alternative hypothesis: true ratio of variances is not equal to 1
95 percent confidence interval:
 1.183861 5.225781
sample estimates:
ratio of variances
          2.487288
# 2つの分布の平均の差に関するウェルチ検定
> t.test(sep.2018[,4], oct.2018[,4], alternative="greater")


        Welch Two Sample t-test

data:  sep.2018[, 4] and oct.2018[, 4]
t = 5.1222, df = 57.739, p-value = 1.818e-06
alternative hypothesis: true difference in means is greater than 0
95 percent confidence interval:
 5.397823      Inf
sample estimates:
mean of x mean of y
  65.4000   57.3871
```

---

[48]出力結果において，1e-06 は 1×10^{-6} を意味する．

第 4 章

関係性の推測とモデル化

4.1 変量間の関係性に関する視覚化と評価

我々を取り巻くさまざまな現象のなかには，会社の売上や自然災害などのように，変化のメカニズムを分析しながら将来的な変化の動向を予測し，その対策を検討していくことが強く望まれる対象も数多く存在する．たとえば，観測可能な陸上の風速の観測結果から観測の困難な海上の風速の状況を推定して航海の安全に役立てたい，自分が任されている店舗の過去の売上データに基づいて将来の販売状況の変化を予測して経営判断に関する資料としたいなど，そのメカニズムが明らかとなっていない現象を解析するために，信頼ある実験や調査で得られたデータを活用できないだろうか，と考える人は多い．第3章では，現象が発生する状況について，データの可視化を通して概観するための見方を紹介してきたが，この章では，現象そのものや複数の現象間に潜む関係性の推測，および不確定な現象間の関係性を科学的に表現する際に必要となるものの見方と，R環境で実際に分析を行うための技術的側面について紹介する．

4.1.1 統計的な関係性

「2つの現象の間に関係がある」という言葉から我々がもつイメージは，一方の現象が他方の現象へ与える影響について，原因から結果までのメカニズムが専門的な検証を経て立証されているということであり，**因果関係** (causality) とよばれているものである．しかし，世のなかで発生するさまざまな現象は，このような因果関係が明らかになっていないことのほうが多い．このように因果関係が明らかになっていない現象を分析する方法の1つとして，実験や調査を通して得られたデー

タを基にして，因果関係とは異なる観点から検討する方法が考えられてきた．この「関係性」とは，「2 つの変量の観測データ間に直線的な傾向がどの程度認められるか」という観点から測るもので，2 つの観測変量間に原因と結果が明確でない場合であっても，観測データがあれば評価が可能となる．このような関係性の捉え方は，現象間の関係性を統計的観点からみるための基本的な方法であり，**相関関係** (correlation) とよばれる．相関関係は，因果関係とは異なる関係性の捉え方であるから，相関関係が認められても因果関係まで保証するものではないが，新たな現象の因果関係を発見するための重要な手がかりの 1 つとなる．

4.1.2　散布図と相関係数

相関関係を調べるための最初のステップは，2 つの変量の観測データの値をそれぞれ横軸と縦軸にとりプロットすることである．このようにして得られた図は**散布図** (scattered plot) とよばれる．散布図に直線的な傾向が顕著に認められるほど**相関が強い**，その逆の状況を**相関が弱い**とよび，直線的な傾向が認められない状況を**無相関**とよぶ．さらに，一方の変数の値が増加するほど他方の変数の値も直線的に増加する傾向が認められる場合には**正の相関がある**，他方の変数の値が減少する傾向が認められる場合には**負の相関がある**とよぶ．

相関の度合いを測る尺度として**相関係数** (correlation coefficient) がよく用いられる．相関係数は，上記の散布図にプロットされるデータから直線的な傾向の度合いを -1 から 1 の範囲の実数で定量的に評価した値である．2 変量 X, Y から N 組のデータ $(x_1, y_1), \ldots, (x_N, y_N)$ がそれぞれ得られているとき，散布図が示す直線的な傾向を評価するために，以下に定義される**共分散** (covariance) を導入する．

$$C_{XY} = \frac{1}{N}\left((x_1 - \overline{x})(y_1 - \overline{y}) + \cdots + (x_N - \overline{x})(y_N - \overline{y})\right) \tag{4.1}$$

$\overline{x}, \overline{y}$ は，X と Y の平均値をそれぞれ表している．共分散は，散布図が直線的な増加傾向をもつときには正の値，直線的な減少傾向をもつときには負の値，無相関の場合には 0 をとる．相関係数は，この共分散 C_{XY} を X と Y に関して定義された (3.3) の平方根である標準偏差 S_X, S_Y で割った量であり

$$\gamma_{XY} = \frac{C_{XY}}{S_X \cdot S_Y} \tag{4.2}$$

で定義される．共分散を X, Y の標準偏差で割ることにより，γ_{XY} はどのような 2 次元データに対しても -1 から 1 までの範囲の値をとることが数学的に保証され

る．また，すべてのデータが直線上にある状況を想定すると，直線の傾きが正の場合に γ_{XY} が 1 となり，傾きが負となる場合には -1 となることが数学的に確認できる[※1]．

4.1.3 R による散布図の描画と相関係数の計算

R 環境で 2 変量 X, Y のデータをそれぞれ入力したベクトル x, y を用意して plot(x,y) を実行すると，X を横軸，Y を縦軸にとった散布図を描く[※2]．ベクトルを指定する順番を逆にすると，縦軸と横軸の定義が逆になるので注意する．縦軸，横軸，表題に表示する文字列の指定やデータを表示する範囲の変更など，図をカスタマイズする場合には，第 3 章で plot() を実行する際に使用した作画のオプションである xlab, ylab, main, xlim, ylim などが利用できる．

変数の数が多い場合に散布図を調べるときには，すべての変数から 2 つの変数を選んで散布図を描く．2 変数ごとのすべての組合せに関する散布図をまとめて表示した図を**対散布図** (pairwise scatter plot) とよぶ．行列 x に対して，関数 pairs() を実行すると対散布図が表示される．

2 つのベクトル y, z に基づく相関係数を求める場合は，関数 cor() を用いて cor(y, z) を実行する．対散布図を描いた場合には，それぞれの散布図に対して相関係数を求める必要がある．この場合には，行列 x に対して cor() を実行すると，行列に含まれるすべての変数から 2 変数を選んでその相関係数を求め，その値を行列の各要素とする**相関行列**を出力する．

例 1 身長と体重に関する散布図と相関係数

身長，体重に関する各観測データを用いて散布図を描くためのプログラム例を以下に示す．身長と体重の観測データがそれぞれベクトル height と weight に入っているとき，plot(weight, height) を実行すると，体重を横軸，身長と縦軸にとって散布図を描く．

[※1]相関係数に関する数学的な性質については，4.3.1 項を参照．

[※2]関数 plot() は，ベクトルが 1 つの場合には 1 次元プロット，ベクトルが 2 つの場合には散布図を描く，2 つの機能をもった関数である．

```
# 身長データのベクトルの一部を表示する
> head(height)
[1] 167.6 157.1 165.4 168.0 165.9 170.0
# データ数は 136 個
> length(height)
[1] 136
# 体重データのベクトルの一部
> head(weight)
[1] 56.2 50.5 61.0 60.0 49.0 61.5
# 身長を横軸，体重を縦軸にとり，散布図を描く
> plot(weight, height, col="red", xlab="weight (kg)",
+ ylab="height (cm)")
# 相関係数
> cor(weight, height)
[1] 0.3824619
```

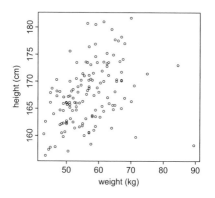

図 4.1 身長と体重間の散布図

　得られた散布図を図 4.1 に示す．身長と体重とのバランスには個人差があるが，体重が増加するとともに身長も高くなる傾向が認められる．そして，その傾向はある程度直線的なものとみなすことができ，正の相関があると評価できる．weight と height のデータから求めた相関係数の値は 0.38 となる．強い相関関係があるとまではいえないが，ある程度の正の相関は認められることが評価できる．なお，関数 scatter.smooth() を用いると，図 4.2 のように散布図がもつ変化の傾向を推定した**平滑化曲線**を描く．ただし，データのない部分の曲線はあまり参考にはならない．

この例では，体重が 70 kg を超えるとデータがほとんど存在しないため，この部分の平滑化曲線は傾向を適切に推定できず，1つの目安にすぎないことに注意する.

```
# 平滑化曲線を重ね描き
> scatter.smooth(height ~ weight, col="red", span=2/3,
+ xlab="weight (kg)", ylab="height (cm)")
```

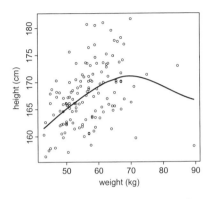

図 **4.2**　身長と体重間の平滑化曲線

例 2　身長，体重，座高に関する対散布図と相関行列

　身長，体重，座高の3つの観測項目に関する対散布図と相関行列を求めるプログラムを示す. height, weight, sitting.height を変数名にもつ行列 base.dat に対して pairs(base.dat) を実行すると，2つずつの変数を選んで対散布図を描いた結果を表示する. 右下がりの対角線に関して上側にある3つの散布図と下側にある3つの散布図は，互いに軸の定義を逆にして眺めたものであり，実質的には同じものであることに注意する. たとえば，1行3列の位置にある散布図では，sitting.height を横軸，height を縦軸にとって描いた散布図，3行1列の位置にある散布図は height を横軸，sitting.height を縦軸にとって描いた散布図で同じものである.

```
# base.dat の最初の 3 行を表示する
> head(base.dat,3)
      height weight sitting.height
```

```
[1,]   167.6   56.2          89.8
[2,]   157.1   50.5          85.8
[3,]   165.4   61.0          85.2
# base.dat に含まれる 3 つの変数の対散布図を描く
> pairs(base.dat, col="blueviolet")
# base.dat に含まれる 3 つの変数間の相関係数
# 関数 round() を用いて，小数点以下 2 桁まで表示
> round(cor(base.dat),2)
               height  weight  sitting.height
height           1.00    0.38            0.76
weight           0.38    1.00            0.50
sitting.height   0.76    0.50            1.00
```

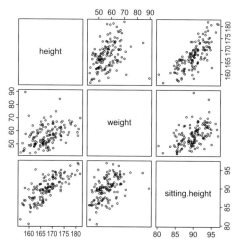

図 4.3　身長，体重，座高間の対散布図

　また，cor(base.dat) を実行すると，height, weight, sitting.height のす
べての組合せに基づいて相関係数を求め，その値を要素とする相関行列を出力する．
相関行列において，右下がりの対角線上の値は同一変数に関する相関係数 γ_{XX} を
意味し，(4.1) と (4.2) より 1 である．これは，すべてのデータが「$Y = X$」の直
線上にプロットされる状況を意味する．また，(4.1) と (4.2) より $\gamma_{XY} = \gamma_{YX}$ とな
るから，変数の順番を入れ替えても相関係数の値は同じである．したがって，相関
行列は右下がりの対角線上に関して対称となるから，実際の分析では右下がりの対

角成分よりも上側にある三角部分，あるいは下三角部分の相関係数のいずれかを調べれば十分である．この例では，身長と座高 (0.76)，体重と座高 (0.50)，身長と体重 (0.38) の順に相関係数が高いことがわかる．

4.1.4 条件付き散布図

散布図のなかには，変量の値が変化するとともにその傾向が変化していくケースもある．このような状況を視覚化して調べる際に，**条件付き散布図** (conditioning plot) が用いられることがある．たとえば，(X, Y, Z) に関する 3 変量のデータにおいて，Z の観測値のある範囲 (値) ごとに (X, Y) の散布図を描く．R 環境で条件付き散布図を描く場合には，関数 `coplot()` を実行する．

図 4.4 は，気象要因のデータを含む行列 `base.dat` を用いて，気圧と風速の散布図を描いた例である (横軸は気圧 (hPa)，縦軸は風速 (m/s))．この散布図には，気圧が下がるほど風速が上昇する傾向があり，負の相関が認められる．

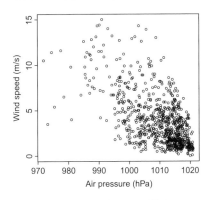

図 4.4 風速，気圧間の散布図

しかし，散布図の傾向は別な気象要因の値の変化によって少しずつ変化している可能性がある．このような疑問をもち，可視化して調べる際に，上記の気象要因の観測値を条件としたときの条件付き散布図を用いる．以下のプログラム例は，湿度を条件とした気圧と風速間の条件付き散布図を描いた例である．

```
# 降水量，風速，気圧の観測データ（先頭の 2 行）
> head(base.dat,2)
  kousui wind.speed air.pressure sitsudo
```

```
1       0       1.7         1013.6      76
2       0       1.1         1013.5      80
> plot(air.pressure, wind.speed,xlab="Air pressure (hPa)",
+ ylab="Wind speed (m/s)")
# 条件付き散布図（傾向を lowess() で推定）
> coplot(wind.speed ~ air.pressure | sitsudo, data=base.dat,
+ xlab=c("Air pressure (hPa)", "Sitsudo (%)"),
+ ylab="Wind speed (m/s)",
+ panel = function(x,y, ...) panel.smooth(x,y,span = .8,
+ lty=c(2),lwd=c(2)))
```

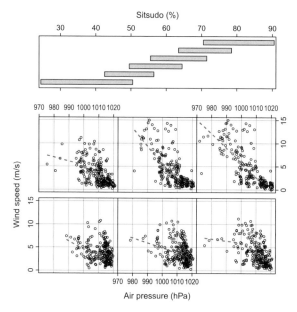

図 4.5　湿度を条件とした風速と気圧間の条件付き散布図

　図 4.5 は，湿度の値を条件としたときの風速と気圧に関する coplot() の実行例を示している．上段は条件とする湿度の階級を示し，25 % から 50 %，約 40 % から 55 %，…，70 % から 90 % までの合計 6 つのクラスがある．各クラスで示された湿度の範囲ごとに気圧と風速の 2 次元データを取り出して散布図を描いた結果が下段に示された 6 つの図に対応しており，左下より右方向へ 25 % から 50 %，約 40 % から 55 %，50 % から 65 %，…，左上より右方向へ 55 % から 70 %，… の

各散布図を示している．また，各散布図内に示される点線は散布図の傾向を推定した結果で，オプション panel で関数 panel.smooth() を指定すると，このなかで関数 lowess() を呼び出して傾向を推定する[3]．図 4.5 の各散布図で推定された点線を観察すると，湿度が高くなるほど風速と気圧の間の変化の傾向が変化していることが理解できる．風速と気圧の間の関係性を推定する際には，これらの変数以外に湿度の変化も考慮に入れて分析すべきであることをデータは示唆している．

4.1.5 対数散布図

散布図には曲線的な傾向が強い場合も起こりうる．相関係数は直線的な傾向を関係性の強さとして測るため，曲線的な傾向を示す 2 次元データから相関係数を求めると低くなる[4]．散布図に曲線的傾向がある場合には，観測データに適当な**対数変換**を施すことにより両者の傾向がより直線的になり，その結果として相関係数が高くなる場合がある．この変換は，すべてのデータが正値をとる場合に各データの対数をとった値を求め，これらを用いて散布図を描くと，相関がより高くなることがある．このようにデータの対数値を片方の軸，あるいは両方の軸にとって描いた散布図として**片対数散布図**や**両対数散布図**などがある．

湿度と蒸気圧に関する 2 次元データに基づいて，対数散布図を描くためのプログラム例を以下に示す．ベクトルの各要素の自然対数の値を関数 log() を用いて計算し，これを新たなベクトルとして定義した後，plot() を実行することで対数散布図が表示される．

```
> par(mfrow=c(2,2))
# 湿度と蒸気圧の散布図
> plot(sitsudo, jyoukiatsu, xlab="sitsudo", ylab="jyoukiatsu",
+ main="rho=0.59")
> cor(sitsudo, jyoukiatsu)
[1] 0.5927209
# 湿度と（蒸気圧の対数）の片対数散布図
> plot(sitsudo, log(jyoukiatsu), main="rho=0.61",
```

---

[3] lowess() はデータの傾向を推定するために平滑化 (smoothing) を行う関数である．4.1.6 項を参照．

[4] 因果関係の高い 2 変量の場合，両者の傾向は直線的であるとは限らないため，相関係数は小さくなる傾向がある．理論的には無相関となる可能性もあるので，注意が必要である．

```
+ xlab="sitsudo", ylab="log(jyoukiatsu)")
> cor(sitsudo, log(jyoukiatsu))
[1] 0.6110315
# (湿度の対数) と (蒸気圧の対数) の両対数散布図
> plot(log(sitsudo), log(jyoukiatsu), main="rho=0.61"
+ xlab="log(sitsudo)", ylab="log(jyoukiatsu)")
> cor(log(sitsudo), log(jyoukiatsu))
[1] 0.6056559
```

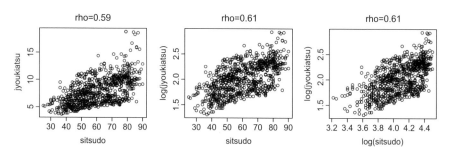

図 4.6   湿度と蒸気圧間の片対数散布図と両対数散布図

　図 4.6 は実行結果を示しており，左側より順に，湿度と蒸気圧間の散布図，湿度と「蒸気圧の対数」間の片対数散布図，「湿度の対数」と「蒸気圧の対数」間の両対数散布図を示している．湿度と蒸気圧の散布図をみると，湿度が 80 パーセントの前後で変化の傾向が変化しており，その結果，全体的にはやや曲線的な傾向として観察される．そこで，これらの変数の一方，または両方のデータを対数変換して対数散布図を描くと，湿度と蒸気圧間の散布図に比べて傾向がより直線的になったように観察される．実際，3 つの散布図の相関係数がそれぞれ 0.59, 0.61, 0.61 となり，変換されたデータに基づく相関係数がより 1 に近づいていることからも裏付けられる．

4.1.6　データの平滑化

　散布図に基づいてデータの傾向を可視化する方法を紹介してきたが，データがもつ属性によっては，その傾向をより効果的に示すことのできる可視化の方法もある．例として，変量の値を一定時間ごとに観測した**時系列データ**[5]を取り扱うことにす

---

[5]時系列データの分析法については第 5 章で紹介する．

る．このデータを可視化する際には，横軸に時間，縦軸に観測値をとって折れ線グラフを描くことが一般的である．この時系列データの傾向の変化をデータから推定する方法として**平滑化** (smoothing) がよく知られている．

　この方法の基本的な考え方は，時点ごとにその周辺にある部分的なデータの平均値を求めながら，平均値の系列を求めていくというものである．平均値は各時点の周辺のデータを用いて求めており，時点を1つずらしたときに更新されるデータは両端の2つだけであるから，平均値自体は大きく変化しにくい．この操作を繰り返して，得られた平均値の変化は緩やかであり，これが傾向の滑らかな推定値を与える．ただし，この滑らかさの度合いは，平均値を求める際の部分的なデータの数をどの程度とるかに依存する．そして，その数は時系列データの変化の度合いに依存する．

4.1.7　R による時系列データの平滑化

　時系列データを平滑化するために R 環境で用いられる関数としていくつかのものがあるが，このなかの1つとして lowess() がある．平均値をとるデータの値を，全データ数に対する比率として，この関数のオプション f で与える．

　気圧の時系列データを lowess() を用いて平滑化するためのプログラム例を以下に示す．全体の5分の1のデータを用いて平均をとりながら傾向を推定し，観測データと重ね描きする形で平滑化の結果を出力する．lowess() を実行した結果を ap.lowess というオブジェクトへ出力すると，平滑化の過程で得られたさまざまな結果が ap.lowess にリスト[6]の形で格納される．データを平滑化した値は，このなかの y という名前のリストにベクトルとして保存されている．このオブジェクトから平滑化された結果を取り出すためには，記号 $ を用いて ap.lowess$y と指定する．ap.lowess$y はベクトルであるから，これを plot() で指定すると平滑化された結果がプロットされる．

　気圧の時系列データに平滑化した結果を描く場合には，気圧のデータを plot() で実行した結果と，平滑化した結果をプロットした結果を重ね描きする．このように2つの作画関数を重ね描きする場合には，2つの作画関数の間に par(new=T) を実行する[7]．複数の作画関数を実行する場合，2つの出力結果の横軸や縦軸の範囲

---

[6]2.2.6 項を参照.
[7]curve() などのように，重ね描きをオプションで指定できるものもある.

の設定が各関数で独自に行われるために不統一となる可能性が高い. これを回避するためには, 両方の作画関数でオプション xlim, ylim を同じ範囲にして指定する必要がある. また, それぞれの作画関数で x 軸, y 軸, 表題に与える文字列についても独自に表示される可能性があるので, xlab, ylab, main で指定する必要がある[8]. たとえば, 最初のプロットを実行する際には xlab=""として軸名に空白を挿入し, 平滑化した結果をプロットする際の xlab で出力する文字列を入力するとよい.

```
# CSV ファイルの入力
> kisyou.dat <- read.csv(file="c:/データ/kisyou.csv")
# データを 600 個とる
> n.max <- 600
# 気圧のデータは 6 列目
> ap <- kisyou.dat[1:n.max, 6]
# 平滑化関数 lowess() の結果を ap.lowess へ
# 全体の 1/5 のデータを用いながら平滑化
> ap.lowess <- lowess(ap, f=1/5)
# 気圧の時間変化をプロット
> plot(ap, type="l", xlim=c(0,n.max), ylim=c(min(ap),max(ap)),
+ xlab="", ylab="")
# 平滑化した結果を重ね描き
par(new=T)
# 平滑化した気圧データ ap.lowess$y をプロット
> plot(ap.lowess$y, type="l", lwd=c(2), lty=c(4), col="red",
+ xlim=c(0,n.max), ylim=c(min(ap),max(ap)), xlab="time point (hour)",
+ ylab="Air pressure (hPa) ", main="f=1/5")
```

図 4.7 は上記の実行結果を示している (実線は風速の観測値, 破線は平滑化された結果). この例では $f = \dfrac{1}{5}$ をしており, データ全体の 5 分の 1 のデータを用いて平均を計算する. データ数が 600 であるから $600 \times \dfrac{1}{5} = 120$ となり, 120 時間 (= 5 日間) の時間幅で平滑化したときの結果となる.

次に, 平均をとる際の時間幅が平滑化の結果にどのような影響を与えるかを調べてみよう. 上記のプログラムにおいて, オプション f の値を 100 分の 1, 5 分の 1,

---

[8] 2.3.8 項のプログラム例を参照.

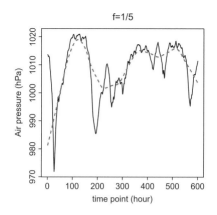

図 **4.7**　風速のデータを平滑化した結果の例

2 分の 1，4 分の 3 の 4 通りに変えて推定した結果を図 4.8 に示す.

　f の値が小さいほど，平均に用いられるデータ数が少なくなるため平均値は各時点の観測値に近くなる. 一方で，f の値が 1 に近づくほど平均値を求めるデータの数が多くなり，平均値は各時点の値から離れる. この結果，f の値が 0 に近くなるほど平滑化された曲線は元のデータの変動に近くなり，f の値が 1 に近くなるほど平坦な直線に近づく.

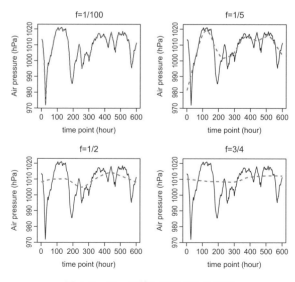

図 **4.8**　データ数と平滑化との関係

4.2　データに基づく関係性のモデル化

4.2.1　統計モデルとは

　前節で紹介した分析の結果,「変量間の関係性が高い」と評価された場合に, 観測データに基づいてこの関係性を具体的に記述することはできるのだろうか. この節では, 観測変量間の関係性をデータに基づいて直接表現するための方法について紹介する.

　一般に, **モデル** (模型) とは対象を模倣したもののことをよぶ. モデルはその目的によって精密に模倣されることが望ましいこともあるが, ここで考えるモデルは「対象がもつ構造の特徴をできるだけ簡潔な形で抽象化し, できるだけ把握しやすい形で模倣するもの」である. モデルを考える 1 つの例として, 道路地図を考えてみよう. 地理的な情報を完全に網羅して紙面に表した地図が存在するとき, この地図は情報量の多さという観点からは完全である. しかし, 行き先を調べる用途には細かすぎて, 実際に利用する観点からはかえって不便となることも考えられる. 利用者の目的にあった情報を明解に示すことで, 使用しやすいものとなる.

　さて, 現象の調査や計測で得られたデータの構造に基づいて, 不確実な現象のメカニズムを簡潔に説明するためのモデルを考えることにする. このようなモデルは, 観測データを用いた統計的な推定を通してモデルの形が具体的に決まることから, **統計モデル** (statistical model) とよばれる. また, 現象の観測データに基づいて統計モデルを構築することを**モデル化** (modeling) とよぶことが多い.

　図 4.6 で紹介した各気象観測ステーションで得られた蒸気圧と湿度の観測データを例にとり, 両者の関係をモデル化してみよう. 蒸気圧と湿度の相関係数は 0.59 であり, 正の相関が認められる. したがって, 湿度の値を横軸, 蒸気圧の値を縦軸とした散布図の傾向を直線で表しても問題がないと考えることができる. そこで, 散布図に表れた蒸気圧と湿度の間の傾向について,「直線の式」として以下のように表してみよう.

$$蒸気圧 = a + b \times 湿度 \tag{4.3}$$

　ここで, a は直線の切片項 (intercept), b は直線の傾き (slope) を表す係数である. (4.3) 式は蒸気圧と湿度の間に直線的な関係が成立するということではなく,「各観測ステーションで観測された湿度の観測データを b 倍して a を加えると, 該当

するステーションで得られた蒸気圧の観測データの傾向をよく近似できる」ことを意味する. 蒸気圧と湿度の観測データが直線的に変化していく傾向をデータを手がかりとして推定することを目的としており, 湿度の観測データより蒸気圧の値を精密に説明することを目標としているわけではないことに注意する. (4.3) 式は, 湿度の観測値が一定の比率で増加すると, 蒸気圧の値も一定の比率で増加する傾向を記述したもので, **線形モデル** (linear model) とよばれる. 統計学では**線形回帰モデル** (linear regression model) とよばれることが多く, 蒸気圧のように「説明される変量」のことを**被説明変数**, 湿度のように「説明する変量」のことを**説明変数**とよぶ.

(4.3) 式の係数 a と b として妥当な値は散布図の特徴によって異なるため, 観測データを基にして定める必要がある. このため, a や b の値は未知と仮定し, 蒸気圧と湿度の 2 次元データに基づいて統計的に推定することが行われる. 推定のための方法としてさまざまなものが知られているが, 代表的な方法の 1 つとして**最小 2 乗法**がある. 蒸気圧を変数 Y, 湿度を変数 X で表す. また, X と Y に関して n 個の 2 次元データ $(x_1, y_1), \ldots, (x_n, y_n)$ が得られているものとする. いま, 変数 X の各観測値を用いて

$$Y = a + bX$$

によって変数 Y の各観測値を推定するとき, 推定された値とデータの値との差に関する平方和が最も小さくなるような (a, b) の値を得るための量を**最小 2 乗推定量**とよぶ. 具体的には, 上記で推定した Y の推定値と実際のデータとの差に関する平方和を

$$S(a, b) = \sum_{i=1}^{n} (y_i - a - bx_i)^2$$

と a と b に関する関数と考えたとき, $S(a, b)$ が最小となるときの a と b を解析的に導出する. これは, $S(a, b)$ を a と b でそれぞれ偏微分した結果を 0 とおいた連立方程式を解くことにより求めることができる. この連立解は 2 次元データ (x_i, y_i) $(i = 1, \ldots, n)$ に関する式として得られ, データを代入すると a や b の推定値を求めることが可能となる. (4.3) の a と b に関する最小 2 乗推定量は以下で与えられる[9].

---

[9]最小 2 乗法の推定量を解析的に導出する過程については, 4.3.2 項を参照.

$$\hat{b} = \frac{(蒸気圧と湿度の共分散)}{(湿度の分散)} \tag{4.4}$$

$$\hat{a} = (蒸気圧の平均値) - \hat{b} \cdot (湿度の平均値) \tag{4.5}$$

$\hat{b}$ を用いて[10]蒸気圧と湿度の 2 次元データより未知の傾き b の推定値を求めた後,$\hat{a}$ を用いて蒸気圧と湿度の各平均値,および b の推定値より切片項 a の推定値を計算することにより,散布図の傾向が推定できる.

4.2.2 R 環境下でのモデル化 (lsfit())

R 環境では,モデルを推定するためにいくつかの関数が用意されているが,ここでは関数 lsfit() を紹介する.蒸気圧のデータを入力したベクトルを Y,湿度のデータを入力したベクトルを X とする.このとき,lsfit(X,Y) を実行すると,モデル (4.3) の未知係数である a と b を $\hat{a}$ と $\hat{b}$ を用いてそれぞれ推定する.なお,括弧内に記述するベクトルの順番を lsfit(Y,X) と逆に指定すると,モデル (4.3) ではなく

$$湿度 = a + b \times 蒸気圧 \tag{4.6}$$

と異なるモデルを推定することになるので注意が必要である.lsfit() を用いて (4.3) を推定するプログラムの例を以下に示す.

```
# 散布図をプロット
> plot(sitsudo, jyouki, xlab="sitsudo (%)", ylab="jyoukiatsu (hPa)")
# モデル (4.3) を推定して結果を reg.res へ出力
> reg.res <- lsfit(sitsudo, jyouki)
#  係数の推定値を表示
> coef(reg.res)
Intercept        X
1.7650004 0.1012878
# 推定された直線を散布図上に描画
> abline(reg.res, lty=c(1), lwd=c(2), col="red")
```

2 つのベクトル sitsudo と jyouki に湿度と蒸気圧の観測データがそれぞれ入力されているものとする.lsfit(sitsudo, jyouki) を実行し,この結果を reg.res

---

[10]$\hat{b}$ は b の推定量を表し,「ビー・ハット」とよぶ.

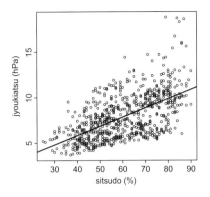

図 4.9　モデル (4.3) による蒸気圧の推定結果

へ入力すると，a, b の係数の値を推定した後，推定の過程で得られたさまざまな結果が reg.res へ入力される．推定値は reg.res に対して関数 coef() を実行すると表示される．実行結果より，最小 2 乗法によって推定されたモデルは

$$湿度 = 1.765 + 0.1 \times 蒸気圧$$

となる．関数 abline() で reg.res を指定すると，推定されたモデルを用いて直線の推定結果を計算して散布図の上に描く．図 4.9 は推定結果である．この散布図は湿度が 80 パーセントの前後で傾向の特徴がやや変化しており，曲線的な傾向がある．このため，推定された直線は湿度が 80 パーセント以上になると推定の精度が低下する．

　上記の関係を対数散布図としてみると，両者の直線的な関係がより高くなることは図 4.6 でもみたとおりである．片対数散布図の場合，この結果は「蒸気圧の対数値」と「湿度」の観測間でみると直線的な傾向がより強くなることを意味するから，このモデル化を行うと上記で推定されたモデルよりもより高い精度で傾向を推定できるのではないかと期待される．そこで，次のモデルを考えてみる．

$$\log(蒸気圧) = c + d \times 湿度 \tag{4.7}$$

　log(jyouki) はベクトル jyouki 内のデータを対数変換した値を要素とするベクトルを生成する．プログラム例を以下に示す．

```
# 対数散布図をプロット
> plot(sitsudo, log(jyouki), ylab="log(jyoukiatsu) (hPa)",
+ xlab="sitsudo (%)")
# モデル (4.7) を推定して結果を reg2.res へ出力
> reg2.res <- lsfit(sitsudo, log(jyouki))
#   係数の推定値
> coef(reg2.res)
 Intercept            X
1.23606208 0.01291909
# 推定された直線を対数散布図へ重ね描き
> abline(reg2.res, lty=c(1), lwd=c(2), col="blue")
```

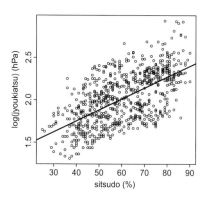

図 4.10　モデル (4.7) による蒸気圧の推定結果

　図 4.10 はこのモデルの推定結果を示したものである．蒸気圧のデータに対数変換を施すことにより，図 4.9 の散布図に比べて直線的傾向は強くなる．この散布図の傾向を直線のモデルで推定しているため，推定された直線が散布図の傾向をより精度よく推定できることは容易に予想できる．

4.2.3　R 環境下でのモデル化 (lm())

　次に関数 lm() を用いてモデル化を行う際の方法について紹介する．この関数は lsfit() と同様にモデルの推定を行う関数であるが，lsfit() よりも詳細な推定の情報を提供するばかりでなく，より広範なクラスのモデルも推定できる．変量 Y のデータを含むベクトル Y，変量 X のデータを含むベクトル X があるとき，両者の

傾向をモデル $Y = a + b \cdot X$ を用いて推定する際には，次のように実行する．

```
lm(Y ~ X)
```

ここで，Y ~ X はモデル式とよばれ，この関数でモデルを記述する際の標準的な表記である (この表記で，切片項 a と勾配 b の両方を含むモデルと認識されることに注意する)．lm() を実行すると，モデルの推定に関するさまざまな結果を報告する．変数 X, Y を指定する順番が lsfit() とは逆になることに注意する．lm() の結果をオブジェクトに出力すると，推定の過程で得られた結果を格納する．このオブジェクトを関数 summary() で指定して実行すると，詳細な推定結果を報告する．

プログラム例を以下に示す．身長と座高のデータの 2 次元データ (データ数は 136) に基づいて，下記のモデル

$$身長 = a + b \times 座高 \tag{4.8}$$

を関数 lm() を用いて推定する．身長のデータをベクトル height に，座高のデータをベクトル zakou に入力する．(4.8) を推定するモデル式を以下のように lm() で指定する．

```
lm(height ~ zakou)
```

この実行結果を est.res というオブジェクトに出力し，このオブジェクトを用いて関数 summary() を実行すると，モデルの推定に関する詳細な推定結果が報告される．

```
# 身長と座高の相関係数
> cor(height, zakou)
[1] 0.7557429
# lm() を用いて「身長 = a + b×座高」を推定
> est.res <- lm(height ~ zakou)
# 推定結果の詳細を表示
> summary(est.res)

Call:
lm(formula = height ~ zakou)
```

```
Coefficients:
            Estimate Std. Error t value Pr(>|t|)
(Intercept) 49.87582    8.81867   5.656 8.99e-08 ***
zakou        1.30959    0.09803  13.359  < 2e-16 ***
---
Signif. codes:  0 '***' 0.001 '**' 0.01 '*' 0.05 '.' 0.1

Residual standard error: 3.637 on 134 degrees of freedom
Multiple R-squared: 0.5711,  Adjusted R-squared: 0.5679
F-statistic: 178.5 on 1 and 134 DF,  p-value: < 2.2e-16
```

推定結果をみてみよう．Coefficients は (4.8) に含まれる未知の係数 a, b の値を観測データから統計的に推定した結果の一覧を示しており，Intercept は切片項である a，zakou は傾きである b を意味する．Estimate と示されている列は a と b の推定値を示す．これらはそれぞれ 49.88 と 1.31 であるから，傾向を表すモデルは

$$身長 = 49.88 + 1.31 \times 座高$$

となる．ただし，a と b の値はあくまでも推定値であり，観測データの偶然変動による不確実性が伴う．このため，「a や b の推定値が誤差の範囲を越えて (**有意に**) 0 から離れた値となるか否か」という点に関して，それぞれ以下の仮説検定を実施することを意味する[11]．この検定は，a, b について以下の検定を適当な有意水準の下で実施する．

$$H_0 : a = 0, \qquad H_1 : a \neq 0$$
$$H_0 : b = 0, \qquad H_1 : b \neq 0$$

対立仮説 H_1 の形より，a や b の推定値が 0 から十分大きい場合と十分小さい場合において棄却する両側検定である．この検定を行うための検定統計量 T は t 分布に従うことを利用して，観測値から計算された T の値が t value に，p 値が Pr(>|t|) にそれぞれ示される．これらの結果に基づいて検定を実施することができる．

検定統計量 T は，推定量 $\hat{a}, \hat{b}$ の値 (推定値) を Std.Error で示される $\hat{a}$ や $\hat{b}$ の標準偏差 (**標準誤差**) の値で割った量である．T が自由度 134 $(= 136 - 2)$ の

---
[11]この仮説検定の考え方と，標準誤差，t 値，p 値の定義については，4.3.5 項を参照．

t 分布に従うことを利用して，検定を実施する．自由度 134 の t 分布において，$P(T > t_{0.025}) = 0.025$ となる点である上側 2.5 パーセント点 $t_{0.025}$ の値を関数 qt() を実行して調べると 1.96 であり，切片項 a に関する t 値は 5.656，座高にかかる係数 b の t 値は 13.359 で，いずれも $t_{0.025}$ の値よりも大きい．また，p 値は a, b ともにほとんど 0 に近い値となっており，明らかに 0.05 よりも小さいから，a と b の推定値はともに 0 とは有意に異なると評価される．この結果は「切片項や座高の観測値は身長の観測値の傾向を説明する上で無視できない」ことを示している．

このモデルによって，散布図に示される実際のデータの分布状態をどの程度よく説明できるかを測る尺度の 1 つとして，Multiple R-squared に示される**決定係数がある**[注12]．一般に，決定係数は 0 から 1 までの値をとり，すべてのデータが直線状況では相関係数が 1 になるから決定係数も 1 となり，無相関の場合に直線を推定した状況のときには，相関係数が 0 となるから決定係数も 0 となる．したがって，決定係数が 1 に近い値をとるほど，推定された直線の説明力 (座高の観測値から身長の観測値をどの程度説明することができるか) は高くなると評価される．

lm() で推定された直線を描く方法について，2 つのプログラム例を示す．1 つの方法は，lsfit() の推定結果を可視化する際に用いた関数 abline() を実行する方法であり，もう 1 つの方法は，散布図と推定結果とを par(new=T) を用いて重ね描きする方法である．関数 curve() は括弧のなかに x の関数を指定することにより，その概形を描く．lm() の実行結果をオブジェクト est.res に入力すると，推定の過程で得られたさまざまな結果がリストの形で入力され，その一覧は関数 names() で確認することができる．a, b の推定値は，このなかの "coefficients" のなかにベクトルとして記録されているから，est.res$coefficients[1] と実行すると，値を取り出すことができる．そこで，a と b の推定値を est.int と est.coef に入力した後，x の関数 est.int+est.coef*x を関数 curve() のなかで指定して実行すると，推定結果を描くことができる．推定結果を図 4.11 に示す．

```
# lm() を用いて「身長=a＋b×座高」を推定
> est.res <- lm(height ~ zakou)
# lm() で出力される情報の一覧を表示する
> names(est.res)
```

[注12] 決定係数の定義とその数学的背景については，4.3.3 項を参照.

```
[1] "coefficients"  "residuals"     "effects"      "rank"
[5] "fitted.values" "assign"        "qr"           "df.residual"
[9] "xlevels"       "call"          "terms"        "model"
# "coefficients"のなかに推定値がベクトルとして含まれている
> est.res$coefficients
(Intercept)         zakou
  49.875818      1.309595
# 推定結果の表示方法1（abline()を用いる）
> plot(zakou, height, xlab="Sitting height (cm)",
+ ylab="Height (cm)")
> abline(est.res, col="red", lwd=c(2), lty=c(2))
# 推定結果の表示方法2（重ね描き）
> plot(zakou, height, xlab="", ylab="", xlim=c(80.3, 96.8),
+ ylim=c(156.3, 181.7))
> par(new=T)
> est.int  <- est.res$coefficients[1]
> est.coef <- est.res$coefficients[2]
> curve(est.int+est.coef*x, col="red", lwd=c(2), lty=c(2),
+ xlim=c(80.3, 96.8), ylim=c(156.3, 181.7),
+ xlab="Sitting height (cm)", ylab="Height (cm)")
```

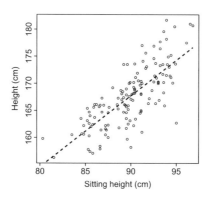

図4.11　座高から体長を推定した結果

4.2.4 多変量の統計モデル

前節で紹介したモデルは, ある変量 Y の観測値を 1 つの変量 X の観測値を用いて説明するもので, **1 変量モデル**, あるいは**単回帰モデル**とよばれるものである. この考え方を拡張して, 複数の変量の観測値を用いて 1 つの変量の観測値を説明するモデルを**多変量モデル**, あるいは**重回帰モデル**とよぶ. この節では重回帰モデルについて紹介する.

変量 Y に関する変化の傾向を, p 個の変量 $X_1, \ldots, X_p$ の各観測値を用いて説明する多変量モデルを以下のように定義する.

$$Y = a_0 + a_1 X_1 + \cdots + a_p X_p \tag{4.9}$$

ここで, a_0 は定数項, $a_1, \ldots, a_p$ は $X_1, \ldots, X_p$ の各変量が Y を説明するために影響を及ぼすことを示した係数であり, すべて未知とする. $p = 1$ のときにモデル (4.3) と一致するから, 多変量モデルは前節で検討した 1 変量のモデルを拡張したものである. 未知の係数 a_i $(i = 0, \ldots, p)$ の推定には 1 変量のモデルの場合と同様に, 最小 2 乗法による推定量を用いる[※13]. R 環境下で多変量モデルを推定する際には, 1 変量モデルと同様に関数 lm() を用いる.

気象庁アメダスの気象データを用いて多変量モデルの実際の推定例を示すことにする. 風速, 降水量, 気温, 日照時間, 現地気圧, 相対湿度の変量からなるデータセットを基にして, 風速の変化を説明する多変量モデルを推定する. 未知係数の最小 2 乗推定量は説明変量との相関係数と密接な関係がある[※14]ので, 説明力の高いモデル化を行うためには, 被説明変数 Y である風速と相関の高い変数を説明変数 X_i $(i = 1, \ldots, p)$ として選択する. そこで, 風速と上記の気象観測要因との相関係数を関数 cor() を用いて求めることにする.

降水量	気温	日照時間	現地気圧	相対湿度
0.44	0.12	-0.09	-0.62	-0.01
海面気圧	蒸気圧			
-0.62	0.14			

上記の結果は, 風速と各気象観測要因との相関係数の一覧である. 現地気圧

(-0.62), 海面気圧 (-0.62), 降水量 (0.44) の順に相関係数の絶対値は大きくなっていることから, 現地気圧と降水量を説明変数として考えることにする (海面気圧と現地気圧とはほぼ同様な変化を行うので, 現地気圧のみを説明変数として採用する). 風速の傾向を推定するモデルとして, 次の 2 つを考えてみることにする (a, b, c は未知の係数)[15].

(a) 1 変量モデル　風速 $= a + b \cdot$ 現地気圧

(b) 2 変量モデル　風速 $= a + b \cdot$ 現地気圧 $+ c \cdot$ 降水量

　2 つのモデル (a), (b) をそれぞれ推定するためのプログラム例と, 係数の推定結果は以下のとおりとなる. CSV ファイルから入力した行列 kisyou.dat の 1 列目, 2 列目, 6 列目に降水量, 風速, 現地気圧の観測値が入力されているものとする.

```
# (a) 1 変量のモデル
#     風速 = a + b×現地気圧
> kisyou.dat <- read.csv(file="c:/データ/kisyou.csv")
> kousui <- kisyou.dat[,1]    # 降水量は 1 列目
> ws <- kisyou.dat[,2]        # 風速は 2 列目
> ap <- kisyou.dat[,6]        # 現地気圧は 6 列目
> res <- lm(ws ~ ap)
> summary(res)
    (中略)
              Estimate  Std. Error  t value  Pr(>|t|)
(Intercept)   209.40052    10.60353    19.75  < 2e-16 ***
ap             -0.20353     0.01051   -19.36  < 2e-16 ***
---
Signif. codes:  0 '***' 0.001 '**' 0.01 '*' 0.05 '.' 0.1
    (中略)
Residual standard error: 2.392 on 598 degrees of freedom
Multiple R-squared:  0.3854,  Adjusted R-squared:  0.3844
F-statistic:   375 on 1 and 598 DF,  p-value: < 2.2e-16
# (b) 2 変量のモデル
# 風速 = p + q×現地気圧 + r×降水量
```

---

[15]モデルは現象を表示する 1 つの目安にすぎないので, 1 つに限る必要はない. 妥当性があるモデルはすべて推定を行い, そのなかで推定結果が最もよいと判断されるものを 1 つ選択するとよい.

```
> res2 <- lm(ws ~ ap + kousui)
> summary(res2)
   (中略)
                Estimate  Std. Error  t value Pr(>|t|)
(Intercept)    180.26422    10.85578   16.605  < 2e-16 ***
ap              -0.17488     0.01075  -16.268  < 2e-16 ***
kousui           1.49486     0.19861    7.527 1.93e-13 ***
---
Signif. codes:  0 '***' 0.001 '**' 0.01 '*' 0.05 '.' 0.1
   (中略)
Residual standard error: 2.288 on 597 degrees of freedom
Multiple R-squared:  0.4387,    Adjusted R-squared:  0.4368
F-statistic: 233.3 on 2 and 597 DF,  p-value: < 2.2e-16
```

推定結果は，それぞれ以下のようになる．

モデル (a)　風速 $= 209.4 - 0.2 \cdot$ 現地気圧

モデル (b)　風速 $= 180.3 - 0.17 \cdot$ 現地気圧 $+ 1.49 \cdot$ 降水量

いずれの結果も，未知の係数の推定値はすべて 0 から有意に離れていることが t 値や p 値の結果から確認できる．したがって，モデル (a) における気圧，およびモデル (b) における気圧と降水量は，風速の傾向を説明する上で無視できない影響を与えていると評価できる．推定されたモデルが風速の変化をどの程度説明できるかを示す決定係数の値は，変数の数が増えるほど増加する．このため，説明変数の数が異なるモデル間のあてはまりのよさを評価する場合には，Multiple R-squared に示される決定係数[16]ではなく，Adjusted R-squared に示される**自由度修正済み決定係数**を用いて評価する．モデル (a) は 0.384，モデル (b) は 0.437 となるから，モデル (b) のほうが風速のモデルとしてより適当であることを示している．

　推定されたモデルを用いて，実際の風速をどの程度推定できるかを検証してみよう．lm() を実行して推定されたモデルを用いて現地気圧や降水量のデータから風速を推定した結果は，lm() の実行結果を出力したオブジェクト res1, res2 を用いて関数 fitted() を実行するとベクトルとして得ることができる．この結果を出力する場合には，風速のデータを plot() を用いてプロットする．モデル (a) と (b)

---

[16]多変量モデル (4.9) に関する決定係数も 1 変量モデルの場合と同様に定義される．4.3.3 項を参照.

のそれぞれを用いて風速の推定結果を示すためのプログラム例を示す.

```
# モデル (a) の推定
> res1 <- lm(ws ~ ap)
# モデル (b) の推定
> res2 <- lm(ws ~ ap + kousui)
# モデル (a) の推定結果を表示 (重ね描き)
> par(mfrow=c(1,2))
> plot(ws, type="l", ylim=c(0,15), ylab="", xlab="")
> par(new=T)
> plot(fitted(res1), ylim=c(0,15), col="red", ylab="",
+ xlab="hours", main="model(a) (R^2=0.39)")
# モデル (b) の推定結果を表示 (重ね描き)
> plot(ws, type="l", ylim=c(0,15), ylab="", xlab="")
> par(new=T)
> plot(fitted(res2), ylim=c(0,15), col="red", ylab="",
+ xlab="hours", main="model(b) (R^2=0.44)")
```

　実行結果を図 4.12 に示す (黒線は風速の観測値の変化, 赤い点は推定されたモデルを用いた推定値). モデル (a) を用いた場合, 風速のおおまかな変化の傾向はある程度推定ができているようにみえるが, 風速が急激に変化する局面までを推定することは難しい. 一方, モデル (b) を用いた場合には, モデル (a) に比べて風速が急激に変化する局面においても推定できる傾向がみられる. したがって, 複数の変数をモデルの説明変数とすることにより, 風速の複雑な変化をより精度よく説明できる可能性が増すことがわかり, 自由度修正済み決定係数が示す値の特徴と整合する.

4.2.5　モデルの選択と AIC

　説明変数を複数導入することによって, 被説明変数の変化の傾向をより精度よく推定できる可能性があることがわかった. しかし, 推定されたモデルは現象を知るための 1 つの目安にすぎず, モデルを選択する可能性も無限にある. このため, データを入手できる観測変量の範囲で「被説明変数を説明する上で最も合理的なモデル」を選択することが, 被説明変数の精度の向上にとって重要となる.

　統計モデルにおいては, 説明変数を増やすほど被説明変数の変化をより説明する可能性は高くなるが, その一方で, モデルに含まれる未知係数の数が増えるため

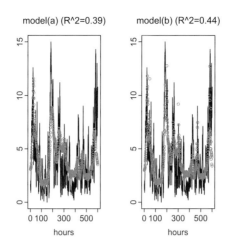

図 4.12　1 変量モデル (a) と 2 変量モデル (b) を用いた風速の推定結果 (カラー口絵参照)

に，未知係数を推定する際の「不安定性」が増大する[※17]．逆に説明変数の数を減らすと推定値の不安定性はなくなるが，被説明変数の説明力は低下する．この相反する関係を考慮に入れて，最も合理的なモデルを選択するための尺度が検討されてきた．その 1 つとして **AIC** (赤池情報量規準) がよく知られている．これは以下のように定義される量である．

$$\text{AIC} = -2 \times \text{モデルの最大対数尤度} + 2 \times \text{モデルのパラメータ数} \tag{4.10}$$

(4.10) において，右辺の第 1 項は観測値にモデルをあてはめた際の対数尤度の最大値であり，最尤推定量 (3.4.10 項の (C) を参照) を用いて求めた対数尤度の値を意味する．また，第 2 項はモデルの未知パラメータ[※18]に関する総数である．説明変数が増えると被説明変数の観測値をよりよく説明するため対数尤度が増加し，第 1 項の値は小さくなる．一方，説明変数が増えるほど未知係数の値は増えるから，第 2 項の値は大きくなる．AIC は両者の和であるから，この値が最小となるときのモデルが最適であると考えることができる．

　AIC の具体的な例として，4.2.4 項で取り上げた多変量モデル

$$Y = a_0 + a_1 X_1 + \cdots + a_p X_p$$

[※17]不安定な推定値を含むモデルを用いて未知の観測値に関する予測を行っても，その精度は期待できない．

[※18]モデルに含まれる未知の係数，および確率分布の特性値 (平均や分散など) を指す．

の AIC を実際に導出してみよう. 変量 Y, および p 個の変量 X_i $(i=1,\ldots,p)$ より n 個のデータ $(y_j, x_{1j}, \ldots, x_{pj})$ $(j=1,\ldots,n)$ が得られているものとする. いま, y_j について 4.3.2 項の (4.17) と同様に誤差項 e_j を導入して, 以下のように表すことにする.

$$y_j = a_0 + a_1 x_{1j} + \cdots + a_p x_{pj} + e_j$$

ここで, 誤差項 e_j は平均が 0, 分散が σ^2 の正規分布に従うと仮定する. このとき, e_j の確率密度関数は

$$f(z) = \frac{1}{\sqrt{2\pi}\sigma} \exp\left(-\frac{z^2}{2\sigma^2}\right)$$

で与えられる. 上記のモデルでは, 未知である係数 $(a_0, \ldots, a_p)$ と誤差項 e_j の分散 σ^2 を推定する必要がある. そこで, $\Theta = (a_0, a_1, \ldots, a_p, \sigma^2)$ を最尤推定法を用いて推定する.

尤度関数は Θ の関数として, 以下のように表される.

$$L(\Theta) = \left(\frac{1}{\sqrt{2\pi}\sigma}\right)^n \exp\left(-\frac{\sum\limits_{j=1}^{n}\left(y_j - a_0 - \sum\limits_{i=1}^{p} a_i x_{ij}\right)^2}{2\sigma^2}\right)$$

対数尤度関数は, 両辺の対数をとることにより

$$\log L(\Theta) = -\frac{n}{2}\log 2\pi\sigma^2 - \frac{1}{2\sigma^2}\sum_{j=1}^{n}\left(y_j - a_0 - \sum_{i=1}^{p} a_i x_{ij}\right)^2$$

である. $(a_0, a_1, \ldots, a_p)$ の最尤推定量は, $\partial \log L(\Theta)/\partial a_k = 0$ $(k=0,1,\ldots,p)$ とおいて得られる $(a_0, a_1, \ldots, a_p)$ に関する $(p+1)$ 本の式

$$n \cdot a_0 + \left(\sum_{j=1}^{n} x_{1j}\right)a_1 + \cdots + \left(\sum_{j=1}^{n} x_{pj}\right)a_p = \sum_{j=1}^{n} y_j$$

および

$$\left(\sum_{j=1}^{n} x_{kj}\right)a_0 + \left(\sum_{j=1}^{n} x_{kj} x_{1j}\right)a_1 + \cdots + \left(\sum_{j=1}^{n} x_{kj} x_{pj}\right)a_p = \sum_{j=1}^{n} y_j x_{kj},$$

$$k = 1, \ldots, p$$

の連立方程式の解として得られる. この解が未知係数の最尤推定量 $(\hat{a}_0, \hat{a}_1, \ldots, \hat{a}_p)$ である.

一方，σ^2 の最尤推定量は $\partial \log L(\Theta)/\partial \sigma^2 = 0$ とおくことにより，以下のように得られる．

$$\hat{\sigma}^2 = \frac{1}{n} \sum_{j=1}^{n} \left(y_j - \hat{a}_0 - \sum_{i=1}^{p} \hat{a}_i x_{ij} \right)^2$$

よって，Θ の最尤推定量を $\hat{\Theta} = (\hat{a}_0, \ldots, \hat{a}_p, \hat{\sigma}^2)$ とするとき，最大対数尤度は

$$\log L(\hat{\Theta}) = -\frac{n}{2} \log 2\pi \hat{\sigma}^2 - \frac{1}{2\hat{\sigma}^2} \sum_{j=1}^{n} \left(y_j - \hat{a}_0 - \sum_{i=1}^{p} \hat{a}_i x_{i,j} \right)^2$$

$$= -\frac{n}{2}(\log 2\pi + 1) - \frac{n}{2} \log \hat{\sigma}^2$$

こうして，このモデルの AIC は以下のように求められる．

$$\mathrm{AIC} = -2 \log L(\Theta) + 2(p+2)$$

$$= n(\log 2\pi + 1) + n \log \hat{\sigma}^2 + 2(p+2)$$

推定されたモデルに関する AIC の値は関数 `AIC()` を実行する．`lm()` などで得られたモデルの推定結果をオブジェクトに出力した後，このオブジェクトに対して `AIC()` を実行する．例として，4.2.4 項で用いた気象データに基づいて風速に関する 2 つのモデル

(a) 風速 $= b \cdot$ 現地気圧
(b) 風速 $= a + b \cdot$ 現地気圧

を考えたときに，両者の AIC を計算した例を以下にあげる．モデル (a) のように，切片項 a を含まないモデルを関数 `lm()` で推定する際は，括弧内に記述するモデル式の最後にオプション-1 をつける．2 つのモデルの AIC はそれぞれ 3052.8, 2753.5 となるから，より小さな値をとるモデル (b) のほうが相対的によいモデルと評価される[19]．

```
# モデル (a) の推定
> res1.noint <- lm(ws ~ ap-1)
# モデル (b) の推定
> res1 <- lm(ws ~ ap)
```

---

[19] AIC は決定係数とは異なるモデル選択の尺度であるから，決定係数の観点から最良と評価されるモデルとは必ずしも一致しない．

```
# 2つのモデルの AIC
> AIC(res1.noint);AIC(res1)
[1] 3052.773
[1] 2753.523
```

4.2.6 ステップワイズ法によるモデルの自動選択

AIC を用いてモデルを自動的に選択するための方法として，統計の世界では**ステップワイズ法**がよく知られている．この方法はモデルの説明変数の数を増加，あるいは減少させながら AIC が最も小さくなるときのモデルを探索する計算規則 (アルゴリズム) である．変数の数を増やしながら AIC が最小となるところでモデル選択の更新を停止する**変数増加法**，変数の数を少しずつ減らしながら同様にしてモデルを選択する**変数減少法**，変数の増加と減少を同時に行いながらモデルを選択する**変数増減法**がある．R 環境でステップワイズを実行するためには関数 step() を用いる．オプション direction で変数増加法の場合には forward，変数減少法の場合には backward，変数増減法の場合には both を指定することによりステップワイズ法が実行され，AIC が最小となるときのモデルを探索して報告する．

4.2.4 項で紹介した風速のモデル化について，ステップワイズ法を実行して推定したプログラム例と実行例を以下に示す．kisyou.dat のなかには気象観測項目として，降水量，風速，気温，日照時間，気圧，湿度，蒸気圧の 7 つの変数がある．このなかの風速 wspeed について，残る 6 つの変数に基づきステップワイズ法によるモデル化を行う．この例では，変数増加法によるモデル化による推定結果を示す．最初に，変数増加法を開始する初期のモデルとして最も変数の少ないモデルの1つとして「風速 = $a + b \cdot$ 気圧」を考え，a と b の値を推定した結果をオブジェクト res1 へ入力する．次に，res1 に対して関数 step() を実行する．オプションである direction で変数増加法 forward を指定する．また，停止する条件として，scope=list(upper= に続いて，説明変数の数が最大となるモデル式 (風速を除く6 変数をすべて含むモデル) を ~ に続けて記述する．こうして，1 変量のモデルより変数を増加させ，説明変数が最大となるモデルまでの範囲で AIC が最小となるモデルを探索する．この結果をオブジェクト res.stp に出力すると，モデルを選択する過程で得られた結果が記録される．この結果に対して summary() を実行す

ると，選択されたモデルの推定結果が lm() のそれと同様な形で出力される．

```
# kisyou.dat の先頭行を表示
> head(kisyou.dat, 3)
  kousui wspeed kion nissyou kiatsu sitsudo jyouki
1      0    1.7 10.1       0 1013.6      76    9.4
# 単回帰モデルの推定と AIC
> res1 <- lm(wspeed ~ kiatsu, data=kisyou.dat); AIC(res1)
[1] 2753.523
# 変数増加法によるステップワイズの実行
> res.step <- step(res1, direction="forward",
+ scope=list(upper= ~ kousui+kion+nissyou+kiatsu+sitsudo+jyouki-1))
# 選択されたモデル
> summary(res.step)
Call:
lm(formula = wspeed ~ kiatsu + kousui + sitsudo + kion + jyouki,
    data = kisyou.dat)

Residuals:
    Min      1Q  Median      3Q     Max
-9.1181 -1.3087 -0.2567  1.1096  8.4460

Coefficients:
             Estimate Std. Error t value Pr(>|t|)
(Intercept) 191.12861   11.73639  16.285  < 2e-16 ***
kiatsu       -0.17672    0.01160 -15.239  < 2e-16 ***
kousui        1.79055    0.20146   8.888  < 2e-16 ***
sitsudo      -0.16840    0.02852  -5.905 5.92e-09 ***
kion         -0.52431    0.11011  -4.762 2.41e-06 ***
jyouki        0.87549    0.19590   4.469 9.41e-06 ***
---
Signif. codes:  0 '***' 0.001 '**' 0.01 '*' 0.05 '.' 0.1

Residual standard error: 2.183 on 594 degrees of freedom
Multiple R-squared:  0.4919,    Adjusted R-squared:  0.4877
```

```
F-statistic:    115 on 5 and 594 DF,  p-value: < 2.2e-16
# 選択されたモデルの AIC
> AIC(res.step)
[1] 2647.319
```

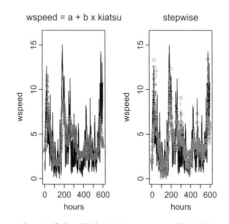

図 4.13　ステップワイズ法で推定されたモデルの推定結果 (カラー口絵参照)

　推定結果をみると，5 つの変数が自動的に選択され，すべての変数の推定値が有意に 0 とは異なることが t 値や p 値よりわかる．初期のモデルである「風速 $= a + b \cdot$気圧」の推定結果に基づく AIC は 2753.5 であるが，ステップワイズ法により選択されたモデルの AIC は 2647.3 と小さくなっており，後者のモデルが AIC の意味で改善されたことを示している．選択されたモデルを用いて風速の観測値の変化を推定した例を図 4.13 に示す．ここで，左図は 1 変量モデルによる推定結果，右図はステップワイズ法より選択されたモデルの推定結果を示している (丸い点が推定結果)．右図に示されたステップワイズ法で選択されたモデルは，急激な風速の変化に関する推定精度がさらに向上しているようにみえる．

4.2.7　統計モデルに基づく予測

　統計モデルは現象の分析においてさまざまな応用の可能性をもつが，その重要な例として**予測**や**補間**があげられる．リアルタイムに観測を続けるシステムにおいて，観測データに基づいて統計モデルを推定し，これに基づいて未観測の値を推定することを**予測** (prediction) とよぶ．理論的には，推定された統計モデルに基づい

て，新たに発生する値の確率分布，あるいはその代表値を求めることを意味する．モデルの推定に用いないデータの値を推定する予測方法は**外挿** (extrapolation) とよばれる．観測システムでは，観測機器の故障などで観測データが一時的に得られなくなり，データが**欠損** (missing values) する状況がしばしば発生する．このような場合に，欠損を除いたデータを用いてモデルを推定した後，このモデルを用いて未観測の欠損の値を推定する**補間** (interpolation) が行われる．

R環境でモデルの外挿を行うための例をあげる．4.2.3項で使用した高校1年生の身長，体重，座高を計測したデータを含むデータフレーム first (生徒の数は136) に基づいて，以下の手順で予測を行うことにする．

(i) 最初の100番目までの生徒の身長と体重のデータに基づいて，「身長 = a + $b \cdot$ 座高」のモデルを推定する

(ii) 続く101番目から136番目までの生徒の身長に関する予測値を (i) で推定されたモデルを用いて計算し，身長の実測値とどの程度一致しているかを調べる

まず，データフレームである first の先頭行から100行目までのデータを training.dat として，(i) のモデルの推定で使用する．また，続く101行目から136行目までのデータを test.dat として (ii) の予測で使用する．

```
# データフレームである必要がある
> head(first, 2); length(first[,1])
  height weight sitting.height
1  167.6   56.2           89.8
2  157.1   50.5           85.8
[1] 136
# モデルの推定に使用するデータ（先頭から100番目まで）
> training.dat  <- first[1:100,]
# 予測に使用するデータ（101番目から136番目まで）
> test.dat  <- first[101:136,]
```

次に，関数 lm() を実行して (i) のモデルを推定し，結果を est.res へ入力した後，推定されてモデルに基づいて予測値を計算する．4.2.3項でもみたとおり，係数 a, b の推定値は est.res\$coefficients にベクトルとして入力されている．推定

されたモデルは「身長 $= 49.55 + 1.31 \cdot$ 座高」であるから，test.dat[,3] に含まれる座高の予測データを代入すれば，身長の予測値が得られる．また，予測値は関数 predict() で求めることができる．括弧内にモデルの推定結果を含む est.res と予測期間のデータである test.dat を指定すると，予測値が自動的に計算される．

図 4.14 は，2 通りの方法で可視化を行った予測結果である．上段の図は，座高と身長の散布図で，モデルの推定に使用したデータを黒色で，身長の予測値を含むデータを赤色で挿入した．下段の図は，予測値が実際の観測値とどの程度一致しているかを調べた散布図であり，横軸は実測値，縦軸は予測値を意味する (点線は予測値と実測値が一致することを示す)．この点は関数 curve() を用いて散布図の上に重ね描きしている．curve() は第 3 章でもみたように，括弧内で x の関数を指定するとその変化を描画するが，この例のように「$Y = X$」のグラフを描く必要がある場合に curve(x) という関数の指定はできないことに注意する．そこで，X の値を入力すると $Y = X$ により Y の値を出力するユーザ関数[20]identical() を定義した後，この関数を x の関数として curve() の括弧内で指定している．

```
# 身長と座高間の相関係数
> cor(training.dat[,1], training.dat[,3])
[1] 0.7755679
# lm() を用いて「身長 = a + b × 座高」を推定
> est.res <- lm(height ~ sitting.height, data=training.dat)
# 推定値は est.res の"coefficients"にベクトルとして記録される
> est.res$coefficients
   (Intercept) sitting.height
      49.552481       1.313039
# 予測値の計算 1 (モデルへ代入)
> pred1.sh <-
+ est.res$coefficients[1]+est.res$coefficients[2]*test.dat[,3]
> # 予測結果の一部
> pred1.sh[1:5]
[1] 172.4530 164.1808 175.7356 169.8269 169.0391
# 予測値の計算 2 (関数 predict() を実行)
> pred2.sh <- predict(est.res, test.dat)
```

---

[20]ユーザ関数の定義の方法は，2.2.9 項を参照．

```
# 予測結果の一部
> pred2.sh[1:5]
      101        102        103        104        105
172.4530 164.1808 175.7356 169.8269 169.0391
# 身長と座高の最大値と最小値
> h.all <- range(c(training.dat[,1], test.dat[,1]))
> min.h <- h.all[1]; max.h <- h.all[2]
> zk.all <- range(c(training.dat[,3], test.dat[,3]))
> min.zk <- zk.all[1]; max.zk <- zk.all[2]
# 上下2段の図
> par(mfrow=c(2,1))
# A) 実測値と予測値を重ね描き
> plot(training.dat[,3], training.dat[,1], col="black",  xlab="",
+ ylab="", xlim=c(min.zk, max.zk), ylim=c(min.h, max.h))
> par(new=T)
> plot(test.dat[,3], pred1.sh, col="red", xlim=c(min.zk, max.zk),
+ ylim=c(min.h,max.h),xlab="Sitting height (cm)",ylab="Height (cm)")
# B) 実測値と予測値の一致の状態を散布図で示す
> plot(test.dat[,1], pred1.sh, xlab="height.newdata", ylab="predicted")
#    実測値と予測値が一致する点
> identical <- function(x){x}
> curve(identical, add=T, col="red", lty=c(2), lwd=c(2))
```

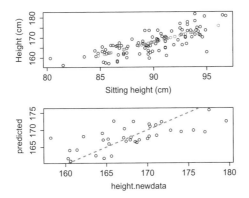

図 4.14　座高と身長の散布図 (上段) と身長の予測結果 (下段) (カラー口絵参照)

　実行結果を図 4.14 に示す．上段は座高と身長の散布図，下段は身長の実測値 (横軸) と予測値 (縦軸) の一致の状態を調べた図である．予測値は推定されたモデルを用いて計算しているので，推定された傾向の付近に分布しやすい．下段は身長の実測値と予測値をプロットした図であるが，予測値と実測値が一致することを示す点線の付近に予測結果が分布していることから，このモデルを用いた外挿は予測の効果がある程度あることがわかる．ただし，変量間に高い相関が認められない場合には，この効果が期待できないことに注意する．

4.2.8　非線形な傾向の推定

　これまでは線形モデルについてみてきたが，すべての現象の傾向が線形モデルで十分に表現できるというわけではない．図 4.15 は，マレーシアで 9 月に観測された気温と降水量の日次観測データを基に描いた散布図で，横軸は 1 日の平均気温 (度)，縦軸は 1 日の降水量 (mm) を示す．観測期間において激しい雨量を伴う「スコール」が定期的に降るため，降水量の変化が大きい．このような現象の散布図では，ある気温を境界として降水量が急激に低下する傾向を示す．

　図に示した点線は，気温と降水量の観測データより「降水量 $= a + b \cdot$ 気温」という線形のモデルを推定し，その変化をプロットした結果である．この点線は，気温が一定の比率で上昇すると降水量も一定の率で低下していくことを意味するが，実際の現象の傾向とは異なる．すなわち，気温が 27 度程度以下になると降水量が急激に上昇するという傾向を十分に捉えておらず，スコールの実態を十分に説明して

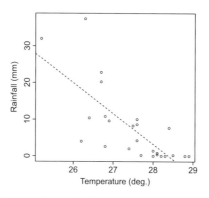

図 4.15　気温と降水量の散布図 (マレーシア)

いるとはいえない．このような場合に，散布図の傾向を直線ではなく曲線として捉えたほうがより自然な推定が期待できるかもしれない．しかし，曲線を表す方法は無数にあり，どのようにして推定したらよいかという問題が発生する．以下では，このように線形モデルでは十分に捉えることのできない傾向を**非線形** (nonlinear) な傾向の変化と考えて，観測データから推定するための基本的な方法についてみていくことにする．

　観測値がある値を境として急激に単調な増加，あるいは減少するような変化を取り扱う場合に**ロジスティック関数** (logistic function) を用いることが多い．以下では，次の 2 つのロジスティック関数を導入する．

$$f(x) = \frac{a}{1 + b \cdot \exp(-cx)} \tag{4.11}$$

$$g(x) = \frac{a}{1 + b \cdot \exp(cx)} \tag{4.12}$$

ここで，a, b, c は関数の変化を表すための未知係数 (パラメータ) である．

　例として，$(a, b, c) = (2, 1, 2)$ の場合の $f(x)$ と $g(x)$ の変化を図 4.16 に示す．$f(x)$ は横軸の変量の x の値が負値から正値に変化したとき，縦軸の変量の値が急激に増加し，$g(x)$ は同様にして急激な減少をする．また，x の値が正の方向へ十分大きくなると $f(x)$ の場合は 0 から a へ，$g(x)$ の場合には a から 0 へと変化するため，2 つの状態が切り替わる状況を関数で表す際に都合のよい特徴をもっている．このため，横軸の変量の観測値がある未知の境界値 (**しきい値** (threshold value))

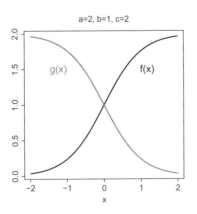

図 4.16 ロジスティック関数の例

を超えると，縦軸の変量の観測値が別の値へ変わるという特徴を，滑らかな関数を用いて表す[21] 際によく用いられる．この場合のしきい値は 0 であるが，平行移動した関数を考えることによって，0 以外のしきい値を考慮することもできる．

　散布図上のデータの傾向をロジスティック関数を用いて推定するにはどのようにしたらよいのだろうか．2 変数 (X, Y) より n 個の 2 次元データ $(x_1, y_1), \ldots, (x_n, y_n)$ が得られたとき，散布図の傾向を未知係数 (a, b, c) を用いて

$$Y = \frac{a}{1 + b \cdot \exp(cX)}$$

によって推定するときの (a, b, c) をどのようにして推定するかという問題である．直線的な傾向を最小 2 乗法によって推定する場合と同様に考えると，推定された誤差の平方和を (a, b, c) の関数とみた

$$S_1(a, b, c) = \sum_{i=1}^{n} (y_i - g(x_i))^2$$
$$= \sum_{i=1}^{n} \left(y_i - \frac{a}{1 + b \cdot \exp(cx_i)} \right)^2$$

が最小となるときの (a, b, c) を解析的に求めるとよく，$S_1(a, b, c)$ を a, b, c でそれぞれ偏微分して 0 とおいた式を連立することにより推定量が得られることになる．しかし，この連立方程式は線形ではないため，この連立解を陽に得ることは一般的に困難である．このため，$S_1(a, b, c)$ を最小にする (a, b, c) の解 (推定量) を直接求められない場合が多い．直線的な傾向を推定する場合は，2 次元データより最小 2 乗推定量を用いて推定できたが，非線形な関数で推定する際には同様な推定が期待できない．

　このような非線形な傾向を推定する場合には，計算機を用いて数値的な方法を用いて推定することが一般的である．具体的には，(a, b, c) の目安となる値 (**初期値**) を定義して，$S_1(a, b, c)$ が最小となる (a, b, c) の値をアルゴリズムを用いて数値的に探索する方法で推定を行う．

　基本的な探索の流れは次のとおりである．まず，(a, b, c) に初期値を代入して $S_1(a, b, c)$ の値を求める．次に，アルゴリズムに従って (a, b, c) の値を少し動かした後，そのときの $S_1(a, b, c)$ の値を求める．ここで，直前に得られた $S_1(a, b, c)$ の

---

[21] しきい値よりも大きい場合と小さい場合にそれぞれ 0 や a の値をとる階段型の関数を定義すればよいが，解析的には微分のできない点を含むために不都合な点が発生する．このため，端点を除く任意の x 上の点で微分可能となるように滑らかな関数が用いられる．

値との差がある基準よりも小さい場合には，(a, b, c) の値が**収束**したと判定し，そのときの (a, b, c) の値を推定値とする．また，そうでない場合には，再びアルゴリズムに従って (a, b, c) を動かして $S_1(a, b, c)$ の値を更新し，収束するかどうかを判定する．以上をまとめると次のような流れとなる．

(i) 散布図の特徴などを手がかりとして，(a, b, c) の初期値を与える．

(ii) 最適化のアルゴリズムを実行し，(i) で与えた (a, b, c) の近傍にある新たな (a, b, c) の値を求める．

(iii) (ii) の (a, b, c) による誤差平方和が (i) の場合より小さくなるかを調べる．この差がある基準値よりも小さければ (a, b, c) の推定値が**収束**したとみなし，(ii) で探索された (a, b, c) の値を推定値とする．

(iv) (iii) で求めた誤差平方和の差が，ある基準値よりも小さくならない場合には，探索された (a, b, c) の値を新たな更新値として，(ii) へ戻る．

数値的な最適化の方法には，解を直接的に求める方法ではなく，誤差平方和が小さくなる変化の差に着目する方法であることによる弱点がある．それは，初期値の与え方によって本来推定すべき真の解を探索できるとは限らない点である．たとえば，誤差の平方和がある未知係数に関して下に凸の 4 次関数となる場合，上記のアルゴリズムによって得られる点は，関数が最小値を与える点以外に，極小値を与える点もありうる．このため，初期値が最小値から大きく異なる値で与えられた場合には，後者の極小値のところが推定値 (**局所的最適解**) となる可能性が高くなる．このため，初期値の与え方が重要となる．

散布図の非線形な傾向を推定する際には，関数の特徴や実際にプロットされたデータの特徴をみながら，未知係数が合理的に推定されると考えられる初期値を与えることが大切である．例として，図 4.15 の傾向をロジスティック曲線 $g(x)$ を用いて推定してみる．まず，散布図に示されたデータの特徴から未知係数 (a, b, c) の初期値を決めることにする．$g(x)$ は x が負の方向に十分大きくなるとき a に近づくが，この散布図上では，この値は 30 前後の値と考えられることができるので，a の初期値を 30 としてみる．次に，残る 2 つの未知係数 (b, c) の初期値を決める．散布図上のデータの座標より，傾向を表す曲線が 2 点 $(26.5, 20)$，$(28, 5)$ を通ると考えて，これらを $g(x)$ に代入すると

$$\frac{30}{1 + b \cdot \exp(26.5 \cdot c)} = 20$$

$$\frac{30}{1 + b \cdot \exp(28 \cdot c)} = 5$$

各式を変形して

$$b \cdot \exp(26.5 \cdot c) = \frac{1}{2} \tag{4.13}$$

$$b \cdot \exp(28 \cdot c) = 5 \tag{4.14}$$

(4.14) を (4.13) で割ると $\exp(1.5c) = 10$ となるから，両辺の自然対数をとり

$$c = \frac{1}{1.5} \log 10$$

$$\approx 1.54$$

上記を (4.13) へ代入して

$$b \approx \frac{1}{2 \cdot \exp(26.5 \cdot 1.54)} \approx 9.5 \times 10^{-19}$$

が得られる．こうして，$(a, b, c) = (30, 9.5 \times 10^{-19}, 1.54)$ が初期値の1つとして得られる．

4.2.9　R によるロジスティック曲線の推定 *

　R 環境では，非線形な関数の未知係数を推定する関数として nls() がよく用いられる．この関数は，(a, b, c) の初期値を含むベクトルを定義して

**　　　nls(推定するモデル式, start=初期値を含むベクトル)**

を実行する．1つ目の引数である「推定するモデル式」は，関数 lm() のときと同様に推定するモデル式を指定する．

　前節で定めた (a, b, c) の初期値を用いて nls() でモデルを推定してみよう．R の実行例を以下に示す．rainfall は降水量，temp は気温の時系列データをそれぞれ要素とするベクトルとする．(a, b, c) の値をそれぞれベクトル a.init, b.init, c.init へ入力したとき，これを a, b, c の初期値とし，推定するモデル式を $g(x)$ に指定して nls() を実行する．この例では，nls() を実行した際に反復による解の収束が遅く，標準で設定されている反復回数の上限である 50 回を超えても収束したと判定されないためにエラーメッセージが表示される．ここでは，nls() のオプ

ションである control で反復回数の上限が 1000 回となるように指定して nls() を実行することによりエラーを回避している．nls() の実行結果を nls.est という名前のオブジェクトへ出力すると，係数の推定結果はこのオブジェクトに対して関数 coef() を実行することにより，ベクトルとして得ることができる．

```
# 初期値の設定
> a.init <- 30
> c.init <- 1/1.5*log(5)
> b.init <- exp(-26.5*c.init)
> nls3.est <- nls(rainfall ~ a/(1+b*exp(c*temp)),
+ start= list(a=a.init, b=b.init, c=c.init), trace=F)
# 収束の速度が遅いため，繰り返し数の上限に達してエラーとなる
 nls(rainfall ~ a/(1 + b * exp(c * temp)), start = list(a = a.init,
でエラー：    繰り返し数が最大値 50 を超えました
# 繰り返し数の上限を 1000 にして再度実行する
> nls.est <- nls(rainfall ~ a/(1+b*exp(c*temp)),
+ start= list(a=a.init, b=b.init, c=c.init),
+ control=nls.control(maxiter=1000), trace=F)
# 推定された (a,b,c) を表示する
> coef(nls.est)
           a            b            c
3.463829e+01 1.055763e-19 1.653551e+00
```

推定された散布図の傾向を可視化するためには，coef(nls.est)[1],...,coef(nls.est)[3] を (a, b, c) の各推定値を含むベクトルと考えて，ロジスティック関数 $g(x)$ をユーザ関数 logit() として定義する．次に，気温を横軸，降水量を縦軸にとった散布図の上に logit() の実行結果を curve() を用いて重ね描きする．

```
# ロジスティック曲線 g(x) の推定結果を可視化
#   logit は g(x) の値を計算するユーザ関数
#   coef(nls.est)[1] は推定結果のベクトルの最初の要素
#   (=> a の推定値)
> logit <- function(x){
+ coef(nls.est)[1]/(1+coef(nls.est)[2]*exp(coef(nls.est)[3]*x))
+ }
```

```
# 気温と降水量の散布図
> plot(temp, rainfall, ylim=c(min(rainfall), max(rainfall)),
+ xlab="temperature (deg.)", ylab="rainfall (mm)")
# 推定結果を重ね描き
> curve(logit, lwd=c(2), add=T, ylab="", col="red",
+ ylim=c(min(rainfall), max(rainfall)))
# 線形回帰モデルの推定結果を重ね描き
> lm.est <- lm(rainfall ~ temp)
> abline(lm.est, ylim=c(min(rainfall), max(rainfall)),
+ lty=c(4), lwd=c(2))
```

　プログラム例を実行して傾向を推定した結果を図 4.17 に示す．太線で示された曲線がロジスティック関数 $g(x)$ で推定された傾向，破線は線形回帰モデルで推定された直線の傾向を示す．曲線は直線の変化とは異なり，観測値の傾向の特徴をある程度考慮したものとなる．

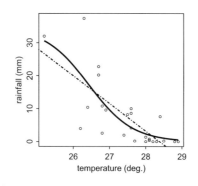

図 4.17 気温と降水量の散布図の傾向をロジスティック関数 $g(x)$ で推定した例

4.2.10　2 値データとロジットモデル

　前節で紹介したロジスティック曲線に基づく非線形な変化を推定する方法は，特殊な観測データのモデル化においても有効となる．図 4.18 は，図 4.15 で示したマレーシアにおける降水量の観測データについて，降水量の観測値が 0 (mm) のときに晴天の状態を 1，それ以外のときに晴天の状態を 0 とした **2 値データ** (binary data) の散布図で，横軸が気温 (度)，縦軸が晴天の状態を 0 と 1 で示した結果である．気温が高くなるにつれて，27 度から 28 度の間を境界として，晴天の状態が

0 (降雨) から 1 (晴天) へ切り替わる傾向があることが観察される.

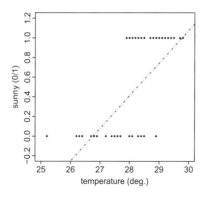

図 4.18 気温と晴天の状態 (2 値データ) の散布図

このデータより「晴天の状態 $= a + b \cdot$ 湿度」の線形モデルを推定した傾向を破線で示した. 前節の結果と同様に, 線形モデルに基づく推定結果は, 降水量が気温の増加とともに一定の比率で増加することを示すことになり, 降水量の変化の実態を適切に表しているとはいえない. そこで, ロジスティック関数を観測値にあてはめて 2 値データをモデル化する方法を考えることにする.

2 つの変量 X, Y に関する散布図の傾向を推定するために用いてきた線形モデルを数学的に表現する場合には, 個別のデータが傾向からずれた値を説明するために誤差項 ε を導入して, 以下のように表すことが一般的である.

$$Y = a_0 + a_1 X + \varepsilon$$

ここで, (a_0, a_1) は未知の係数, ε は平均が 0, 分散が σ^2 の正規分布に従う確率変数とする. 変量 X のデータ x が得られているときには, $X = x$ を条件とする Y の条件付き確率の分布に関する期待値が

$$E[Y|X=x] = a_0 + a_1 x \tag{4.15}$$

となるから, 左辺を Y の平均と考えて x に関する線形的な表現に基づいて推定を行ってきた. しかし, Y の観測データの状況によっては, (4.15) の右辺の表現が適当といえない状況も起こりうる. たとえば, 2 値データは 0 か 1 の二つの値しかとらないため, 取りうる値の範囲に制限がある. このような場合には, Y の平均を線形関数で表しても精度よく推定できないことが予想される. そこで, このような場

合に，前節で導入したロジスティック関数などを用いて傾向の変化を推定すること
を考える．

以下では，(4.15) を X に関する式として

$$E[Y|X] = a_0 + a_1 X$$

と表すことにする．左辺を散布図の傾向と考えて μ と表すとき，μ と右辺の説明変
数 X に関する線形式との関係を結び付ける μ の関数 $\phi(\mu)$ を導入して

$$\phi(\mu) = a_0 + a_1 X$$

と定義する．$\phi(\mu)$ は μ の変化を表す**リンク関数** (link function) とよばれ，この関
数を介してさまざまな μ の変化 (すなわち，Y の傾向) に関するモデルが X に関す
る線形式を用いて表現できる．たとえば，$\phi(\mu) = \mu$ と定義すれば線形モデル (4.15)
となるが，$\phi(\mu)$ に非線形な関数を定義すると，非線形なモデルも表すことができる．

いま，リンク関数 $\phi(\mu)$ を μ に関する**ロジット変換**

$$\phi(\mu) = \log \frac{\mu}{1 - \mu}$$

とした**ロジットモデル** (logit model)

$$\log \frac{\mu}{1 - \mu} = a_0 + a_1 X$$

を考える．このモデルは

$$\mu = \frac{1}{1 + \exp(-(a_0 + a_1 X))}$$

と等価であり，Y の傾向である μ を非線形なロジスティック関数で近似したモデル
となる．μ の値は，説明変数 X がどのような値をとっても 0 から 1 までの範囲の
値をとるから，Y が有限な範囲の値を必ず発生する場合でも，ロジスティック関数
を用いて矛盾のない値を推定することが期待できる．ただし，μ が 0 や 1 の付近の
値となる場合にはロジット変換した値が発散するため，未知係数の推定が難しくな
る短所がある．

Y が 0，または 1 の値しかとらない 2 値データの場合には，発生する値を確率と
捉えることにより，$Y = 0$，または $Y = 1$ となる確率が説明変数の観測値によって
どのように変化するかを説明するモデルとして利用することもできる．たとえば，
説明変量 X の観測値 x が得られている場合には，$Y = 1$ となる事象の条件付き確
率 $P(Y = 1|X = x)$ を

$$P(Y = 1 \mid X = x) = \frac{1}{1 + \exp(-(a_0 + a_1 x))}$$

とモデル化し，未知係数である (a_0, a_1) の推定を行うことにより，確率の値が得られる[22].

R環境でロジットモデルを推定する際には，関数 glm() を用いる．glm() は lm() の拡張版であり，Y の値がすべての実数値をとらず，一定の範囲で発生する特殊なケースや，平均や分散が変化するといった時間変化の構造をもつモデル化など，線形モデルのモデル化が不十分な場合のモデル化を可能にする機能を備えている．ロジットモデルは，glm() のリンク関数としてロジスティック関数を指定した場合にあたる．基本的な glm() の実行は以下のような形で行う[23].

```
glm(モデル式, family=binomial(link="logit"))
```

1つ目の引数であるモデル式は，lm() で指定するモデル式と同様の形式である．family はリンク関数を指定する．2値データの場合には binomial とした上で，具体的なリンク関数を指定する．2値データで利用できるリンク関数にはロジット関数 ("logit") の他にも，プロビット関数 ("probit")，補完重複対数関数 ("cloglog") などがある．

図4.18に示されたデータに対して，3つのリンク関数を用いたときの傾向を推定するプログラムを以下に示す．glm() を実行してモデルを推定した結果を est に出力する．各モデルの推定結果をプロットする際の横軸の値をベクトル x2 に入力し，モデルの説明変数の値として x2 を代入した結果を関数 predict() を用いて求める．オプションである list(temp = x2) は，temp に代入する値として x2 の各要素を用いる際に指定する．このオプションを省略した場合には，推定に使用された temp の値を代入した値が y2 に出力される．すなわち，関数 lm() を実行して推定されたモデルの値を計算する際に使用する fitted(est) と同じ結果が得られることに注意する．

実行結果を図4.19に示す．このデータの場合には推定結果がほぼ重なり，ほぼ

---

[22]未知係数 (a_0, a_1) の推定方法はいくつかあるが，最尤推定法によるものがよく知られている．4.3.6項を参照．

[23]モデル式を構成する kousui, temp の各データがベクトルに与えられていることを仮定している．データセットがデータフレーム構造をもつ場合は，オプション data でデータセット名を指定して，このなかに含まれる変数名をモデル式のなかで指定するとよい．

同じ推定ができるものとみることができる[24].

```
# 散布図
> plot(temp, kousui,
+ xlab = "temperature (deg.)",ylab = "sunny (0/1)",
+ xlim = c(25, 30),ylim = c(-0.2, 1.2),pch = 20)
# 以下の結果を重ね描きする
> par(new=T)
# 3 つのリンク関数
> keyword.list <- c("logit", "probit","cloglog")
> for(nn in 1:3){
+ # リンク関数を指定
+ nam <- keyword.list[nn]
+ # モデルの推定
+ est <- glm(kousui ~ temp, family=binomial(link = nam))
+ # 推定された曲線を描く
+ x2 <- seq(0, 30, 0.01)
+ y2 <- predict(est, list(temp = x2), type = "response")
+ lines(x2, y2, lty=c(nn), lwd = c(2))
+ }
```

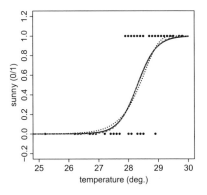

図 4.19　2 値データの傾向の推定 (ロジット関数，プロビット関数，補完重複対数関数)

---

[24] nls() は (重み付け) 最小 2 乗法で推定するが，glm() の標準的な実行では，反復再重み付け最小
2 乗法 (iteratively reweighted least squares method) によって推定される.

　未知係数 a_0, a_1 の推定結果は `lm()` のときと同様に `summary()` を実行すると表示される．ロジットモデルの推定結果の一部を示す．

```
> est.glm <- glm(kousui ~ temp, family=binomial(link = "logit"))
> summary(est.glm)

Call:
glm(formula = kousui ~ temp, family = binomial(link = "logit"))

（中略）

Coefficients:
            Estimate Std. Error z value Pr(>|z|)
(Intercept) -89.1029    24.7455  -3.601 0.000317 ***
temp          3.1479     0.8757   3.595 0.000325 ***
---
Signif. codes:  0 '***' 0.001 '**' 0.01 '*' 0.05 '.'

(Dispersion parameter for binomial family taken to be 1)

    Null deviance: 81.503  on 59  degrees of freedom
Residual deviance: 45.201  on 58  degrees of freedom
AIC: 49.201

Number of Fisher Scoring iterations: 6
```

　この結果より推定されたモデルは

$$P(Y = 1 \,|\, X = x) = \frac{1}{1 + \exp(89.10 - 3.15 \cdot x)}$$

となる (推定値と実際の係数の符号が逆転することに注意する)．`z value` は推定値 (`Estimate`) を標準誤差 (`Std. Error`) で割った値で，`lm()` における `t value` と同様のものである．また，`Pr(>|z|)` は p 値である．これらの結果の右側には `***` が示されており，気温の変化が晴天/降雨の状態を示す 2 値の変化へ有意な影響を与えていると評価される．

　推定されたモデルを用いて，`temp` の値から Y の発生確率を推定する際には `lm()`

と同様に関数 `fitted()` を用いる. この場合, $Y = 1$ と $Y = 0$ が切り替わる境界
となるのは, 確率が 0.5 となるときである. そこで, 発生確率が 0.5 となるときの
気温が何度になるかを調べてみる. 推定された確率の値はランダムに並んでいるた
め, これを関数 `sort()` を用いて最小値から昇順に並べ替えたとき, この値が 0.5
となるところを探すと, 先頭から 35 番目以降となることがわかる. そこで, `temp`
を昇順に並べ替えたときに 35 番目の値を調べると 28.3 度である. この値は非線形
な変化をする際のしきい値であり, 過渡的な現象の評価を行うための 1 つの情報と
なる.

```
# モデルを用いた推定値は fitted() で得られる
> prob.est <- fitted(est.glm)
# 確率の推定値を昇順に並べて 30 番目以降を表示
#   => 0.5 に達するのは 35 番目以降
> prob.sort <- sort(prob.est); round(prob.sort[30:40], 2)
   29   45   49   56    8    6    7   18   51   27   30
 0.34 0.34 0.34 0.34 0.42 0.50 0.50 0.50 0.50 0.57 0.57
# 気温を昇順に並べたときの 35 番目は 28.3 度
> sort(temp)[35]
[1] 28.3
```

4.2.11　質的データの線形モデル

　数量的な情報を意味する量的データをモデル化する方法についてみてきたが, 質
的データをモデル化することは可能だろうか. ここでいう質的データとは, 性別,
天気, アンケートの集計結果などのように, 限られた選択肢のなかから 1 つを選択
した結果のことであり, **カテゴリカルデータ**とよばれるものである. したがって,
質的データは必ずしも数値であるとは限らない. また, アンケートの選択肢を番号
で示したとしても, 単にカテゴリを振り分ける役割しかもたない場合もあり, 「1 よ
りも 2 のほうが大きい」といった数値間の順序関係が保証されるわけではない[25].

　これまでみてきた線形モデルや非線形モデルは, 説明変数と被説明変数のデータ
に数的な順序関係が成立していることを前提として検討されたものである. このた

---

[25]質的な変数は, カテゴリの順序関係に意味をもたない名義尺度と, 意味がある順序尺度に分類され
る.

め，上記のモデルをこの順序関係が必ずしも成立しない質的データに対して用いて
も意味のある結果が得られるのか，という疑問が発生する．結論から言うと，質的
データに順序関係が認められる場合と認められない場合で，異なる量的データのモ
デルを適用することができる．以下では，それぞれの場合について具体的にみてい
くことにする．

（a）　　名義尺度の説明変数に基づくモデル化

　高校 1 年生の男女に関する身長のデータを例にあげる．データセットは性別 sex
と身長 blength から構成される．性別は「男」「女」の 2 つのカテゴリからなり，
身長は計測値 (cm) である．

　blength のデータの変化が，性別の違いでどのような変化の影響を与えているか
について調べるため，性別のカテゴリを何らかの形で数値に変換したものを説明変
数，身長を被説明変数としたモデルによって分析したい．

```
> head(base, 5) # 最初の 5 行のデータを表示
  sex blength
1 男    167.6
2 男    157.1
3 女    174.0
4 男    165.4
5 女    149.1
> base$sex[1:5] # 性別は文字列データ
[1] "男" "男" "女" "男" "女"
```

　文字列データに自然数などを対応させる処理を行う場合には，性別のデータを関
数 factor() を用いて**因子型データ**として扱うと便利である．sex のデータに因子
型データの属性を与えた後，1 と 2 に数値化して分類する例を示す．

　この例では，因子型データの Levels の隣に 2 つのカテゴリ「女」「男」がこの
順に示されている．2 つのカテゴリ間に順序がある場合には，カテゴリの間に不等
号が表示されるが，この場合には表示されていない．これは，この因子型データ
においては順序関係がないことを意味する．また，この因子データに対して関数
as.integer()，あるいは as.numeric() を実行すると，表示されている順に従い
「女」に対しては 1，「男」に対しては 2 をそれぞれ対応させた数値化が行われる．

```
# 性別を因子型データとする
> sex.factor <- factor(base$sex)
> head(sex.factor)
[1] 男 男 女 男 女 男
Levels: 女 男
# Levels の順に「女」を 1,「男」を 2 に変換して
# ベクトル loc.col に入力
> loc.col <- as.integer(factor(sex.factor))
> head(loc.col, 5)
[1] 2 2 1 2 1
```

　2 つのカテゴリを形式的に 1 と 2 の数値で分類した結果を説明変数として，身長の変化を説明する多変量モデルを考えてみよう．男子生徒と女子生徒のどちらであるかを表すために，0 と 1 のデータからなり，以下の条件を満たす変数 D_B, D_G (**ダミー変数**) を導入する．

　　(A) D_B は，性別が「男」のときは 1,「女」のときは 0 とする

　　(B) D_G は，性別が「男」のときは 0,「女」のときは 1 とする

　D_B と D_G の 2 つのダミー変数を用いて，性別のみから身長を推定する重回帰モデルとして，以下のものを考えてみる．

$$身長 = a_0 + a_1 \cdot D_B + a_2 \cdot D_G \tag{4.16}$$

ここで，a_0, a_1, a_2 は未知係数である．D_B は女子生徒の値が 0 となるから，男子生徒のみが全員の身長に影響を及ぼす．すなわち，D_B の係数にあたる a_1 には「男子生徒の身長が全生徒の身長に与える平均的な影響」が表れると解釈される．同様に，D_G の係数である a_2 には「女子生徒の身長が全生徒の身長に与える平均的な影響」，定数項である a_0 には「全生徒の平均値」が表れることが予想される．しかし，(4.16) は数学的に特殊な構造 (多重共線性) をもち，未知係数の推定値は安定したものとはならない．これは最小 2 乗推定の推定量である (4.26) を構成する行列 ($\boldsymbol{X}^T \boldsymbol{X}$) が特異となるため，逆行列をもたないからである[26]．

　この問題は，ダミー変数を 1 つ外すことで解決する．たとえば，D_G を除いて

$$身長 = a_0 + a_1 \cdot D_B \tag{4.17}$$

---

[26] 4.3.7 項を参照．

というモデルを考えると, 行列 $(\boldsymbol{X}^T\boldsymbol{X})$ は非特異となり逆行列をもつため, (a_0, a_1) の最小 2 乗推定量の値は一意に求まる. ただし, (4.16) とは推定値の解釈が異なることに注意が必要となる. このモデルにおいて, 定数項 a_0 には D_B で定義される男子生徒以外のデータ, すなわち女子生徒のデータが身長に与える平均的な影響が表れる. すなわち, a_0 は「女子生徒の身長に関する平均値」が推定される. また, a_1 には「男子生徒の平均身長と女子生徒の平均身長との差」が推定される.

　上記のモデルを推定してみることにする. 最初に示したデータセットである base を用いて, 身長 blength と 2 つのダミー変数 D_B と D_G を組み合わせたデータセット base.all.dat を生成した後, 多変量の統計モデルを推定する関数 lm() を用いて, 量的データと同様に線形モデルの推定を行う. この例を以下に示す.

```
# 男子生徒と女子生徒の 2 つのダミー変数を含むデータセットを作成
> n.base <- length(base[,1])  # データ数
#  1) 2 つのダミー変数を定義する行列の要素をすべて 0 とする
> dum.var <- matrix(rep(0, n.base*2), ncol=2)
#  2) 各データが属す性別のダミー変数の値を 1
> for(i in 1:n.base){ dum.var[i, loc.col[i]] <- 1 }
#  3) base$blength と 2 つのダミー変数を結合してデータセットを作成した後,
#     データフレーム形式に変換
> base.all.dat <- data.frame(cbind(base$blength, dum.var))
> colnames(base.all.dat) <- c("blength","girl","boy")
> head(base.all.dat, 5)
  blength girl boy
1   167.6    0   1
2   157.1    0   1
3   174.0    1   0
4   165.4    0   1
5   149.1    1   0
# 女子生徒のダミー変数 (第 2 列) を除いたモデルを lm() で推定
> summary(lm(blength ~ boy, data=base.all.dat))
(中略)
Coefficients:
            Estimate Std. Error t value Pr(>|t|)
(Intercept) 156.9236     0.4071  385.46   <2e-16 ***
```

```
boy           10.6867      0.6225    17.17   <2e-16 ***
---
Signif. codes:  0 '***' 0.001 '**' 0.01 '*' 0.05 '.' 0.1 ' ' 1

Residual standard error: 5.492 on 316 degrees of freedom
Multiple R-squared:  0.4826,    Adjusted R-squared:  0.4809
```

関数 lm() の実行結果に基づくと，すべての生徒の身長を予測するモデルは次のように得られる．

$$身長 = 156.9 + 10.7 D_B,$$

$$D_B = 1 \,(男子生徒のとき), D_B = 0 \,(女子生徒のとき)$$

2 つの未知係数の推定値である 156.9, 10.7 はいずれも有意に 0 より大きく，決定係数は 0.48 である．女子生徒の身長の平均値は $D_B = 0$ を代入して 156.9 (cm) となるが，これは定数項 a_0 の推定値に等しい．また，男子生徒の身長の平均値は $D_B = 1$ を代入して 167.6 (cm) となるが，これは女子生徒の平均身長である a_0 の推定値 (156.9) と，男子生徒の平均身長から女子生徒の平均身長の差を意味する a_1 の推定値 (10.7) との和に等しい．

　(4.17) のモデルは，関数 lm() において関数 factor() を用いて因子型データであることを明示した上で実行すると，ダミー変数を準備する処理を記述しなくても推定できる．また，モデルをあてはめたときの身長の値 (内挿値) は，関数 fitted() を実行すると得られる．図 4.20 は，モデルで推定された身長の精度を調べるため，横軸に内挿値，縦軸に身長の実測値をとって散布図を描いた結果である (破線は内挿値と実測値が一致することを示す)．この場合の推定値は，女子生徒の平均値にあたる 156.9 (cm) と男子生徒の平均値である 167.6 (cm) の 2 値からなる．散布図の左端には女子生徒に関する身長の分布，右端には男子生徒に関する分布が縦軸の方向に現れ，分布ごとに得られたデータから求めた平均値は a_0，および a_1 の各推定値と一致する．すなわち，男子生徒と女子生徒の身長分布の代表値がそれぞれ推定されたことを意味する．

```
> head(base, 5)
  sex blength
1 男   167.6
2 男   157.1
3 女   174.0
4 男   165.4
5 女   149.1
# 因子型データを含む変数であることを明示して lm() を実行
#   => 最初の例と同様の推定結果が得られる
> summary(lm(blength ~ factor(sex), data=base))
(中略)
Coefficients:
             Estimate Std. Error t value Pr(>|t|)
(Intercept)  156.9236     0.4071  385.46   <2e-16 ***
factor(sex)男 10.6867     0.6225   17.17   <2e-16 ***
---
Signif. codes:  0 '***' 0.001 '**' 0.01 '*' 0.05 '.' 0.1 ' ' 1

Residual standard error: 5.492 on 316 degrees of freedom
Multiple R-squared:  0.4826,    Adjusted R-squared:  0.4809
# ダミー変数モデルを用いたときの推定値
> estimation <- fitted(lm(blength ~ factor(sex), data=base))
> plot(estimation, blength)
# 推定値と実測値が一致する点を破線で表示
identical <- function(x){x} # 関数 y=x の出力を計算するユーザ関数
curve(identical, add=T, lwd=c(2), lty=c(4))
```

(b)　順序尺度の説明変数に基づくモデル化

　2022 年の 7 月と 8 月に札幌で観測された天候と日照時間に関する日次データ (気象庁アメダス) の一部を以下に示す. 1 日の日照時間 (時間), および午前 6 時における天候の観測結果が示されている. AM6 に示される午前 6 時の天候に関するカテゴリから, その日の日照時間 sunshine の値をモデルを通してどの程度推定できるかを考えることにする.

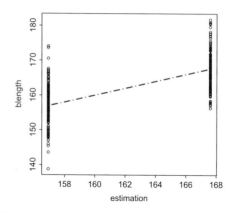

図 4.20　ダミー変数モデルによる身長の推定結果

```
> head(base, 5)
     date sunshine AM6
1 20220701      5.4  曇
2 20220702      0.3  曇
3 20220703     10.9  晴
4 20220704      4.7  曇
5 20220705      4.9  曇
# 午前 6 時の天気状況の分布
> AM6 <- base$AM6; table(AM6)
AM6
  雨   快晴   晴   大雨   曇   薄曇
   6     1    20     2    32     1
# AM6 に現れる天候のカテゴリの一覧
> unique(AM6)
[1] "曇"    "晴"    "雨"    "大雨" "薄曇" "快晴"
```

　「快晴」のように天気が良い状況から「大雨」のような天気が悪い状況までの連続した変化に関して「数的な順序」を定義しても違和感はないであろう．そこで，変量 AM6 に現れる 6 つの天候のカテゴリに対して 6 つの「数的な水準」が対応した因子型データと定義した後，観測されたカテゴリを適切な数値データに置き換えてモデル化することを考える．

　まず，AM6 のカテゴリを数値的に順序付けする処理の例を示す．天候の変化に関

する順序関係をベクトル AM6.level によって定義した後，AM6 のデータをこのベクトルの定義に従って順序付けした因子型データを定義する．この因子型データは，関数 ordered() を実行し，オプション levels で順序関係を定義したベクトルを指定することで生成される．因子型データが順序関係をもつかどうかは，データを表示した際に Levels 以降の項目間に不等号が表示されているかどうかで確認できる．

```
# 天候に 6 つの水準を定義する
> AM6.level <- c("快晴", "晴", "薄曇", "曇", "雨", "大雨")
# 6 水準の順序関係をもつ因子型データを作成する
> am6.ordered <- ordered(AM6, levels=AM6.level)
# 順序関係がある因子型データ
> class(am6.ordered)
[1] "ordered" "factor"
# 発生する項目には順序関係が定義されている
> head(am6.ordered, 10)
 [1] 曇 曇 晴 曇 曇 晴 晴 晴 曇 晴
Levels: 快晴 < 晴 < 薄曇 < 曇 < 雨 < 大雨
# 因子型データの場合，plot() は箱ひげ図を描く
> plot(am6.ordered, base$sunshine, xlab="weather", ylab="sunshine")
```

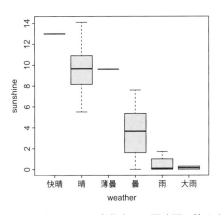

図 4.21 天候によって変化する日照時間の箱ひげ図

因子型データに plot() を実行すると，図 4.21 に示される箱ひげ図が描かれる．縦軸の方向には，天候ごとに日照時間の分布が現れるが，各分布の中央値 (箱ひげ

図で太線で示された値) をみると，横軸に示される「天候の水準」が高くなるほど日照時間が低くなる傾向が観察される[27].

　天候の「水準」が高くなると，この分布の代表値がどのように変化していくかを推定したい．1 つの方法として，天候の水準 S よりある得点化を行い，この得点をデータとする p 個の変数 Z_j $(j = 1, \ldots, p)$ を定義した後，Z_j を説明変数として日照時間を回帰するモデルを考えることにする．

　まず，得点化する基準を定義する．変数 Z_j の基準の値は，水準が $S = 1, \ldots, S_M$ (S_M は水準数) と変化するとともに S に関する j 次の多項式関数に従って変化し，かつ，$S = 1, \ldots, S = S_M$ における基準の値を要素とする縦ベクトル $\boldsymbol{a}_j$ が，以下の (A) から (C) の条件を満たすように定める．

(A)　任意の 2 つのベクトルの内積は 0 (直交性)

(B)　各ベクトルの大きさは 1 (正規性)

(C)　各ベクトルの要素の総和は 0 (対比性)

　行列 $(\boldsymbol{a}_1, \ldots, \boldsymbol{a}_p)$ を正規直交対比行列とよぶ．R 環境でこの行列を求める関数として，contr.poly() が用意されている．この関数を実行して正規直交対比行列を求めた例を以下に示す．行列 cp において，縦方向は $S_M = 6$ までの各水準，横方向は $p = 5$ までの多項式関数に基づく得点をそれぞれ意味する．以下の実行結果より，$\boldsymbol{a}_1, \ldots, \boldsymbol{a}_p$ の各ベクトルは (A) から (C) を満たすことが確認できる．

```
# 正規直交対比行列の生成 (関数 contr.poly())
#    縦方向は天候の水準 (S=1 から S=6 まで)
#    1 列目から順に，S に関する 1 次関数から 5 次関数を示す
> cp <- contr.poly(6); print(cp)
#              .L          .Q          .C          ^4          ^5
#[1,] -0.5976143   0.5455447  -0.3726780   0.1889822  -0.06299408
#[2,] -0.3585686  -0.1091089   0.5217492  -0.5669467   0.31497039
#[3,] -0.1195229  -0.4364358   0.2981424   0.3779645  -0.62994079
#[4,]  0.1195229  -0.4364358  -0.2981424   0.3779645   0.62994079
#[5,]  0.3585686  -0.1091089  -0.5217492  -0.5669467  -0.31497039
#[6,]  0.5976143   0.5455447   0.3726780   0.1889822   0.06299408
```

---

[27]該当する観測データが 1 つしかないカテゴリに関しては，箱やひげが表示されない．

```
# 各列の値をベクトルに入力
> L <- cp[,1]; Q <- cp[,2]; C <- cp[,3]; o4 <- cp[,4]; o5 <- cp[,5]
# 2つのベクトル間の内積は 0 (直交)
> c(round(sum(L*Q), 1), round(sum(Q*C), 1), round(sum(C*L), 1))
[1] 0 0 0
# 各ベクトルの大きさは 1 (正規)
> c(sqrt(sum(L^2)), sqrt(sum(Q^2)), sqrt(sum(C^2)))
[1] 1 1 1
# 各ベクトルの要素に関する総和は 0 (対比)
> c(round(sum(L), 1), round(sum(Q), 1), round(sum(C), 1))
[1] 0 0 0
```

図 4.22 は, 横軸に水準 S, 縦軸に水準 S における $\boldsymbol{a}_j$ の値をとってプロットした例である. 水準 S が大きくなるほど, $\boldsymbol{a}_j$ の値は j 次の多項式に従って変化することがわかる.

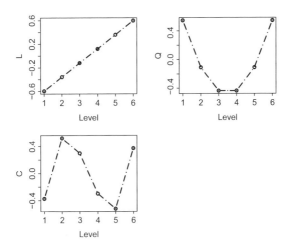

図 4.22 水準 S に関する基準 $\boldsymbol{a}_j$ の変化 (左上から順に $j=1, j=2, j=3$)

```
# 水準を 1 から 6 までの整数で定義
> level <- seq(1,6)
# 各変量の変化は, 水準に関する多項式関数で近似できる
> par(mfrow=c(2,2))
```

```
> plot(level, L, xlab="Level", lwd=3);lines(L, main="L", lwd=2, lty=4)
> plot(level, Q, xlab="Level", lwd=3);lines(Q, main="Q", lwd=2, lty=4)
> plot(level, C, xlab="Level", lwd=3);lines(C, main="C", lwd=2, lty=4)
```

　次に，a_j で定義された基準を用いて，天候の水準を得点化した値をデータとする変数 Z_j を説明変数として，以下の回帰モデルを定義する．

$$\text{日照時間} = b_1 \cdot Z_1 + \cdots + b_p \cdot Z_p \tag{4.18}$$

$b_j \ (j = 1, \ldots, p)$ は未知係数とする．Z_1 の得点は S の増加とともに線形的に変化するが，$Z_j \ (j > 1)$ では非線形に変化するから，(4.18) は天候の変化によって，日照時間の変化へ線形的な効果，あるいは非線形な効果を与えるかという点を評価する 1 つの目安となる．

　まず，正規直交対比行列 cp の値を用いて天候のカテゴリから数値化を行い，日照時間を推定するためのデータセットを作成する例を示す．多重選択を行う関数 switch() を用いて，ベクトル AM6 のカテゴリに応じて水準の値を与えていることに注意する．

```
# S^k の各変数ごとに，数値化された結果を入力するベクトルを定義
> v.L <- NULL; v.Q <- NULL; v.C <- NULL
> v.4 <- NULL; v.5 <- NULL
> n.max <- length(base[,1])   # 各変量のデータ数
> for(i in 1:n.max){
# 6 つのカテゴリに水準 j を割り当てる
+     switch(base$AM6[i],
+             "快晴"={ j<-1 },    "晴"={ j<-2 },
+             "薄曇"={ j<-3 },    "曇"={ j<-4 },
+             "雨" ={ j<-5 }, "大雨"={ j<-6 })
# 変数 S^k ごとに，水準 j における正規直交対比行列 cp の値を代入
+     v1<-cp[j,1]; v2 <-cp[j,2]; v3 <-cp[j,3];
+     v4<-cp[j,4]; v5 <-cp[j,5]
# 入力された値を更新
+     v.L <- rbind(v.L, v1); v.Q <- rbind(v.Q, v2)
+     v.C <- rbind(v.C, v3); v.4 <- rbind(v.4, v4)
+     v.5 <- rbind(v.5, v5)
```

```
+ }
# S^k を結合して，分析用のデータセット work.dat を作成
> work.dat <- cbind(base$sunshine, v.L, v.Q, v.C, v.4, v.5)
# lm() を実行するためには、データフレーム形式に変換する必要がある
> base.num.dat <- data.frame(matrix(work.dat, ncol=6))
> colnames(base.num.dat) <- c("sshine", ".L", ".Q", ".C", "O4", "O5")
> head(base.num.dat, 3)        # データセットの表示
  sshine         .L          .Q          .C          O4         O5
1    5.4  0.1195229 -0.4364358 -0.2981424   0.3779645  0.6299408
2    0.3  0.1195229 -0.4364358 -0.2981424   0.3779645  0.6299408
3   10.9 -0.3585686 -0.1091089  0.5217492 -0.5669467  0.3149704
```

次に，上記のデータセットを用いて (4.18) を推定する例を示す．推定結果より，変数 Z_1, Z_4, Z_5 が日照時間の変化へ有意な影響を与えることがわかる．

```
> res <- lm(sshine ~ .-1, data=base.num.dat);summary(res)
(中略)
Coefficients:
   Estimate Std. Error t value Pr(>|t|)
.L   -6.735      2.668  -2.524 0.014396 *
.Q   -4.237      2.850  -1.487 0.142565
.C    1.222      2.198   0.556 0.580607
O4   -5.554      1.470  -3.778 0.000380 ***
O5    7.251      1.905   3.806 0.000347 ***
---
Signif. codes: 0 '***' 0.001 '**' 0.01 '*' 0.05 '.' 0.1 ' ' 1

Residual standard error: 3.672 on 57 degrees of freedom
Multiple R-squared:  0.7257,    Adjusted R-squared:  0.7016
```

　上記の推定結果は，順序関係を仮定せずに日照時間を推定した場合の結果と比べて，より有効なものとなっているのだろうか．この点を調べるため，順序関係を考慮しない因子型データを仮定し，ダミー変数モデルをステップワイズ (変数減少法) で選択した結果を以下に示す．決定係数の結果をみると，順序関係を考慮したほうがわずかに効果があることが示されている．ただ，その差は十分大きいというわけ

ではなく，このケースについては順序関係の有無が重要とはいえないことが読み取れる．

```
> head(base, 3)
      date sunshine AM6
1 20220701     5.4  曇
2 20220702     0.3  曇
3 20220703    10.9  晴
> am6.factored <- factor(AM6);head(am6.factored, 10)
 [1] 曇 曇 晴 曇 曇 晴 晴 晴 曇 晴
Levels: 雨 快晴 晴 大雨 曇 薄曇
# ダミー変数モデルで推定する
> r1 <- lm(sunshine ~ factor(AM6), data=base[,c(2,3)])
# ステップワイズ（変数減少法）
> res.stp <- step(r1, direction="backward"); summary(res.stp)
（中略）
Coefficients:
              Estimate Std. Error t value Pr(>|t|)
(Intercept)     0.4833     0.9233   0.523 0.602698
factor(AM6)快晴 12.5167     2.4428   5.124 3.84e-06 ***
factor(AM6)晴   9.1267     1.0527   8.670 6.19e-12 ***
factor(AM6)大雨 -0.3333     1.8466  -0.181 0.857400
factor(AM6)曇   3.0792     1.0061   3.060 0.003390 **
factor(AM6)薄曇 9.1167     2.4428   3.732 0.000446 ***
---
Signif. codes:  0 ‘***’ 0.001 ‘**’ 0.01 ‘*’ 0.05 ‘.’ 0.1 ‘ ’ 1

Residual standard error: 2.262 on 56 degrees of freedom
Multiple R-squared:  0.7204,    Adjusted R-squared:  0.6954
F-statistic: 28.86 on 5 and 56 DF,  p-value: 2.365e-14
```

（c）　質的データを被説明変数とした場合のモデル化

　量的な変数の変化を質的な変数を用いて説明するモデルについて，2 つのケースを検討してきた．今度は，量的な変数を用いて質的な変数の変化を説明するモデルについてみることにする．

　前項でみてきたモデルでは，被説明変数が連続な実数や整数値をとることを仮定してきた．これに対して，現象の発生に関する有無を 1 や 0 で表した 2 値データや，アンケートの選択肢のなかから 1 つを選んで数的に表したカテゴリカルデータの場合には，値が変化する範囲が限られている上に，データがもつ情報も抽象的な意味合いが強いものとなる．このような値をデータとする変数を定義し，これを被説明変数として量的な変数で説明した場合，その予測値はカテゴリとして定義される範囲を超えて，意味をもたない値となる可能性が高くなる．このため，こうした問題が発生しないようなモデルを検討することが必要となる．

　具体的なカテゴリカルデータを例にとってみてみよう．2023 年 6 月 20 日から2023 年 8 月 10 日までの期間，札幌において 10 分ごとに観測された 8 方位の風向に関する発生頻度を計測したデータ (気象庁アメダス) がある．これを基に，各方位の発生頻度を 1 日ごとに集計するとともに，同期間に観測された風速の平均値，および気圧と風速の各観測値に関して 10 分前との階差の値に関する平均値を求めた．以下はこれらのデータの一部である．

```
i  C1 C2 C3  C4 C5 C6 C7 C8   m      ws       ap.d      ws.d
1  14  1  1  11  6  8 15 87  143  2.989583  2.217361  3.068056
2   4 16 19  67  4  1  4 29  144  2.170139  1.729861  3.043056
3   0  0  2 136  6  0  0  0  144  6.225000  4.464583  3.055556
```

　i は日，C1 から C8 は観測された各方位の件数，m はこの総和を意味する．また，ws は風速の観測値に基づく 1 日の平均値，ap.d は気圧について 10 分前の観測値との階差を基に求めた 1 日の平均値，ws.d は風速に関して ap.d と同様に求めた結果を示す．10 分ごとに C1 から C8 までのうち，いずれか 1 つの方位の発生頻度が 1 増加する．この観測を 1 日続けて集計した結果が 1 行目における C1 から C8 の各値である．

　8 方位の発生頻度に関する分布は i とともに変化するが，これが風速の平均値やその階差の平均値，および気圧の階差の平均値によってどのように説明できるかを調べたい．この分析を行うため，以下のようなモデルを考えることにする．カテゴリの総数を d とするとき，各カテゴリ k $(k = 1, \ldots, d)$ の発生件数を $\boldsymbol{y} = (y_1, \ldots, y_d)$ とし，発生件数の総和を $\sum_{k=1}^{d} y_k = m$ と表す．

10 分ごとの 8 方位の発生頻度が**多項分布**に従うと仮定する. このとき, $\boldsymbol{y}$ が発生する状況を表す確率関数は以下のように与えられる.

$$M(\boldsymbol{y}; p_1, \ldots, p_d) = \frac{m!}{y_1! \cdots y_d!} p_1^{y_1} \cdots p_d^{y_d}$$

ここで p_k $(k = 1, \ldots, d)$ は未知のパラメータで, k 番目の方位に関するカテゴリが発生する事象の確率を意味する. この p_k について, v 個の量的な変数 $X_1, \ldots, X_v$ を用いて説明する**多項ロジットモデル**を以下のように定義する.

$$p_k = \frac{\exp\left(\beta_1^{(k)} X_1 + \cdots + \beta_v^{(k)} X_v\right)}{\displaystyle\sum_{j=1}^{d} \exp\left(\beta_1^{(j)} X_1 + \cdots + \beta_v^{(j)} X_v\right)}$$

このモデルは, 以下のモデルと等価となる.

$$\log \frac{p_k}{1 - p_k} = \left(\beta_1^{(k)} X_1 + \cdots + \beta_v^{(k)} X_v\right) - \log\left(\sum_{j \neq k} \exp\left(\beta_1^{(j)} X_1 + \cdots + \beta_v^{(j)} X_v\right)\right)$$

これは 4.2.10 項で定義されたロジットモデルと同様なものとなる. 左辺の自然対数はすべての実数値をとり得る. この値を量的データに基づく v 個の説明変数によって説明するモデルである. モデルに含まれる未知係数 $\boldsymbol{\beta}^{(k)} = (\beta_1^{(k)}, \ldots, \beta_v^{(k)})$ の値は, 最尤推定法によって推定することができる[28].

以下では, ライブラリである MGLM[29]を用いて, カテゴリカルデータの変化を多項ロジットモデルより推定した例を示す.

```
> base.dat <- read.table("wind.txt", header=T)
# 風向 (8 方位の頻度)、(風速、気圧の階差値、風速の階差値) の各平均
#    北=1・北東=2・東=3・南東=4・南=5・南西=6・西=7・北西=8
> head(base.dat, 3)
  X1 X2 X3  X4 X5 X6 X7 X8       ws      ap.d     ws.d
1 14  1  1  11  6  8 15 87 2.989583 2.217361 3.068056
2  4 16 19  67  4  1  4 29 2.170139 1.729861 3.043056
3  0  0  2 136  6  0  0  0 6.225000 4.464583 3.055556
```

以下のプログラムは, X1 から X8 を 8 方位の発生頻度に関するカテゴリカルデータと考えたとき, これに多項ロジットモデルを推定した例を示したものである. こ

---

[28]多項ロジットモデルの未知係数に関する最尤推定法については, 4.3.6 項を参照.
[29]J. Kim et al., "MGLM: An R Package for Multivariate Categorical Data Analysis, The R Journal Vol.10/1, (2018) を参考にした.

のプログラムでは，`base.dat` の 1 日目から 45 日目までのカテゴリカルデータに基づいて，$d = 8$ の多項ロジットモデルの未知係数を推定する．モデルの推定には，MGLM で提供されている関数 `MGLMreg()` を使用する．$\sum_{k=1}^{8} p_k = 1$ であるから，8個の未知係数 $\boldsymbol{\beta}^{(k)}$ $(k = 1, \ldots, 8)$ には依存関係があり，推定の際にすべての未知係数を自由に動かすことはできない．このため，`X8` に関する未知係数の値を 0 とした上で，`X1` から `X7` までの未知係数にあたる $p_1, \ldots, p_7$ の値を最尤推定法で推定する．

この例では，次の多項ロジットモデルを推定する．

$$p_k = \frac{\exp\left(\beta_1^{(k)}風速 + \beta_2^{(k)}気圧の階差 + \beta_3^{(k)}風速の階差\right)}{\sum_{j=1}^{7} \exp\left(\beta_1^{(j)}風速 + \beta_2^{(j)}気圧の階差 + \beta_3^{(j)}風速の階差\right)}, \quad k = 1, \ldots, 7$$

関数 `lm()` などと同様に，`MGLMreg()` でモデル式を指定して実行すると，推定結果がオブジェクトへ出力される．モデル式のなかで指定されている 0 はオプションで，定数項を設定しないことを意味する．オブジェクトに出力された推定結果は，関数 `print()` を実行すると要約が報告される．

`wald value` は Wald 検定の値を示す．これは，線形モデルの未知係数の推定値に基づいて係数の有意性を評価する t 分布に基づく検定[30]と同様のもので，モデルの未知係数 β を最尤推定量 $\hat{\beta}$ を用いて推定した値が 0 から有意に異なるかを検定する方法である．具体的には，$\beta = 0$ を帰無仮説とするとき，次の統計量を用いて検定を行う．

$$W = \frac{(\hat{\beta} - \beta)^2}{V(\hat{\beta})}$$

W は標本数が大きくなるほど自由度が 1 であるカイ 2 乗分布に近づくことを利用して，検定を行う．ただし，このモデルでは v 個の説明変数 $X_1, \ldots, X_v$ ごとに，実質的には $(d-1)$ 個のカテゴリに関する未知係数を推定しないといけない．そこで，最尤推定法で推定された $v(d-1)$ 個の推定値を基に，変量 X_l $(l = 1, \ldots, v)$ ごとに，最尤推定量の値から構成された 1 行 $(d-1)$ 列の横ベクトル $\hat{B}_l = (\hat{\beta}_l^{(1)}, \ldots, \hat{\beta}_l^{(d-1)})$，および，すべての未知係数に関する最尤推定量 $\hat{B}$ に基づく $v(d-1)$ 行 $v(d-1)$ 列のフィッシャー情報行列[31]の逆行列から変量 X_l に関する要素を取り出して定義

した $(d-1)$ 行 $(d-1)$ 列の部分行列を $\hat{\Sigma}_{l,l}$ を求める. そして, 以下で定義される

$$W_l = \hat{B}_l \hat{\Sigma}_{l,l} \hat{B}_l^T, \quad l = 1, \ldots, v$$

の値を求める. W_l の分布は, 標本数が大きくなると自由度が $d-1$ であるカイ 2 乗分布へ漸近的に近づく性質を利用して検定を行う.

　また, `Pr(>wald)` は Wald 検定の値に基づく p 値にあたるもので, この値が有意水準より小さい場合には, 説明変数の観測値が風向の発生確率へ有意な影響を与えていると評価できる. 以下の結果に基づくと, 一般的な有意水準である 5 パーセントで検定を行った場合, `Pr(>wald)` の値は有意水準よりも十分に小さい. したがって, 説明変数である ws, ap.d, ws.d がいずれも風向の 8 方向のカテゴリへ有意な影響を与えていると評価される.

```
# ライブラリ "MGLM"を利用
> library("MGLM")
# ● 推定用 (1 時点から 45 時点まで) のデータを作成
> training.dat <- base.dat[1:45,]
# ● 多項分布モデルの推定 (関数 MGLMreg())
#    切片項を含むモデル：モデル式で 0 を含める
#    切片項を含まないモデル：0 を入れない
> mnreg <-
+ MGLMreg(
+ cbind(X1,X2,X3,X4,X5,X6,X7,X8) ~ 0+ws+ap.d+ws.d,
+ data=training.dat,
+ dist = "MN")
 警告メッセージ：
 model.matrix.default(mt, mf, contrasts) で：
  non-list contrasts argument ignored
# 推定結果の要約
> print(mnreg)
Call: MGLMreg(formula = cbind(X1, X2, X3, X4, X5, X6, X7, X8) ~ 0 +
    ws + ap.d + ws.d, data = training.dat, dist = "MN")
(中略)
Hypothesis test:
     wald value     Pr(>wald)
```

```
ws     1009.2500 1.208234e-213
ap.d    882.0391 3.628146e-186
ws.d    215.6436 5.544477e-43


Distribution: Multinomial
Log-likelihood: -2568.418
BIC: 5216.776
AIC: 5178.836
Iterations: 7
```
```
# カテゴリごとの回帰係数の推定値
> round(coef(mnreg), 2)
          X1     X2     X3     X4     X5     X6     X7
[1,]    2.25   2.11   5.17   5.64   4.11   0.96   0.72
[2,]   -4.30  -4.13  -7.58  -7.07  -5.59  -1.92  -1.89
[3,]    0.52   0.33   0.30  -0.25  -0.25  -0.28   0.00
```

　MGLMreg() を実行して推定されたモデルに基づいてカテゴリの変化を予測する場合には，関数 lm() や glm() を実行する際と同様に，predict() を用いることができる．MGLMreg() の実行結果が出力されたオブジェクトに対して predict() を実行すると，8 つのカテゴリに関する発生確率の予測値が出力される．以下は，1 日目から 45 日目までのカテゴリカルデータを準備してモデルを推定し，46 日目から 50 日目までの期間における風向，風速，気圧の値をモデルに入力してカテゴリの発生確率の予測値を計算した例を示している．

```
# ● 推定用（1 時点から 45 時点まで）の各カテゴリの発生確率を計算
# 頻度の合計で割って確率を求める
> prob.training <- NULL
> for(i in 1:45){
+   s.i <- sum(base.dat[i,1:8])
+   prob.i <- base.dat[i,1:8]/s.i
+   prob.training <- rbind(prob.training, prob.i)
+ }
> head(round(prob.training, 3))
     X1     X2     X3     X4     X5     X6     X7     X8
```

```
1 0.098 0.007 0.007 0.077 0.042 0.056 0.105 0.608
2 0.028 0.111 0.132 0.465 0.028 0.007 0.028 0.201
3 0.000 0.000 0.014 0.944 0.042 0.000 0.000 0.000
4 0.007 0.000 0.097 0.646 0.083 0.028 0.056 0.083
5 0.092 0.014 0.057 0.340 0.142 0.014 0.113 0.227
6 0.246 0.072 0.123 0.051 0.007 0.000 0.029 0.471
# ● 予測試験のデータ （行列構造が必要）
#   (1)46 時点から 50 時点までの共変量のみのデータ
> test.dat <- NULL
> for(i in 46:50){
+ work.dat <- matrix(as.numeric(base.dat[i,9:11]), ncol=3)
+ test.dat <- rbind(test.dat, work.dat)
+ }
#   (2) 予測期間の 8 方向のデータ （頻度から確率を求める）
> ans.dat <- NULL
> for(i in 46:50){
+ work2.dat <- matrix(as.numeric(base.dat[i,1:8]), ncol=8)
+ s2.i <- sum(work2.dat)
+ work2.dat <- work2.dat/s2.i
+ ans.dat <- rbind(ans.dat, work2.dat)
+ }
# ● 推定されたモデルより、各カテゴリの発生確率を推定
> output <- predict(mnreg, newdata=test.dat)
> round(output, 3)
         X1    X2    X3    X4    X5    X6    X7    X8
[1,] 0.153 0.084 0.151 0.146 0.074 0.044 0.066 0.281
[2,] 0.127 0.070 0.095 0.109 0.061 0.049 0.072 0.419
[3,] 0.088 0.046 0.254 0.364 0.100 0.019 0.025 0.105
[4,] 0.019 0.010 0.075 0.516 0.086 0.015 0.013 0.265
[5,] 0.025 0.013 0.145 0.607 0.094 0.010 0.010 0.097
# 頻度の確率と予測結果を結合する
> pred.dat <- rbind(prob.training, output)
# 頻度の確率と実際の予測頻度とを結合する
> lab <- c("X1","X2","X3","X4","X5","X6","X7","X8")
> colnames(ans.dat) <- lab
```

```
# 頻度の確率と実際の頻度確率とを結合する
> origin.dat <- rbind(prob.training, ans.dat)
# ● 予測結果の表示
# (1) グラフを表示するためのユーザ関数 draw.graph() を定義
> draw.graph <- function(y,title){
+ y.min <- min(origin.dat[,y])
+ y.max <- max(origin.dat[,y])
+ plot(origin.dat[,y], type="l", ylim=c(y.min,y.max),
+ xlab="", ylab="", col="grey")
+ par(new=T)
# 予測結果を取り出す
+ pred.output <- c(rep(NA, 45), pred.dat[46:50,y])
+ plot(pred.output, type="p", lwd=c(2), ylim=c(y.min,y.max),
+ xlab="time", ylab="prob", col="black", main=title)
+ abline(v=45, lty=c(4), col="black")
+ }
# (2) 関数 draw.graph() を実行
> par(mfrow=c(2,2))
> draw.graph(2,"NE")
> draw.graph(4,"SE")
> draw.graph(6,"SW")
> draw.graph(8,"NW")
```

　多項ロジットモデルを用いて，気圧と風速の将来の値より風向の変化を推定した結果を図 4.23 に示す．左上から順に，北東 (NE)，南東 (SE)，南西 (SW)，北西 (NW) から吹く風の発生頻度の時間変化を予測した結果であり，点線は予測の開始時点，丸い点は予測値を示す．

4.3　統計に関する数学的背景

4.3.1　相関係数

　2 変量 X, Y から n 組の 2 次元データ $(x_1, y_1), \ldots, (x_n, y_n)$ が得られているものとする．(4.1) で定義された共分散 C_{XY} を用いると，散布図上の 2 次元分布の傾向について，符号を通して知ることができる．ただし，共分散自体は相関の度合い

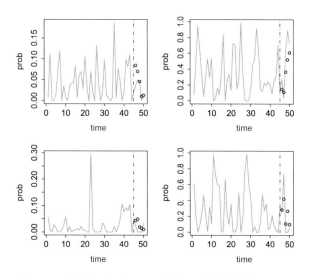

図 **4.23** 多項ロジットモデルを用いて風向を推定した例

を測ることができないことに注意する．いま，X, Y を計測する際の単位を変換するため，$\tilde{X} = X/100, \tilde{Y} = Y/10$ を新たな変量として定義する．X と Y の散布図と同様な形で $\tilde{X}$ と $\tilde{Y}$ の散布図を描いた場合，X と $\tilde{X}$，および Y と $\tilde{Y}$ は単位が異なるだけで本質的には同じデータであるから，両者の相関関係自体は等しい．しかし，$\tilde{X}$ と $\tilde{Y}$ との共分散は，単位を変更したことにより

$$C_{\tilde{X}\tilde{Y}} = \frac{1}{n} \sum_{i=1}^{n} \left(\frac{x_i}{100} - \frac{\overline{x}}{100} \right) \left(\frac{y_i}{10} - \frac{\overline{y}}{10} \right)$$

$$= \frac{1}{1000} \cdot \frac{1}{n} \sum_{i=1}^{n} (x_i - \overline{x})(y_i - \overline{y})$$

$$= \frac{1}{1000} C_{XY}$$

となるため，C_{XY} とは異なる値となる．したがって，C_{XY} は同一の相関関係に対して一意に定まるとは限らないことがわかる．

そこで，C_{XY} を X と Y の標準偏差 S_X, S_Y で割った以下の γ_{XY} に着目する．

$$\gamma_{XY} = \frac{\dfrac{1}{n} \sum_{i=1}^{n} (x_i - \overline{x})(y_i - \overline{y})}{S_X S_Y}$$

$$S_X = \sqrt{\frac{1}{n}\sum_{i=1}^{n}(x_i - \overline{x})^2}, \quad S_Y = \sqrt{\frac{1}{n}\sum_{i=1}^{n}(y_i - \overline{y})^2}$$

$\tilde{X}, \tilde{Y}$ に対して $\gamma_{\tilde{X}\tilde{Y}}$ を求めると

$$\gamma_{\tilde{X}\tilde{Y}} = \frac{C_{\tilde{X}\tilde{Y}}}{S_{\tilde{X}} \cdot S_{\tilde{Y}}}$$

$$= \frac{\dfrac{1}{1000}C_{XY}}{\sqrt{\dfrac{1}{n}\sum_{i=1}^{n}\left(\dfrac{x_i}{100} - \dfrac{\overline{x}}{100}\right)^2}\sqrt{\dfrac{1}{n}\sum_{i=1}^{n}\left(\dfrac{y_i}{10} - \dfrac{\overline{y}}{10}\right)^2}}$$

$$= \frac{\dfrac{1}{1000}C_{XY}}{\dfrac{1}{1000}S_X S_Y}$$

$$= \gamma_{XY}$$

となるから，同じ相関関係に対して同一の値で評価することができる．

$\gamma_{\tilde{X}\tilde{Y}}$ が -1 から 1 までの範囲の値をとることは，次のようにして確認できる．いま，2次元データに対して

$$\frac{x_j - \overline{x}}{S_X}, \quad \frac{y_j - \overline{y}}{S_Y}, \quad j = 1, \ldots, n$$

と変換する[※32]．これらは実数の値をとるから

$$\frac{1}{n}\sum_{j=1}^{n}\left(\frac{x_j - \overline{x}}{S_X} + \frac{y_j - \overline{y}}{S_Y}\right)^2 \geqq 0$$

左辺を展開すると

$$\frac{1}{S_X{}^2}\cdot\frac{1}{n}\sum_{j=1}^{n}(x_j - \overline{x})^2 + 2\cdot\frac{\dfrac{1}{n}\sum_{i=1}^{n}(x_i - \overline{x})(y_i - \overline{y})}{S_X S_Y} + \frac{1}{S_Y{}^2}\cdot\frac{1}{n}\sum_{j=1}^{n}(y_j - \overline{y})^2 \geqq 0$$

となり，$\gamma_{XY} \geqq -1$ となる．同様に

$$\frac{1}{n}\sum_{j=1}^{n}\left(\frac{x_j - \overline{x}}{S_X} - \frac{y_j - \overline{y}}{S_Y}\right)^2 \geqq 0$$

より $\gamma_{XY} \leqq 1$ となるから，$-1 \leqq \gamma_{XY} \leqq 1$ である．

[※32] この操作は標準化とよばれる．

特殊なケースとして，$Y = a + bX$ 上にすべての 2 次元データがある場合に，相関係数はどのようになるだろうか．この場合は 2 次元データが

$$y_i = a + bx_i, \quad i = 1, \ldots, n$$

を満たすので，Y の平均値 $\overline{y}$ は X の平均値 $\overline{x}$ を用いて

$$\overline{y} = a + b\overline{x}$$

となり，X と Y の共分散 C_{XY} は

$$C_{XY} = \frac{1}{n} \sum_{i=1}^{n} (x_i - \overline{x})\Big((a + bx_i) - (a + b\overline{x})\Big)$$
$$= b \cdot \frac{1}{n} \sum_{i=1}^{n} (x_i - \overline{x})(x_i - \overline{x})$$
$$= bS_X{}^2$$

となる．また，Y の標準偏差は

$$S_Y = \sqrt{S_Y{}^2} = \sqrt{\frac{1}{n} \sum_{i=1}^{n} \Big((a + bx_i) - (a + b\overline{x})\Big)^2} = |b|S_X$$

よって，X と Y の相関係数 γ_{XY} は (4.2) より

$$\gamma_{XY} = \frac{C_{XY}}{S_X S_Y} = \frac{bS_X{}^2}{S_X(|b|S_X)} = \frac{b}{|b|}$$

となるから，$b > 0$ のとき $\gamma_{XY} = \dfrac{b}{b} = 1$，$b < 0$ のとき $\gamma_{XY} = \dfrac{b}{-b} = -1$ となる．

4.3.2　最小 2 乗法による 1 次元モデルの推定量とその性質 *

2 つの変数 X と Y から n 組の観測データ $(x_1, y_1), \ldots, (x_n, y_n)$ が得られているときに，傾向を推定するためのモデルとして

$$Y = a + bX \tag{4.19}$$

を考える．このとき，切片項の値 a と傾き b の値を観測データに基づいて，どのように推定するとよいのだろうか．この問題に対する方法の 1 つとして，**最小 2 乗推定量**がよく知られているが，この推定量について考えてみよう．

(4.19) が Y と X との傾向を表すとき，観測値 y_i と x_i $(i = 1, \ldots, n)$ の間の関係を次のように記述することができる．

$$y_i = a + bx_i + e_i \tag{4.20}$$

ここで，e_i は観測値 y_i と (4.19) で表される傾向からの誤差を表す．e_i は (a,b) の値によって $e_i = y_i - (a + bx_i)$ とデータごとに異なる値をとる．

「適切な傾向」が推定された場合，すべての観測値はこの傾向から概ね近い距離の位置に存在することが考えられる．そこで，すべての e_i に関する総和に着目し，この総和が最小となるときの a と b を解析的に求め，これを a と b に関する**推定量**とする．ただし，誤差である e_i 自体は正負の値をとるため，総和が同じ値 (たとえば 0) となる可能性がある．そこで，e_i を 2 乗した値の総和 (平方和) に着目する．この値は理論上は正値，または 0 の値をとり，0 に近づくほど傾向と各観測値との誤差が小さくなるので，適切な傾向を推定できると考えることができる．この平方和を (a,b) に関する関数 $L(a,b)$ で表すと

$$L(a,b) = \sum_{i=1}^{n} e_i^2 = \sum_{i=1}^{n} (y_i - (a + bx_i))^2$$

となる．a と b に関する 2 変数の関数であるが，a と b のそれぞれに関してみると下に凸の 2 次関数である．したがって，$L(a,b)$ を最小にするときの a と b は，$L(a,b)$ を a と b でそれぞれ偏微分し，得られた導関数を同時に 0 とするときの解を求めることで得られる．

$$\frac{\partial L(a,b)}{\partial a} = \sum_{i=1}^{n} 2(y_i - (a + bx_i)) \cdot (-1) = 0 \tag{4.21}$$

$$\frac{\partial L(a,b)}{\partial b} = \sum_{i=1}^{n} 2(y_i - (a + bx_i)) \cdot (-x_i) = 0 \tag{4.22}$$

2 つの方程式を連立して解くことにより，a, b に関する次の推定量が得られる．

$$
\begin{aligned}
\hat{b} &= \frac{\displaystyle\sum_{i=1}^{n} x_i y_i - n\overline{x}\,\overline{y}}{\displaystyle\sum_{i=1}^{n} x_i^2 - n\overline{x}^2} \\[2ex]
&= \frac{\dfrac{1}{n}\displaystyle\sum_{i=1}^{n} (x_i - \overline{x})(y_i - \overline{y})}{\dfrac{1}{n}\displaystyle\sum_{i=1}^{n} (x_i - \overline{x})^2} \\[2ex]
&= \frac{C_{XY}}{S_X{}^2}
\end{aligned} \tag{4.23}
$$

$$\hat{a} = \overline{y} - \hat{b}\overline{x} \tag{4.24}$$

$\hat{a}$ と $\hat{b}$ の推定値を観測データを用いて求め，これらを未知係数 a と b の値と考えて直線を引くことにより，傾向を推定する．なお，(4.24) より，推定された直線 $Y = \hat{a} + \hat{b}X$ は，散布図のデータの重心 $(\overline{x}, \overline{y})$ を通ることに注意する．

直線の傾き b の推定量 $\hat{b}$ は，変量 X と Y との相関係数 γ_{XY} と密接な関係がある．γ_{XY} を相関係数，S_X を X の標準偏差，S_Y を Y の標準偏差とするとき，(4.23) は相関係数の 1 次関数として表すことができる．

$$\hat{b} = \frac{C_{XY}}{S_X{}^2} = \frac{C_{XY}}{S_X S_Y}\left(\frac{S_Y}{S_X}\right) = \gamma_{XY} \cdot \left(\frac{S_Y}{S_X}\right)$$

$\dfrac{S_Y}{S_X}$ は正値をとるから，相関係数 γ_{XY} の符号や値は傾きの推定量 $\hat{b}$ に直接的な影響を及ぼす．たとえば，2 変量間の散布図に正の相関，負の相関，無相関の状況が認められる場合に，$\hat{b}$ は正値，負値，0 をそれぞれとることがわかる．

4.3.3 決定係数

被説明変数 Y の観測データ y_i $(i = 1, \ldots, n)$ と説明変数 X の観測データ x_i に基づき，未知の係数を最小 2 乗推定量 (4.23), (4.24) を用いて推定し，y_i の変化の傾向を

$$Y = \hat{a} + \hat{b}X$$

で推定する際に，このモデルがどの程度精度のよい推定を行っているかを評価したいことが多い．このときに用いられる尺度の 1 つとして決定係数がよく知られている．上記のモデルは，Y の観測値 y_i を (4.23), (4.24) を用いて以下のように推定することを意味する．

$$\hat{y}_i = \hat{a} + \hat{b}x_i \tag{4.25}$$

(4.22) を用いて y_i を推定する場合，すべてのデータに関する平均値からの散らばりに関して

$$\sum_{i=1}^{n}(y_i - \overline{y})^2 = \sum_{i=1}^{n}(y_i - \hat{y}_i)^2 + \sum_{i=1}^{n}(\hat{y}_i - \overline{y})^2 \tag{4.26}$$

と分解できる．これが正しいことは

$$\sum_{i=1}^{n}(y_i - \overline{y})^2 = \sum_{i=1}^{n}(y_i - \hat{y}_i)^2 + \sum_{i=1}^{n}(\hat{y}_i - \overline{y})^2 + 2\sum_{i=1}^{n}(y_i - \hat{y}_i)(\hat{y}_i - \overline{y})$$

であり，右辺の第3項が (4.23), (4.24), (4.25) を代入することにより 0 となることからわかる．(4.26) は $S_0{}^2 = \sum_{i=1}^{n}(y_i - \overline{y})^2$, $S_1{}^2 = \sum_{i=1}^{n}(\hat{y}_i - \overline{y})^2$, $S_2{}^2 = \sum_{i=1}^{n}(y_i - \hat{y}_i)^2$ とするとき，$S_0{}^2 = S_1{}^2 + S_2{}^2$ と表すことができる．$S_0{}^2$ はすべてのデータに関して平均値からの散らばりの平方和を求めた値，$S_1{}^2$ はモデルによって説明される部分に関する同様の平方和，$S_2{}^2$ はモデルによって説明できない**残差** (residual) に関する同様の平方和と理解される．すなわち，データ全体の変動がモデルによって説明できる部分の変動とモデルでは説明できない残差の変動によって分解できることを示している．

そこで，$\hat{y}_i$ によって観測データ y_i の値がどの程度説明できるかを測る尺度として

$$R^2 = \frac{S_1{}^2}{S_0{}^2}$$
$$= 1 - \frac{S_2{}^2}{S_0{}^2} \tag{4.27}$$

を定義する．この比は，モデルの精度がよいほど $\hat{y}_i$ が y_i をよく推定して y_i と同じような値をとるため，1 に近い値をとる．実際，$S_1{}^2$ は

$$S_1{}^2 = \sum_{i=1}^{n}\Big((\hat{a} + \hat{b}x_i) - (\hat{a} + \hat{b}\overline{x})\Big)^2$$
$$= \Big(\frac{C_{XY}}{S_X{}^2}\Big)^2 \cdot S_X{}^2$$
$$= \Big(\frac{C_{XY}}{S_X}\Big)^2$$

となることに注意すると，R^2 は

$$R^2 = \frac{1}{S_Y{}^2} \cdot \Big(\frac{C_{XY}}{S_X}\Big)^2$$
$$= \Big(\frac{C_{XY}}{S_X S_Y}\Big)^2$$
$$= \gamma_{XY}{}^2$$

と相関係数の 2 乗となるから，0 から 1 までの値をとることがわかる．$R^2 = 1$ となるのは $S_1{}^2 = S_0{}^2$，すなわちすべての i で $\hat{y}_i = y_i$ となる場合であり，モデルによってデータが完全に説明できる場合である．一方，$R^2 = 0$ となるのは $S_2{}^2 = S_0{}^2$

となる場合，すなわちすべての i で $\hat{y}_i = \overline{y}$ となる場合である．これは，傾きが 0 と推定された直線のモデルとなったことを意味し，説明変数が被説明変数へ影響を及ぼさないと解釈されるモデルとなる．

多変量モデル (4.9) においても決定係数は (4.27) によって定義される．しかし，(4.27) は変数の数 p が増えるほど単純に 1 に近づいてしまうため，説明変数としてふさわしくないものが含まれていても，(4.27) の値は増加してしまう．このため，p の変化に応じて (4.27) を調整した次の自由度修正済み決定係数 $R_{\mathrm{A}}{}^2$ を使用することが一般的である．

$$R_{\mathrm{A}}{}^2 = 1 - \frac{S_2{}^2/(n-(p+1))}{S_0{}^2/(n-1)}$$

4.3.4 最小 2 乗法による多変量モデルの未知係数の推定 *

変量 Y のデータ y_j $(j=1,\ldots,n)$ の値を，p 個の変量 X_i $(i=1,\ldots,p)$ のデータ x_{ij} を用いて説明することを考えよう．4.3.2 項で紹介した 1 次元モデルの単純な拡張として，y_j を観測値 x_{ij} と未知の係数 $(\beta_0,\ldots,\beta_p)$ を用いて以下のように表すことにする．

$$\begin{aligned}
y_1 &= \beta_0 + x_{11}\beta_1 + \cdots + x_{p1}\beta_p + e_1 \\
&\vdots \\
y_n &= \beta_0 + x_{1n}\beta_1 + \cdots + x_{pn}\beta_p + e_n
\end{aligned} \tag{4.28}$$

ここで，$e_1,\ldots,e_n$ は y_i に関するモデルからの誤差を意味する．(4.28) を行列とベクトルを用いて以下のように表す．

$$\begin{pmatrix} y_1 \\ \vdots \\ y_n \end{pmatrix} = \begin{pmatrix} 1 & x_{11} & \cdots & x_{p1} \\ \vdots & \vdots & & \vdots \\ 1 & x_{1n} & \cdots & x_{pn} \end{pmatrix} \begin{pmatrix} \beta_0 \\ \vdots \\ \beta_p \end{pmatrix} + \begin{pmatrix} e_1 \\ \vdots \\ e_n \end{pmatrix}$$

$\boldsymbol{Y}, \boldsymbol{e}$ を n 次のベクトル，$\boldsymbol{X}$ を階数が $p+1$ である $n \times (p+1)$ の行列，$\boldsymbol{\beta}$ を $(p+1)$ 次のベクトルとするとき，上式は以下のように表すことができる．

$$\boldsymbol{Y} = \boldsymbol{X}\boldsymbol{\beta} + \boldsymbol{e}$$

いま，誤差の平方和 $\boldsymbol{e}^T\boldsymbol{e} = e_1{}^2 + \cdots + e_n{}^2$ を最小にするときのベクトル $\boldsymbol{\beta}$ を求める問題を考える（$\boldsymbol{e}^T$ は $\boldsymbol{e}$ の転置，すなわち列ベクトルの各要素を行方向に配置した行ベクトルを表す）．誤差のベクトルは $\boldsymbol{e} = \boldsymbol{Y} - \boldsymbol{X}\boldsymbol{\beta}$ より

$$L(\boldsymbol{\beta}) = \boldsymbol{e}^T\boldsymbol{e} = (\boldsymbol{Y} - \boldsymbol{X}\boldsymbol{\beta})^T(\boldsymbol{Y} - \boldsymbol{X}\boldsymbol{\beta})$$

$$= \boldsymbol{Y}^T\boldsymbol{Y} - 2\boldsymbol{Y}^T\boldsymbol{X}\boldsymbol{\beta} + \boldsymbol{\beta}^T\boldsymbol{X}^T\boldsymbol{X}\boldsymbol{\beta}$$

$L(\boldsymbol{\beta})$ を β_i $(i = 0, 1, \ldots, p)$ で微分して 0 とおいた式をまとめると

$$-2\boldsymbol{X}^T\boldsymbol{Y} + 2\boldsymbol{X}^T\boldsymbol{X}\boldsymbol{\beta} = \boldsymbol{0}$$

$$(\boldsymbol{X}^T\boldsymbol{X})\boldsymbol{\beta} = \boldsymbol{X}^T\boldsymbol{Y}$$

を得る．こうして，誤差の平方和を最小にするときのベクトル $\boldsymbol{\beta} = (\beta_0, \ldots, \beta_p)^T$ は以下で与えられ，これが $\boldsymbol{\beta}$ の最小 2 乗推定量となる．

$$\hat{\boldsymbol{\beta}} = (\boldsymbol{X}^T\boldsymbol{X})^{-1}\boldsymbol{X}^T\boldsymbol{Y} \tag{4.29}$$

ただし，実際の局面では同一の変数が含まれている場合をはじめとする特殊な状況において，行列 $(\boldsymbol{X}^T\boldsymbol{X})$ の階数が $p+1$ とならず，逆行列が存在しない場合が起こりうる[33]．この場合には，上記の推定量を用いることはできない．

4.3.5 回帰モデルの係数の有意性に関する統計的検定 *

　モデル (4.20) の未知係数 a, b を (4.24) と (4.23) で定義された $\hat{b}$ と $\hat{a}$ で推定する際，得られた推定値について，「0 とは異なっているとみなしてよいか?」という点について評価することが多い．

　係数 b の真の値が 0 である場合に，モデルにはどのようなことが起こっているのだろうか．$b = 0$ のとき，X と Y の関係は $Y = a + 0 \cdot X$ となる．このとき，X の観測値がどのような値であっても $0 \cdot X$ は 0 となるから，X の観測値は Y の値に影響を及ぼさない．すなわち，$b = 0$ とみなせるか否かを調べることは，X の観測値が Y の値を説明する上で意味のある影響を及ぼしているかどうかについて評価することを意味している．しかし，求められた値は推定値にすぎず，不確実性が存在する．したがって，この評価は確率的観点から仮説検定を用いて行われる．

　「係数が 0 から異なっているかどうかを評価するための仮説検定」とは，どのようなものかをみてみよう．いま，(4.20) のモデル

$$y_i = a + bx_i + e_i$$

---

[33] 多変量モデルを推定する際，説明変数間の相関が高い場合に発生する多重共線性も，この点と関係がある．

について以下の仮定をおくことにする．まず，x_i は 4.2.10 項における考え方に従い，説明変数の観測値として確定的な値をとるものとする．また，誤差項を表す e_i は正規分布に従う確率変数とし，以下の条件を満たすものとする．

(i) $E[e_i] = 0$

(ii) $V[e_i] = \sigma^2$ （未知）

(iii) $i \neq j$ のとき $\mathrm{Cov}(e_i, e_j) = E[e_i e_j] = 0$ （$i \neq j$ のとき，e_i と e_j は無相関）

このとき，$\hat{b}$ と $\hat{a}$ はともに正規分布に従う確率変数であり，$\hat{b}$ は

$$\hat{b} = b + \frac{\sum\limits_{k=1}^{n} (x_k - \overline{x}) e_k}{\sum\limits_{i=1}^{n} (x_i - \overline{x})^2} \tag{4.30}$$

と表すことができる[34]．また，$\hat{a}$ は

$$\hat{a} = a + \sum_{i=1}^{n} \left[\frac{1}{n} - \frac{\overline{x}(x_i - \overline{x})}{\sum\limits_{j=1}^{n} (x_j - \overline{x})^2} \right] e_i \tag{4.31}$$

となる[35]．各推定量の期待値は，(i) より

$$E[\hat{b}] = b, \quad E[\hat{a}] = a \tag{4.32}$$

であり，推定の偏りはないことがわかる．$\hat{b}$ の分散は

$$V[\hat{b}] = E[(\hat{b} - b)^2]$$

$$= E\left[\left(\frac{\sum\limits_{k=1}^{n} (x_k - \overline{x}) e_k}{\sum\limits_{i=1}^{n} (x_i - \overline{x})^2} \right)^2 \right]$$

$$= \frac{\sum\limits_{k=1}^{n} \sum\limits_{l=1}^{n} (x_k - \overline{x})(x_l - \overline{x}) E[e_k e_l]}{\left(\sum\limits_{i=1}^{n} (x_i - \overline{x})^2 \right)^2}$$

---

[34] (4.20) より $y_i - \overline{y} = b(x_i - \overline{x}) + e_i - \dfrac{1}{n} \sum\limits_{i=1}^{n} e_i$ となるから，これを (4.23) へ代入する．

[35] $\overline{y} = a + b\overline{x} + \dfrac{1}{n} \sum\limits_{i=1}^{n} e_i$ となるから，これを (4.24) へ代入する．

$$= \frac{\sigma^2}{\sum\limits_{i=1}^{n} (x_i - \overline{x})^2}$$

また，$\hat{a}$ の分散は

$$V[\hat{a}] = E[(\hat{a} - a)^2]$$

$$= E\left[\left(\sum_{i=1}^{n} \left(\frac{\sum\limits_{j=1}^{n} (x_j - \overline{x})^2 - n\overline{x}(x_i - \overline{x})}{n\sum\limits_{j=1}^{n} (x_j - \overline{x})^2}\right) e_i\right)^2\right]$$

$$= \left(\frac{\sum\limits_{i=1}^{n} x_i^2}{n\sum\limits_{i=1}^{n} (x_i - \overline{x})^2}\right) \sigma^2$$

となる．よって，$\hat{b}$ と $\hat{a}$ をそれぞれ標準化した

$$Z_b = \frac{\hat{b} - b}{\sqrt{\dfrac{\sigma^2}{\sum\limits_{i=1}^{n} (x_i - \overline{x})^2}}} \tag{4.33}$$

$$Z_a = \frac{\hat{a} - a}{\sqrt{\dfrac{\left(\sum\limits_{i=1}^{n} x_i^2\right) \sigma^2}{n\sum\limits_{j=1}^{n} (x_j - \overline{x})^2}}} \tag{4.34}$$

は期待値が 0，分散が 1 である標準正規分布に従う．しかし，σ^2 は未知であるため，観測値から (4.33) や (4.34) の値を求めることができない．そこで，誤差項の分散 σ^2 の推定量として，y_i の観測値をモデルで推定した際の誤差を意味する**残差**を $r_i = y_i - \hat{a} - \hat{b}x_i$ で定義するとき

$$s^2 = \frac{1}{n-2} \sum_{i=1}^{n} r_i^2$$

$$= \frac{1}{n-2} \sum_{i=1}^{n} (y_i - \hat{a} - \hat{b}x_i)^2 \tag{4.35}$$

を用いて推定し，未知の σ^2 を s^2 で置き換えることにする．s^2 の分母は n ではなく，$(n-2)$ となっていることに注意する．s^2 を推定する際に，最小 2 乗推定量 $\hat{a}$，

$\hat{b}$ が用いられている．これらが (4.21), (4.22) の連立解であることから，残差 r_i は $\sum\limits_{i=1}^{n} r_i = 0,\ \sum\limits_{i=1}^{n} r_i x_i = 0$ の 2 つの条件式を満たす．したがって，自由に動きうる r_i の数は $(n-2)$ となる．(4.33) と (4.34) の右辺の分母において，σ^2 を s^2 で置き換えた

$$\sqrt{\frac{s^2}{\sum\limits_{i=1}^{n}(x_i - \overline{x})^2}}, \quad \sqrt{\frac{\left(\sum\limits_{i=1}^{n} x_i{}^2\right) s^2}{n \sum\limits_{j=1}^{n}(x_j - \overline{x})^2}}$$

は $\hat{b},\ \hat{a}$ に関する各分布の標準偏差の推定量であり，**標準誤差** (standard error) とよぶ．

こうして

$$T_b = \frac{\hat{b} - b}{\sqrt{\dfrac{s^2}{\sum\limits_{i=1}^{n}(x_i - \overline{x})^2}}} \tag{4.36}$$

$$T_a = \frac{\hat{a} - a}{\sqrt{\dfrac{\left(\sum\limits_{i=1}^{n} x_i{}^2\right) s^2}{n \sum\limits_{j=1}^{n}(x_j - \overline{x})^2}}} \tag{4.37}$$

が従う分布は，いずれも自由度 $(n-2)$ の t 分布であることがわかるので，T_b や T_a を検定統計量とすることにより，各係数の推定値に関する仮説検定 (t **検定**) が実施できる．

係数 b に関する仮説検定は次のようにして行う．まず，帰無仮説 H_0 と対立仮説 H_1 を

$$H_0 : b = 0, \qquad H_1 : b \neq 0$$

$$H_0 : a = 0, \qquad H_1 : a \neq 0$$

とし，有意水準を α として両側検定を行う．帰無仮説が真であると仮定するとき

$$T_b = \frac{\hat{b}}{\sqrt{\dfrac{s^2}{\displaystyle\sum_{i=1}^{n}(x_i - \overline{x})^2}}} \tag{4.38}$$

$$T_a = \frac{\hat{a}}{\sqrt{\dfrac{\left(\displaystyle\sum_{i=1}^{n} x_i^2\right) s^2}{n \displaystyle\sum_{j=1}^{n}(x_j - \overline{x})^2}}} \tag{4.39}$$

はともに自由度 $(n-2)$ の t 分布に従う．そこで，観測値から T_b, T_a の値をそれぞれ求め，自由度 $(n-2)$ の t 分布で $P(T > t_{\alpha/2}) = \alpha/2$ となる**上側 $\alpha/2$ パーセント点** $t_{\alpha/2}$ を調べる．もし $|T| > t_{\alpha/2}$ となる場合には H_0 が棄却される．

4.3.6　多項ロジットモデルの最尤推定法 *

カテゴリ数を d，カテゴリ C_k $(k = 1, \ldots, d)$ の発生回数に関する n 組の d 次元データを $\boldsymbol{y}_i = (y_{i1}, \ldots, y_{id})^T$ $(i = 1, \ldots n)$，および $m_i = \displaystyle\sum_{k=1}^{d} y_{ik}$ と表す．また，説明変数 $X_1, \ldots, X_v$ の観測値を $\boldsymbol{x}_i = (x_{i1}, \ldots, x_{iv})^T$ とする．この下で，多項ロジットモデル

$$p_k = \frac{\exp\left(\beta_1^{(k)} X_1 + \cdots + \beta_v^{(k)} X_v\right)}{\displaystyle\sum_{j=1}^{d} \exp\left(\beta_1^{(j)} X_1 + \cdots + \beta_v^{(j)} X_v\right)}$$

の未知係数を推定するための最尤推定は，以下のようにして行う．

各カテゴリの発生頻度を意味する $\boldsymbol{y}_i$ は，$\boldsymbol{p} = (p_1, \ldots, p_d)$ をパラメータとする多項分布の確率関数

$$M(\boldsymbol{y}_i; \boldsymbol{p}) = \binom{m_i}{\boldsymbol{y}_i} p_1{}^{y_1} \cdots p_d{}^{y_d}$$

$$= \frac{m_i!}{y_{i1}! \cdots y_{id}!} p_1{}^{y_1} \cdots p_d{}^{y_d}$$

に従って発生したものと仮定する[36]．このときの尤度関数は

---

[36] $\boldsymbol{y} = (y_1, \ldots, y_d)$ とするとき，$\dfrac{m!}{y_1! \cdots y_d!}$ を $\dbinom{m}{\boldsymbol{y}}$ と表す．

$$L = \prod_{i=1}^{n} \binom{m_i}{\boldsymbol{y}_i} \prod_{k=1}^{d} p_k{}^{y_{ik}} \tag{4.40}$$

である[37]．p_k について，未知係数から構成される縦ベクトル $\boldsymbol{\beta}_{(k)} = (\beta_1^{(k)}, \ldots, \beta_v^{(k)})^T$ を用いて，以下のように表す．

$$
\hat{p}_k = \frac{\exp\left((\beta_1^{(k)}, \cdots, \beta_v^{(k)}) \begin{pmatrix} x_{i1} \\ \vdots \\ x_{iv} \end{pmatrix}\right)}{\sum\limits_{j=1}^{d} \exp\left((\beta_1^{(j)}, \cdots, \beta_v^{(j)}) \begin{pmatrix} x_{i1} \\ \vdots \\ x_{iv} \end{pmatrix}\right)}
$$

$$
= \frac{\exp(\boldsymbol{\beta}_{(k)}^T \boldsymbol{x}_i)}{\sum\limits_{j=1}^{d} \exp(\boldsymbol{\beta}_{(j)}^T \boldsymbol{x}_i)}
$$

$\hat{p}_k$ を (4.40) の p_k と置き換えると，尤度関数は

$$
L(\boldsymbol{\beta}_{(1)}, \ldots, \boldsymbol{\beta}_{(d)}) = \prod_{i=1}^{n} \binom{m_i}{\boldsymbol{y}_i} \prod_{k=1}^{d} \left(\frac{\exp(\boldsymbol{\beta}_{(k)}^T \boldsymbol{x}_i)}{\sum\limits_{j=1}^{d} \exp(\boldsymbol{\beta}_{(j)}^T \boldsymbol{x}_i)} \right)^{y_{ik}}
$$

となる．したがって，対数尤度関数は

$$
l(\boldsymbol{\beta}_{(1)}, \ldots, \boldsymbol{\beta}_{(d)}) = \sum_{i=1}^{n} \sum_{k=1}^{d} \left(\log \binom{m_i}{\boldsymbol{y}_i} + \log \left(\frac{\exp(\boldsymbol{\beta}_{(k)}^T \boldsymbol{x}_i)}{\sum\limits_{j=1}^{d} \exp(\boldsymbol{\beta}_{(j)}^T \boldsymbol{x}_i)} \right)^{y_{ik}} \right)
$$

$$
= \sum_{i=1}^{n} \sum_{k=1}^{d} y_{ik} \log \left(\frac{\exp(\boldsymbol{\beta}_{(k)}^T \boldsymbol{x}_i)}{\sum\limits_{j=1}^{d} \exp(\boldsymbol{\beta}_{(j)}^T \boldsymbol{x}_i)} \right) + d \sum_{i=1}^{n} \log \binom{m_i}{\boldsymbol{y}_i}
$$

$$
= \sum_{i=1}^{n} \sum_{k=1}^{d} y_{ik} \left(\boldsymbol{\beta}_{(k)}^T \boldsymbol{x}_i - \log \sum_{j=1}^{d} \exp(\boldsymbol{\beta}_{(j)}^T \boldsymbol{x}_i) \right) + d \sum_{i=1}^{n} \log \binom{m_i}{\boldsymbol{y}_i}
$$

---

[37] $\prod\limits_{i=1}^{n} z_i$ は n 個の積 $z_1 \cdots z_n$ を意味する．

となる．これを最大にするときの $\boldsymbol{\beta}_{(k)}$ が求める最尤推定量である．ただし，$\sum_{k=1}^{d} \hat{p}_k = 1$ となるから，d 個の $\boldsymbol{\beta}_{(k)}$ は独立ではないため，推定には工夫を要する．この問題を回避する方法の 1 つとして，$\boldsymbol{\beta}_{(d)} = \boldsymbol{0}$ とした上で，他の $\boldsymbol{\beta}_{(k)}$ $(k = 1, \ldots, d-1)$ の値を推定する方法が考えられる[38]．

4.3.7　ダミー変数を用いた線形モデルの多重共線性 *

(4.16) で定義されたダミー変数を導入したモデルは，現象の解釈こそ理解しやすいが，数学的には特殊な構造をもっており，未知係数の推定値は一意に定まらないことに注意が必要である．

Y を身長に関する変数とし，$D_{\mathrm{B}}, D_{\mathrm{G}}$ を男子生徒，女子生徒に関するダミー変数とする．簡単な状況として，それぞれの変数に 4 個のデータがある場合を考える．4.3.4 項と同様に，以下の線形回帰モデルとして表すことにする．

$$
\begin{pmatrix} y_1 \\ y_2 \\ y_3 \\ y_4 \end{pmatrix} = \begin{pmatrix} 1 & 1 & 0 \\ 1 & 0 & 1 \\ 1 & 0 & 1 \\ 1 & 1 & 0 \end{pmatrix} \begin{pmatrix} a_0 \\ a_1 \\ a_2 \end{pmatrix} + \begin{pmatrix} e_1 \\ e_2 \\ e_3 \\ e_4 \end{pmatrix}
$$

上式を $\boldsymbol{Y} = \boldsymbol{X}\boldsymbol{\beta} + \boldsymbol{e}$ で表すと，4 行 3 列の行列 $\boldsymbol{X}$ は 3 つの列ベクトル $\boldsymbol{u}_1, \boldsymbol{u}_2, \boldsymbol{u}_3$ を用いて，次のように表すことができる．

$$
\boldsymbol{X} = (\boldsymbol{u}_1, \boldsymbol{u}_2, \boldsymbol{u}_3),
$$
$$
\boldsymbol{u}_1 = (1,1,1,1)^T, \quad \boldsymbol{u}_2 = (1,0,0,1)^T, \quad \boldsymbol{u}_3 = (0,1,1,0)^T
$$

このとき

$$
\boldsymbol{u}_1 - \boldsymbol{u}_2 - \boldsymbol{u}_3 = \boldsymbol{0}
$$

となるから，$\boldsymbol{u}_1, \boldsymbol{u}_2, \boldsymbol{u}_3$ は 1 次従属となる[39]．行列 $\boldsymbol{X}$ の階数 $\mathrm{rank}(\boldsymbol{X})$ は，1 次独立な列ベクトルの最大次数となるから，$\mathrm{rank}(\boldsymbol{X}) < 3$ となる．一般に，行列 $\boldsymbol{A}$ の階数については以下の性質が成り立つ[40]．

---

[38] 4.2.11 項 (C) の計算で用いた MGLM ライブラリでは，この推定方法が採用されている

[39] $a_1 \boldsymbol{u}_1 + a_2 \boldsymbol{u}_2 + a_3 \boldsymbol{u}_3 = \boldsymbol{0}$ が成立する場合が $a_1 = a_2 = a_3 = 0$ に限る場合に，$\boldsymbol{u}_1, \boldsymbol{u}_2, \boldsymbol{u}_3$ は1 次独立であるといい，1 次独立とならない場合を 1 次従属であるという．この結果は，定数項とすべてのカテゴリのダミー変数を同時に説明変数としたときに，一般性を失うことなく成り立つ．

[40] 具体的な証明などについては，たとえば佐和隆光『回帰分析 (新装版)』(朝倉書店) を参照．

$$\mathrm{rank}(\boldsymbol{A}\boldsymbol{A}^T) = \mathrm{rank}(\boldsymbol{A}),$$

$$\mathrm{rank}(\boldsymbol{A}^T) = \mathrm{rank}(\boldsymbol{A})$$

したがって，行列 $\boldsymbol{X}^T\boldsymbol{X}$ の階数について

$$\mathrm{rank}(\boldsymbol{X}^T\boldsymbol{X}) = \mathrm{rank}(\boldsymbol{X}^T)$$

$$= \mathrm{rank}(\boldsymbol{X}) < 3$$

となることがわかる．このとき，$\boldsymbol{X}^T\boldsymbol{X}$ の行列式の値は 0 となる．すなわち，この行列は特異となり逆行列をもたない．したがって，最小 2 乗法による未知係数の推定量 (4.29) の値は一意に定まらない．

　モデルの右辺に説明変数を 1 つ追加しても，この状況は変わらない．たとえば，変数 Z のデータを z_1, z_2, z_3, z_4 とするとき，Z を説明変数として加えたときには

$$\begin{pmatrix} y_1 \\ y_2 \\ y_3 \\ y_4 \end{pmatrix} = \begin{pmatrix} 1 & 1 & 0 & z_1 \\ 1 & 0 & 1 & z_2 \\ 1 & 0 & 1 & z_3 \\ 1 & 1 & 0 & z_4 \end{pmatrix} \begin{pmatrix} a_0 \\ a_1 \\ a_2 \\ a_3 \end{pmatrix} + \begin{pmatrix} e_1 \\ e_2 \\ e_3 \\ e_4 \end{pmatrix}$$

となる．この場合は，4 つの列ベクトル

$$\boldsymbol{v}_1 = (1,1,1,1)^T, \boldsymbol{v}_2 = (1,0,0,1)^T, \boldsymbol{v}_3 = (0,1,1,0)^T, \boldsymbol{v}_4 = (z_1, z_2, z_3, z_4)^T$$

を用いて

$$\boldsymbol{X} = (\boldsymbol{v}_1, \boldsymbol{v}_2, \boldsymbol{v}_3, \boldsymbol{v}_4)$$

と表すことができるが

$$\boldsymbol{v}_1 - \boldsymbol{v}_2 - \boldsymbol{v}_3 + 0 \cdot \boldsymbol{v}_4 = \boldsymbol{0}$$

となり，この場合も 1 次従属となる．ダミー変数の定義を工夫しない限り，行列 $\boldsymbol{X}$ は 1 次従属となるため，未知係数の推定値は一意に定まらないことがわかる．

第 4 章の問題

問 4.1　気象庁アメダスの CSV ファイル kisyou3.csv を用いて，風速のデータに関する平滑化とモデル化を行う．このファイルには，ある月における札幌の 1 時間ごとの気象状況が収録されており，1 列目から順に降水量 (mm)，風速 (m/s)，風向，

気温 (度)，日照時間 (時)，現地気圧 (hPa)，相対湿度 (%)，海面気圧 (hPa)，蒸気圧 (hPa) の計 9 種類の変量に関する観測データから構成される．各変量の観測データは毎正時に計測されて行が増える方向へ更新されており，データ数は 600 である．次の〔1〕と〔2〕について検討せよ．

〔1〕風速の時系列データ全体の 100 分の 1，10 分の 1，2 分の 1，および 4 分の 3 を局所的な時間幅にとって平滑化を行い，それぞれの結果を 4 分割した画面に表示せよ．また，局所的な時間幅と平滑化された風速の傾向との間には，どのような関係があり，平滑化する時間幅を何時間程度にとると観測値の傾向を適切に把握できると考えられるかについて調べよ．

〔2〕変量 X, Y を以下の (a) と (b) とするとき，次のモデル

$$Y = a + b \cdot X$$

を関数 lsfit() を用いてデータより推定し，推定された直線を散布図に描け．

(a) Y：海面気圧，　　X：現地気圧

(b) Y：降水量，　　　X：湿度

推定されたモデルは変量 Y の変化をよく説明できるかを検討し，変量 Y を説明できる場合には，モデルが気象の観点から意味づけが可能であるかについても検討せよ．

問 4.2　気象庁アメダスの CSV ファイル kisyou3.csv を用いて，気温のデータに関するモデル化を行う．このファイルはある月における札幌の 1 時間ごとの気象状況を収録しており，1 列目から順に降水量 (mm)，風速 (m/s)，風向，気温 (度)，日照時間 (時)，現地気圧 (hPa)，相対湿度 (%)，海面気圧 (hPa)，蒸気圧 (hPa) の計 9 種類の気象観測変量に関するデータが記録されている．以下の〔1〕から〔3〕について検討せよ．

〔1〕風向を除く 8 つの気象要因について，気温との相関係数を小数第 2 位まで求めよ．次に，気温との相関係数が最も高い気象要因として，蒸気圧と日照時間があげられることを示せ．

〔2〕気温を説明するモデルとして，次の (A) から (C) を考える (a, b, c, d は未知の係数)．どのモデルが最もよく説明できるかを調べよ．関数 lm() を用いてモデルを推定し，自由度修正済み決定係数の値を比較して評価すること．

(A)　気温 $= a \cdot$ 蒸気圧

(B)　気温 $= b \cdot$ 日照時間

(C)　気温 $= c \cdot$ 蒸気圧 $+ d \cdot$ 日照時間

〔3〕〔2〕で最もよいと評価されたモデルを用いて気温を推定し，推定値を観測値の折れ線グラフの上に重ね描きして，気温の観測値の変化がどの程度推定可能であるかを調べよ．

問 4.3　気象庁アメダスの CSV ファイル kisyou4.csv を用いて，日照時間のデータのモデル化と予測を行う．このファイルはある月における札幌の 1 時間ごとの気象状況を収録しており，1 列目から順に降水量 (mm)，風速 (m/s)，風向，気温 (度)，日照時間 (時)，現地気圧 (hPa)，相対湿度 (%)，海面気圧 (hPa)，蒸気圧 (hPa) の計 9 種類の気象観測変量に関するデータが記録されている．以下の〔1〕から〔4〕について検討せよ．

〔1〕日照時間と各気象要因との相関係数を調べ，相関係数が高い気象要因として「湿度」と「気温」があげられることを示せ．

〔2〕日照時間を説明するモデルとして，以下の (A) から (C) を考える．

(A)　日照時間 $= a + b \cdot$ 湿度

(B)　日照時間 $= c + d \cdot$ 気温

(C)　日照時間の重回帰モデル (変数増加法による)

各モデルを関数 `lm()` を用いて推定し，AIC の値に基づいて 2 つのモデルを選択せよ．

〔3〕(C) の推定結果をみると，説明変量である湿度の係数には有意性を意味する *** が表示されないため，湿度が日照時間へ与える影響が無視できるとみなすことができる．そこで，(C) の変量から湿度を除いたモデル (D) を新たに考える．モデル (D) は，すべての説明変量が日照時間へ無視できない影響を与えることを検証せよ．

〔4〕モデル (A) と (D) を用いて，次の手順で日照時間の予測値を計算せよ．

　(i)　最初の 400 時間までのデータよりモデルを推定

　(ii)　続く 150 時間のデータを用いて予測値を計算

次に，画面を 2 分割して上段にモデル (A)，下段にモデル (D) の予測結果を

実測値と重ねてそれぞれプロットせよ．また，両者の予測値を比較したとき，AIC がより低いモデルに予測精度の向上が認められるかを調べよ．

問 4.4　気象庁アメダスの CSV ファイル kisyou5.csv を用いて，風速と気圧間の関係性に湿度の影響があるかどうかについて検討する．このファイルはある月における札幌の 1 時間ごとの気象状況を収録しており，1 列目から順に降水量 (mm)，風速 (m/s)，風向，気温 (度)，日照時間 (時)，現地気圧 (hPa)，相対湿度 (%)，海面気圧 (hPa)，蒸気圧 (hPa) の各観測変数が記録されている．各変数のデータ数は 767 である．以下の〔1〕から〔4〕について検討せよ．

〔1〕　まず，風速の変化の傾向を気圧より推定することを考え，モデルとして

$$風速 = a + b \cdot 気圧$$

を考える．すべての観測データに基づいて未知係数 a と b の値を推定して，気圧の値より風速の値を推定すると下図の点線のようになり，傾向の推定がある程度可能であることを検証せよ．

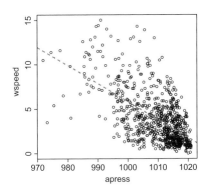

〔2〕　図 4.5 で示されたように，湿度を条件とした気圧と風速間の条件付き散布図に基づくと，〔1〕で調べたモデルは湿度によって散布図の傾向が変化することが予想される．そこで，湿度のレベルを 3 つの階級に分け，それぞれについて〔1〕のモデルを推定することを考える．

データを「湿度が 60 パーセント未満」，「湿度が 60 パーセント以上 70 パーセント未満」，「湿度が 70 パーセント以上」の 3 つのグループに分類した後，グループごとに〔1〕のモデルを推定せよ．次に，推定結果を基に (i) と (ii) について評価せよ．

(i) 推定された係数はすべて有意に 0 とは異なる値を示すか.

(ii) 3 つのグループ間で係数の値は同じとみなしてもよいか.

〔3〕〔1〕で推定されたモデルを「モデル (A)」,〔2〕で推定されたモデルを「モデル (B)」とするとき, 各モデルを用いて風速を推定した値と風速の実測値とを比較すると, 下図のような結果が得られることを検証せよ. 横軸は実測値, 縦軸はモデルの推定値を示し, 点線は両者の値が一致する点を意味する.

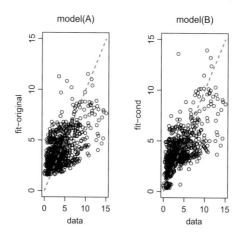

〔4〕モデル (A) とモデル (B) のそれぞれについて, 風速の観測データと推定値の差 (推定誤差) に関するヒストグラムを示せ. また, モデル (A) とモデル (B) のそれぞれについて

(i) 推定誤差の平均値

(ii) 推定誤差の 2 乗に関する平均値, MSE (mean squared error)

の値を小数第 2 位まで求めて比較し, どちらのモデルがよりよい精度の推定を行っているかを評価せよ.

問 4.5　ある株式会社の日々の株価について, 前日から株価が上昇, あるいは変化がない場合を 1, 下落した場合を 0 とした 2 値から構成されるデータと, この日の売買数量に関する前日からの変化 (当日の数量 − 前日の数量) を記録した CSV ファイル, **stock1.csv** がある. このファイルには 1 列目から順に, 日次の株価 (円), 株価の上昇・下落に関する 2 値, 売買数量の変化 (百万株) に関する時系列データがそれぞれ記録されている. これに基づいて,〔1〕から〔6〕を検討せよ.

〔1〕売買数量に関する前日からの変化を横軸，株価の変化に関する 2 値を縦軸に
とって，散布図を描け．散布図より，売買数量の変化と株価の上昇・下落との
間にはどのような傾向があることが予想されるか．

〔2〕株価の上昇・下落に関する 2 値を Y，売買数量の前日からの変化を X とする．
X の観測値が x のときに Y が 1 となる条件付き確率について，a と c を未知
係数とした以下のロジットモデルを用いて推定する．

$$P(Y = 1 \mid X = x) = \frac{1}{1 + \exp(-c - ax)}, \quad a > 0$$

関数 glm() を定数項のついたロジットモデルを指定して実行すると，上記の
モデルの未知係数 a と c の推定値が得られる．このことを用いて，a と c の推
定値をそれぞれ求めよ．

〔3〕〔2〕で得られた未知係数の値を用いて散布図の傾向を推定して，散布図に重
ね描きせよ．

〔4〕売買数量の変化が，株価の上昇と下落に関する 2 値の変化へ統計的に有意な影
響を与えているかどうかについて，関数 summary() を実行して調べよ．

〔5〕〔2〕のモデルは未知係数 b を用いて以下のように表すことができる．

$$P(Y = 1 \mid X = x) = \frac{1}{1 + \exp(-a(x - b))}, \quad a > 0$$

これは，x がある未知のしきい値 b を超えて増加すると左辺の確率が急激に大
きくなることを意味する．

〔2〕と〔4〕の結果を基にして，b の値を推定せよ．

〔6〕〔5〕の推定結果に基づくと，株価が下落 (あるいは変化なし) の状態から上昇
に転じるのは，売買数量がどのようになる場合かを検討せよ．

問 4.6　7 月から 8 月までの各日における日照時間 (単位は時間)，日最高気温 (単
位は度)，および午前 6 時と午後 6 時における天候のカテゴリ (「快晴」から「大
雨」までの 6 種類) に関するデータ (気象庁アメダス) がこの順に記録された CSV
ファイル kisyou6.csv がある．これを用いて，午後 6 時における天候のカテゴリが
他の変量を用いてどの程度推定できるかについて，モデル化を通して調べる．以下
の〔1〕から〔4〕について検討せよ．

〔1〕午前 6 時と午後 6 時における天候の 6 つのカテゴリについて，良い天候のカ
テゴリから悪い天候のカテゴリまでを順に並べて 1 から 6 までの整数で数値

化し，両者の散布図を描け．また，散布図の状態より，午前6時と午後6時に
おける天候の間には相関関係があるかどうかを検討せよ．

〔2〕〔1〕で数値化した午後6時における天候のカテゴリと，他の3つの変数（日
照時間，日最高気温，〔1〕で数値化した午前6時における天候のカテゴリ）と
の間で相関係数を計算せよ．また，午後6時における天候のカテゴリが，3つ
の変数の観測データを用いて精度よく説明できるかどうかを検討せよ．

〔3〕日照時間を S，日最高気温を T，午前6時の天候のカテゴリを I_{AM6}，午後6
時の天候のカテゴリを I_{PM6} とする．I_{PM6} を以下のモデルを用いて推定する
とき，統計的に最も妥当と考えられるものはどれか．

$$(A)\ I_{PM6} = a_1 I_{AM6}$$

$$(B)\ I_{PM6} = a_1 S + a_2 I_{AM6}$$

$$(C)\ I_{PM6} = a_1 T + a_2 I_{AM6}$$

$$(D)\ I_{PM6} = a_1 S + a_2 T + a_3 I_{AM6}$$

〔4〕〔3〕で最も妥当と評価されたモデルを用いて I_{PM6} の値を推定した値と実際
の I_{PM6} の値との散布図を描き，モデルの推定精度を評価せよ．

問 4.7 2022年1月から2023年1月までの13カ月間における日次の気象データ
が記録された CSV ファイル kisyou7.csv がある（気象庁アメダス）．このデータは，
(A) と (B) の観測項目から構成されている．

(A) 半月間において，夜（18時から翌日の6時まで）における天気概況の各カテ
ゴリの観測回数が X1 から X9 の各変量に記録されている．天気概況は9つの
カテゴリ，"快晴"，"晴"，"薄曇"，"曇"，"雨"，"大雨"，"みぞれ"，"雪"，
"大雪" で定義されるものとする．

(B) (A) と同じ期間における平均気圧 (hPa)，平均気温 (度)，および平均湿度 (%)
に関する観測結果がこの順番に記録されている．

以下の〔1〕から〔3〕について検討せよ．

〔1〕2022年1月から12月までの1年間において，天気概況に関する9つのカテゴ
リの発生頻度分布の変化をヒートマップ (3.1.4項を参照) で可視化し，その変
化の特徴を説明せよ．関数 image() を実行する際，表示色を示すオプション
col で「col=gray.colors(12,rev=TRUE)」と指定してグレースケールで表

示せよ．なお，image() で指定するオブジェクトは行列構造でなければいけな
いが，このデータはデータフレーム構造であるため，関数 as.matrix()(2.3.2
項を参照) を用いて行列へ変換する必要があることに注意する．

〔2〕9 つのカテゴリの頻度が，多項分布に基づく多項ロジットモデルに従うと仮定
する．ライブラリ MGLM の関数 MGLMreg() の実行結果に基づいて，(B) で
定義された変量のうち，AIC と係数の有意性の観点から総合的に最も評価が
高いモデルを 1 つあげよ．

〔3〕2022 年 1 月から 12 月までの半期ごとのデータ (データ数は 24 個) に基づい
て，〔2〕で選択された多項ロジットモデルの未知係数 (パラメータ) を推定せ
よ．また，推定されたモデルを用いて 2023 年 1 月の説明変数の観測値からカ
テゴリの発生確率の分布を予測し，実際に発生した分布とどの程度合致するか
を評価せよ．

解答例

問 4.1

〔1〕平滑化の結果は，平均を求める際に用いる時系列データの範囲 (時間幅) に影
響する．この関係を調べるため，全データ数に対する割合として時間幅を与え
て lowess() を実行する．以下の例では，関数 lowess() で上記の割合を指
定するオプション f で，f=1/100 (データ全体の 100 分の 1 のデータを用いて
平均する)，f=1/10，f=1/2，f=3/4 をそれぞれ指定して実行し，その結果を 4
つのオブジェクト (ws.1.lowess など) へそれぞれ入力する．次に，風速の散
布図に平滑化した 4 つの結果を重ね描きし，4 分割した画面に表示する．プロ
グラム例を以下に示す．

```
# データ数は 600
> n.max <- 600
# CSV ファイルの読み込み
> kisyou.dat <- read.csv(file="c:/Users/データ/kisyou3.csv")
# 風速は第 2 列目 => ベクトル ws2 として入力
> ws2 <- kisyou.dat[1:n.max, 2]
```

```
# 平滑化 (関数 lowess() を使用する)
#   オプション f で平滑に使用するデータの割合を与える
> ws.1.lowess  <- lowess(ws2, f=1/100)
> ws.2.lowess  <- lowess(ws2, f=1/10)
> ws.3.lowess  <- lowess(ws2, f=1/2)
> ws.4.lowess  <- lowess(ws2, f=3/4)
# 4 つの出力結果を A4 画面に分割して表示する
> par(mfrow=c(2,2))
#  平滑化した結果を風速のプロットの上に重ね描きする
# f=1/100 (データ 6 個 (6 時間の時間幅) で平滑)
> plot(ws2, type="l", xlim=c(0,n.max), ylim=c(0,15), col="gray",
+ xlab="", ylab="")
> par(new=T)
> plot(ws.1.lowess$y, type="l", lty=c(1), lwd=c(2), main="f=1/100",
+ xlim=c(0,n.max), ylim=c(0,15), xlab="time (hour)", ylab="w.speed")
# f=1/10 (データ 60 個 (2.5 日間の時間幅) で平滑)
> plot(ws2, type="l", xlim=c(0,n.max), ylim=c(0,15), col="gray",
+ xlab="", ylab="")
> par(new=T)
> plot(ws.2.lowess$y, type="l", lty=c(1), lwd=c(2), main="f=1/10",
+ xlim=c(0,n.max), ylim=c(0,15), xlab="time (hour)", ylab="w.speed")
# f=1/2 (データ 300 個 (12.5 日間の時間幅) で平滑)
> plot(ws2, type="l", xlim=c(0,n.max), ylim=c(0,15), col="gray",
+ xlab="", ylab="")
> par(new=T)
> plot(ws.3.lowess$y, type="l", lty=c(1), lwd=c(2), main="f=1/2",
+ xlim=c(0,n.max), ylim=c(0,15), xlab="time (hour)", ylab="w.speed")
# f=3/4 (データ 450 個 (約 19 日間の時間幅) で平滑)
> plot(ws2, type="l", xlim=c(0,n.max), ylim=c(0,15), col="gray",
+ xlab="", ylab="")
> par(new=T)
> plot(ws.4.lowess$y, type="l", lty=c(1), lwd=c(2), main="f=3/4",
+ xlim=c(0,n.max), ylim=c(0,15), xlab="time (hour)", ylab="w.speed")
```

　風速データを平滑化した結果を図 4.24 に示す (グレーの実線は観測値, 黒の実
線は平滑化された値). 比率を全データ数の 100 分の 1 (f=1/100) の比率とし

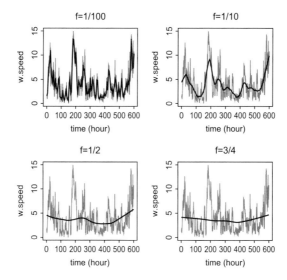

図 4.24 風速の変化を平滑化した結果

た時間幅 (6 時間に相当) の場合，平滑化された結果はデータ全体の挙動とほ
ぼ同一となってしまい，「傾向の推定」として適当とはいえない．一方，比率
を 4 分の 3 (f=3/4) とした時間幅は単調すぎ，この場合も時系列データの変
化の傾向を推定するに十分とはいえない．データをどの比率でとればよいかと
いう問題は，「傾向」をどのように捉えればよいかということにも関係する難
しい問題であるが，この計算の範囲ではデータ全体の 10 の 1 を比率とした時
間幅，すなわち

$$600 \text{ 個} \times 0.1 = 60 \text{ 個} = 60 \times 1 \text{ 時間} = 60 \text{ 時間} = 2.5 \text{ 日}$$

で平滑化するのが 1 つの目安ではないかと考えられる．なお，この結果は観測
値の変化の特徴に依存するため，どのようなデータであっても f=1/10 であれ
ばよいということを意味しているわけではないことに注意する．

〔2〕(a) と (b) の各モデルについて推定を行ったプログラムと，実行結果を示す．

(a) のモデル

プログラム例を以下に示す．kisyou.dat の 8 列目にある海面気圧のデータを
6 列目にある現地気圧の観測値に基づいて説明するモデルを推定する．最初に
散布図を描き，その後に関数 lsfit() を用いて推定された直線の重ね描きを

行う関数 abline() を実行するとよいので，lsfit() の推定結果をオブジェクト reg.res へ出力し，これを abline() の括弧内で指定する．abline() は推定された直線を散布図の上に自動的に上書きする．

モデル「$Y = a + b \cdot X$」を推定する際には lsfit(X, Y) を実行する．指定するベクトルの順番を逆にしないように注意が必要である．変数 X と Y のベクトルを逆に指定した場合，「$X = a + b \cdot Y$」というモデルが推定される．このモデルは「Y の観測値に基づいて X の傾向を推定する式」となり，モデルのもつ意味が全く異なる．

```
# (a) のモデル化　現地気圧 -> 海面気圧
# データの読み込み
#        CSV ファイルの絶対パスは各自の環境にあわせて設定する
> kisyou.dat <- read.csv(file="c:/データ/kisyou3.csv")
# モデルの推定
> reg.res <- lsfit(kisyou.dat[,6], kisyou.dat[,8])
# 散布図を描き，その上に推定された直線を重ね描きする
> plot(kisyou.dat[,6], kisyou.dat[,8], xlab="X (hPa)",
+ ylab="Y (hPa)")
> abline(reg.res, lty=c(1), lwd=c(2), col="red")
```

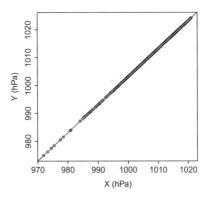

図 4.25　モデル (a) の推定結果

推定結果を図 4.25 に示す．地表面と付近の海表面との間の気圧の差はそれほど顕著ではなく，同期するような変化をするため，両者の散布図を描くと，上

記のようにほぼ直線に近い傾向を示す. この 2 次元データに基づいて直線のモデル化を行った場合, 自然な結果として推定結果は実際のデータがもつ傾向を大変よく近似する.

(b) のモデル

kisyou.dat の 1 列目にある降水量の値を 7 列目の湿度の値で説明するモデルを考える.

```
# (b) のモデル化　湿度 -> 降水量
> plot(kisyou.dat[,7], kisyou.dat[,1], xlab="X (%)",
+ ylab="Y (mm)")
#　散布図を描き, その上に推定された直線を重ね描きする
> reg.res <- lsfit(kisyou.dat[,7], kisyou.dat[,1])
> abline(reg.res, lty=c(1), lwd=c(2), col="blue")
```

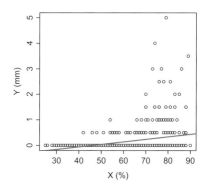

図 4.26　モデル (b) の推定結果

図 4.26 の推定結果が得られる. 湿度と降水量との傾向は直線的なものというよりは曲線的にみえる. このような場合には, 直線的なモデルをデータへあてはめても傾向を十分に推定することはできない.

問 4.2

〔1〕以下のプログラム例を実行すると, 3 列目にある風向のデータを除いた 8 つの気象要因間の相関係数が行列 (相関行列) として表示される. 行列に含まれる特定の列を除いた行列を定義する場合には, 除外する列番号の前にマイナスを

つける. たとえば, `kisyou.dat` から 3 列目だけを除いた行列, および 1 列目
と 4 列目だけを除く行列を新たに定義する場合には, それぞれ `kisyou.dat[,`
`-3]`, `kisyou.dat[, -c(1,4)]` を実行する.

```
> kisyou.dat <- read.csv(file="C:/Users/データ/kisyou3.csv")
> cor(kisyou.dat[, -3])
```

この行列のなかで 3 行目にある値が気温との相関係数にあたる. この行に属す
るデータだけを取り出して, 関数 `round()` を実行して小数第 2 位までを指定
する.

```
> soukan <- cor(kisyou.dat[, -3])
> round(soukan[3,], 2)
```

`cor(kisyou.dat[, -3])` の出力結果が行列となっていることを利用して, 以
下を実行しても同じ結果が得られる.

```
> soukan <- cor(kisyou.dat[, -3])[3,] ;  round(soukan, 2)
```

実行結果は以下のとおりとなり, 気温との相関係数が高い変量として蒸気圧
(0.54), 日照時間 (0.43) があげられる.

降水量	風速	気温	日照時間
-0.19	0.12	1.00	0.43
現地気圧	相対湿度	海面気圧	蒸気圧
-0.25	-0.39	-0.26	0.54

〔2〕 〔1〕で作成した `kisyou.dat` を基に, 関数 `lm()` を用いてモデル (A) からモ
デル (C) の係数を推定し, その結果を `res1` から `res3` の 3 つのベクトルへそ
れぞれ入力する. 問題のモデルには, 定数項 (切片項) が含まれていないこと
に注意する. 切片項をもたないモデルの傾きを推定する場合には, `lm()` で与
えるモデル式の最後にオプション `-1` をつける. また, モデルの推定結果に関
する詳細を表示するためには `summary()` を実行する. プログラム例を以下に
示す (一部略).

```
> temp      <- kisyou.dat[,4]    # 気温（4 列目）
> jyouki    <- kisyou.dat[,9]    # 蒸気圧（9 列目）
> nissyou   <- kisyou.dat[,5]    # 日照時間（5 列目）
> sitsudo   <- kisyou.dat[,7]    # 湿度（7 列目）
# モデル（A），（B），（C）の未知係数（a，b，c ,d）を
# それぞれ推定し，推定結果をオブジェクト res1 から res3 へ出力する
> res1 <- lm(temp ~ jyouki-1)
> res2 <- lm(temp ~ nissyou-1)
> res3 <- lm(temp ~ jyouki + nissyou -1)
# モデル（A），モデル（B），モデル（C）の各推定結果を表示する
> summary(res1)    # モデル（A）の推定結果
Call:
lm(formula = temp ~ jyouki - 1)

Residuals:
    Min      1Q  Median      3Q     Max
-6.2004 -2.4336 -0.0002  2.7415 11.1666

Coefficients:
        Estimate Std. Error t value Pr(>|t|)
jyouki  1.33335    0.01595    83.6   <2e-16 ***
---
Residual standard error: 3.391 on 599 degrees of freedom
Multiple R-squared:  0.9211,    Adjusted R-squared:  0.9209
F-statistic:  6989 on 1 and 599 DF,  p-value: < 2.2e-16


> summary(res2)    # モデル（B）の推定結果
Call:
lm(formula = temp ~ nissyou - 1)

Residuals:
   Min     1Q Median     3Q     Max
 -9.09   4.70   9.20  11.60   20.30

Coefficients:
```

```
          Estimate Std. Error t value Pr(>|t|)
nissyou  16.9886    0.9226    18.41    <2e-16 ***
---
Residual standard error: 9.644 on 599 degrees of freedom
Multiple R-squared:  0.3615,    Adjusted R-squared:  0.3604
F-statistic: 339.1 on 1 and 599 DF,  p-value: < 2.2e-16


> summary(res3)    # モデル (C) の推定結果
Call:
lm(formula = temp ~ jyouki + nissyou - 1)

Residuals:
   Min     1Q Median     3Q    Max
-8.130 -1.724  0.004  2.022  8.248

Coefficients:
          Estimate Std. Error t value Pr(>|t|)
jyouki   1.20377    0.01379    87.28    <2e-16 ***
nissyou  5.73339    0.28050    20.44    <2e-16 ***
---
Residual standard error: 2.604 on 598 degrees of freedom
Multiple R-squared:  0.9535,    Adjusted R-squared:  0.9534
F-statistic:  6135 on 2 and 598 DF,  p-value: < 2.2e-16
```

各モデルの推定結果より，`Adjusted R-squared`で示される自由度修正済み決定係数の値を比較する．その結果，モデル (C) が 0.95 と最も 1 に近く，観測値の説明力が最も高いモデルであることがわかる．また，モデル (C) の蒸気圧と日照時間の推定値の右側にはともに `***` が表示され，`Pr(>|t|)` で示される p 値もほぼ 0 とみなされる．これは，蒸気圧と日照時間の観測値がともに気温の観測値の変化に無視できない影響を与えていることを示唆している．

〔3〕〔2〕で自由度修正済み決定係数が最も 1 に近い値を示したモデル (C) を用いて，気温の変化を推定してみる．モデル (C) の推定結果を用いて得られた気温の推定値は，`lm()` を用いてモデル (C) を推定した際の結果を記録したオブ

ジェクト res3 を用いて, fitted(res3) を実行するとベクトルに出力される.
そこで, fitted(res3) によって得られるモデルの推定値に, 気温の観測値
を含むベクトル temp を重ね描きする. 以下に示すプログラム例を実行する.

```
# 推定結果の出力
> plot(temp, type="l", ylim=c(0,25), ylab="", xlab="")
> par(new=T)
> plot(fitted(res3), ylim=c(0,25), type="b", col="red",
+ ylab="temperature (deg.)", xlab="hours", main="")
```

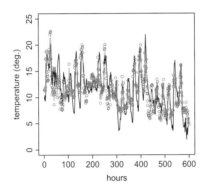

図 4.27 モデル (C) による気温の推定結果 (カラー口絵参照)

実行結果を図 4.27 に示す (実線は気温の観測値, 丸い点はモデル (C) に基づ
く気温の推定値). 細かな変動の推定は難しいものの, 気温の変化の傾向はあ
る程度捉えられるようにみえる.

par(new=T) を実行して 2 つの plot() による重ね描きを行う場合, plot()
をオプションなしで実行すると, それぞれの plot() で y 軸の値の範囲が自動
的に設定されるために, スケールがずれる可能性が高くなる. 軸のスケール
がずれる場合には, 2 つの plot() を実行する際にオプション xlim, ylim を
用いて, x 軸, y 軸がとる値の範囲をそれぞれあわせる. この例では, y 軸の
範囲を 0 から 25 までに統一している. また, x 軸や y 軸の軸名, およびメイ
ンタイトルについても, 2 つの plot() をオプションなしで実行すると, それ
ぞれが自動的に設定されるため, 文字が重なって表示される. この問題を回避
するためには, オプション xlab=, ylab=, main= を指定する必要がある. た

とえば，1 回目の plot() を実行する際に xlab="", ylab="" を指定して両軸に空白文字を入力し，2 回目の plot() を実行する際には xlab, ylab で入力する文字列 ("hours" など) を指定するといった工夫をするとよい．

問 4.3

〔1〕下記を実行すると，気象要因間の相関係数を示す相関行列が表示される．

```
> kisyou.dat <- read.csv(file="C:/Users/データ/kisyou4.csv")
> cor(kisyou.dat)
```

表示される行列の 4 行目にある数値は，日照時間との相関係数にあたるので，この行の数値を抜き出し，数値の丸めを行う関数 round() を用いて小数第 2 位まで表示する．

```
> round(cor(kisyou.dat)[4,],2)
        kousui        wspeed          kion       nissyou        kiatsu
         -0.16         -0.09          0.43          1.00          0.23
       sitsudo kaimen.kiatsu        jyouki
         -0.54          0.23         -0.14
```

日照時間との相関係数の絶対値が最も高い気象要因は湿度 (−0.54) であり，次に高い要因が気温 (0.42) であることがわかる．

〔2〕関数 lm() を実行してモデル (A) から (C) の未知係数を推定した後，summary() を実行して推定結果の詳細を表示する．実行例と実行結果を以下に示す (一部略)．

```
# モデル (A) の推定
> res1 <- lm(nissyou ~ sitsudo, data=kisyou.dat)
> summary(res1)
Call:
lm(formula = nissyou ~ sitsudo, data = kisyou.dat)

Residuals:
     Min       1Q    Median       3Q       Max
-0.50933 -0.21190 -0.04966  0.10698  1.07202
```

```
Coefficients:
            Estimate   Std. Error t value  Pr(>|t|)
(Intercept)  1.050123   0.054076    19.42  <2e-16 ***
sitsudo     -0.013520   0.000855   -15.81  <2e-16 ***
---

Residual standard error: 0.3083 on 598 degrees of freedom
Multiple R-squared:  0.2949,    Adjusted R-squared:  0.2937
F-statistic: 250.1 on 1 and 598 DF,  p-value: < 2.2e-16
```

```
# モデル (B) の推定
> res2 <- lm(nissyou ~ kion, data=kisyou.dat)
> summary(res2)
Call:
lm(formula = nissyou ~ kion, data = kisyou.dat)

Residuals:
    Min      1Q  Median      3Q     Max
-0.5870 -0.2203 -0.1079  0.1046  0.9172

Coefficients:
            Estimate   Std. Error  t value  Pr(>|t|)
(Intercept) -0.258779   0.043384   -5.965   4.19e-09 ***
kion         0.041662   0.003598   11.580    < 2e-16 ***
---

Residual standard error: 0.3319 on 598 degrees of freedom
Multiple R-squared:  0.1832,    Adjusted R-squared:  0.1818
F-statistic: 134.1 on 1 and 598 DF,  p-value: < 2.2e-16
```

```
# モデル (C) の推定 (ステップワイズ)
# モデル (A) を推定した後，変数を増やしながら AIC が最もよいモデルを選択
> res1 <- lm(nissyou ~ sitsudo, data=kisyou.dat)
> res.step <- step(res1, direction="forward", trace=F,scope=list
+ (upper=~kousui+wspeed+kion+kiatsu+sitsudo+kaimen.kiatsu+jyouki)
+ )
```

```
> summary(res.step)
Call:
lm(formula = nissyou ~ sitsudo + kion + kiatsu + jyouki + kousui,
    data = kisyou.dat)

Residuals:
     Min       1Q   Median       3Q      Max
-0.62785  -0.19908  -0.03718   0.14248   0.91052

Coefficients:
             Estimate  Std. Error  t value  Pr(>|t|)
(Intercept) -11.165834    1.490207   -7.493  2.46e-13 ***
sitsudo       0.005159    0.003621    1.425  0.154760
kion          0.093087    0.013981    6.658  6.32e-11 ***
kiatsu        0.010749    0.001472    7.300  9.27e-13 ***
jyouki       -0.102590    0.024874   -4.124  4.25e-05 ***
kousui        0.088425    0.025581    3.457  0.000586 ***
---

Residual standard error: 0.2771 on 594 degrees of freedom
Multiple R-squared:  0.4342,    Adjusted R-squared:  0.4294
F-statistic: 91.15 on 5 and 594 DF,  p-value: < 2.2e-16
```

ここで，推定結果に基づいて各モデルのあてはめによる AIC の値を調べる．
関数 AIC() を実行すると以下の結果が得られ，モデル (C)，モデル (A) の順
によいモデルであると評価されるので，モデル (A) と (C) を選択する．

```
> AIC(res1); AIC(res2);AIC(res.step)
[1] 294.8369
[1] 383.0519
[1] 170.7835
```

〔3〕〔2〕においてモデル (C) の推定結果をみると，湿度を示す変数 sitsudo に
は ∗∗∗ が表示されておらず (p 値は 0.155)，有意水準を 5 パーセントでみた場
合，係数が 0 である帰無仮説は棄却できない．そこで，モデル (C) の説明変

数から sitsudo を除く kion, kiatsu, jyouki, kousui の 4 変数を用いて日
照時間を説明する新しいモデル (D) を定義して推定する．実行例と推定結果
を以下に示す (一部略)．

```
> res1b <- lm(nissyou ~kion+kiatsu+jyouki+kousui,
+ data=kisyou.dat)
> summary(res1b)
Call:
lm(formula = nissyou ~ kion + kiatsu + jyouki + kousui,
+ data = kisyou.dat)

Residuals:
     Min      1Q   Median      3Q      Max
-0.61429 -0.19849 -0.03044  0.14981  0.92359

Coefficients:
             Estimate Std. Error  t value  Pr(>|t|)
(Intercept) -11.263421   1.489920   -7.560  1.54e-13 ***
kion          0.073899   0.003757   19.669  < 2e-16 ***
kiatsu        0.011093   0.001454    7.631  9.32e-14 ***
jyouki       -0.068233   0.006103  -11.180  < 2e-16 ***
kousui        0.092494   0.025443    3.635  0.000302 ***
---

Residual standard error: 0.2774 on 595 degrees of freedom
Multiple R-squared:  0.4322,    Adjusted R-squared:  0.4284
F-statistic: 113.2 on 4 and 595 DF,  p-value: < 2.2e-16
```

モデル (D) では，すべての変数に *** が示される．推定結果は，4 つの変数の
観測値がすべて無視できない影響を日照時間の変化へ与えていると評価できる．
〔4〕最初の 400 個のデータを用いてモデルの未知係数の推定を行った後，続く 150
個のデータを用いて予測を行う．プログラム例を以下に示す．

```
# モデルの推定に使用するデータ
> training.dat <- kisyou.dat[1:400,]
# 予測に使用するデータ
> test.dat <- kisyou.dat[401:550,]
# 最初の 400 個のデータでモデル (A) を推定
> est1 <- lm(nissyou ~ sitsudo, data=training.dat)
# 最初の 400 個のデータでモデル (D) を推定
> est2 <- lm(nissyou ~ kion+kiatsu+jyouki+kousui,
+ data=training.dat)
# AIC の計算
> AIC(est1); AIC(est2)
[1] 193.9472
[1] 104.9133
# 予測
> sitsudo.pred <- predict(est1, test.dat)
> step.pred    <- predict(est2, test.dat)
# 予測結果のプロット
> par(mfrow=c(2,1))
# 1) model(A) の予測結果 (上段に出力)
#    日照時間の全データ (550 個) をプロット
> plot(kisyou.dat[1:550,4], type="l", ylim=c(0,1.5),
+ xlab="", ylab="")
#    重ね描き
> par(new=T)
#    モデル (A) の予測値をベクトルに入力 (青色の線プロット)
> pred.data <- as.vector(c(rep(NA, 400),  sitsudo.pred))
#    ベクトル pred.data を重ね描き
> plot(pred.data, type="l", xlab="hours", col="blue",
+ ylab="nissyou jikan", ylim=c(0,1.5), lty=c(1), lwd=c(2),
+ main="model (A) (AIC=194)")
#  2) model(D) の予測結果 (下段に出力)
#     日照時間の全データ (550 個) をプロット
> plot(kisyou.dat[1:550,4], type="l", ylim=c(0,1.5),
+ xlab="", ylab="")
> par(new=T)
```

```
#　モデル (D) の予測値をベクトルに入力
> pred.data <- as.vector(c(rep(NA, 400),  step.pred))
#　ベクトル pred.data を重ね描き
> plot(pred.data, type="l", lty=c(1), lwd=c(2), ylim=c(0,1.5),
+ xlab="hours", ylab="nissyou jikan", col="red",
+ main="model (D) (AIC=105)")
```

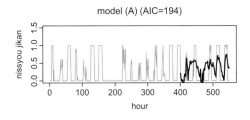

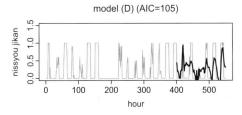

図 **4.28**　モデル (A) とモデル (D) による日照時間の予測結果

AICが支持したモデル (A) (AIC=194) と〔3〕で検討したモデル (D) (AIC=105) のそれぞれを用いて 150 時間先までの長期予測を行った例を図 4.28 に示す (グレーは実測値，黒はモデルを用いた予測値)．予測値をみる限り，AIC が小さいモデル (D) を用いた予測値がモデル (A) を用いた予測結果に比べて十分に改善されたとはいえない．過去のデータに基づく説明力が高いモデルを AIC で選択して予測を行っても，将来の予測精度が十分に改善されない場合が起こりうる．予測結果をさらに改善させるためには，モデルの構造を変えて，異なる観点から予測する可能性も視野に入れて検討する必要がある．

問 4.4

〔1〕出力結果を描くために用いたプログラミング例を示す．kisyou5.csv を入力後，風速，気圧，湿度のデータをベクトル wspeed, apress, sitsudo としてそれぞれ入力する．次に，関数 lm() を用いて「風速 $= a + b \cdot$ 気圧」をデータか

ら推定して描いた散布図に abline() で推定結果を描く.

```
# データを入力
> kisyou.dat <- read.csv(file="C:/Users/データ/kisyou5.csv")
# 風速, 気圧, 湿度のデータをベクトルとする
> wspeed  <- kisyou.dat[,2]
> apress  <- kisyou.dat[,6]
> sitsudo <- kisyou.dat[,7]
# 気圧で風速を回帰して, 推定結果を散布図へ描画
> plot(apress, wspeed, ylim=c(0,15))
> res <- lm(wspeed ~ apress)
> abline(res, col="red", lty=c(2), lwd=c(2))
# 風速, 気圧, 湿度, モデルによる風速の推定値を base.dat へ
> fit <- fitted(res)
> base.dat <- cbind(wspeed, apress, sitsudo, fit)
```

気圧が低くなる (低気圧が通過する) と風速は強くなる. 上記の散布図は, 比較的強い直線的な減少の傾向をもつことを示している. 実際, 相関係数を関数 cor() を実行して調べると -0.6 となり, 負の相関があることが認められる. 推定結果 (点線) は顕著ではないものの, ある程度風速の変化を説明できると評価できる. なお, 負の相関をもつ 2 次元データを直線のモデルで推定した場合, 傾きの推定値もまた負の値となることは, 最小 2 乗法による推定量を基に数学的に検証できる[41].

〔2〕〔1〕の推定で用いた base.dat に含まれる sitsudo の値が 60 未満, 60 以上 70 未満, および 70 以上の 3 つの範囲で場合分けし, 各条件を満たすデータをまとめたデータセットをそれぞれ one, two, thr とする. そしてデータセットごとに〔1〕のモデルを推定する. lm() でモデルを推定する際には変数名が必要となるため, 分類されたデータセットに対して関数 data.frame() を実行して変数を含むデータフレームを作成する.

```
one <- data.frame(one)
lm(wspeed ~ apress, data=one)
```

[41] 4.3.2 項を参照.

lm() のオプション data で，オブジェクト one を指定していることに注意
する．lm(wspeed ~ apress) を実行する場合には，wspeed や apress 自体
がベクトルとして認識されているが，上記のように data を指定する場合の
wspeed と apress はデータフレーム one のなかの変数として認識する．

〔1〕で生成した base.dat のすべてのデータを湿度の条件で 3 つのクラスに
層別化する作業では，if 文と for 文を用いて処理を行う必要がある．以下はプ
ログラム例である．

```
# 湿度を 3 つのクラスに層別化する
> one    <- NULL
> two    <- NULL
> thr    <- NULL
> for(i in 1:length(sitsudo)){
+   if(base.dat[i,3] < 60 ){
+     updated <- base.dat[i,]
+     one <- rbind(one, updated)
+   }
+   if(base.dat[i,3] >= 60 && base.dat[i,3] < 70){
+     updated <- base.dat[i,]
+     two <- rbind(two, updated)
+   }
+   if(base.dat[i,3] >= 70){
+     updated <- base.dat[i,]
+     thr <- rbind(thr, updated)
+   }
+ }
# データフレームを作成
> one <- data.frame(one); two <- data.frame(two);
+ thr <- data.frame(thr)
# 湿度のクラスごとにモデルを推定
> lm.one <- lm(wspeed ~ apress, data=one)
> lm.two <- lm(wspeed ~ apress, data=two)
> lm.thr <- lm(wspeed ~ apress, data=thr)
```

湿度のクラスごとに，モデルの推定結果を summary() で調べた結果を以下に

示す (一部略). すべてのクラスにおいて，推定値が 0 から有意に異なる値を
とることが t 値や p 値よりわかり，気圧が風速の変化の傾向を推定する際に無
視できない影響を与えていると評価できる．また，湿度のクラスが増加するご
とに b の推定値は -0.13, -0.17, -0.28, a の推定値は 130.6, 172.1, 283.7 と
明確に異なる値をとりながら変化しているとみなせる．こうして，気圧が風速
の変化に与える影響は，湿度の影響も受けながら変化していることが観測デー
タから推測できる．

```
> summary(lm.one)

Call:
lm(formula = wspeed ~ apress, data = one)

Coefficients:
            Estimate Std. Error t value Pr(>|t|)
(Intercept) 130.62986   16.07336   8.127 6.26e-15 ***
apress       -0.12527    0.01589  -7.882 3.43e-14 ***
---

Multiple R-squared:  0.1405,    Adjusted R-squared:  0.1383

> summary(lm.two)

Call:
lm(formula = wspeed ~ apress, data = two)

Coefficients:
            Estimate Std. Error t value Pr(>|t|)
(Intercept) 172.07038   19.98282   8.611 1.25e-14 ***
apress       -0.16737    0.01981  -8.450 3.13e-14 ***
---

Multiple R-squared:  0.3346,    Adjusted R-squared:  0.3299

> summary(lm.thr)
```

```
Call:
lm(formula = wspeed ~ apress, data = thr)

Coefficients:
            Estimate Std. Error t value Pr(>|t|)
(Intercept) 283.67793   15.23649   18.62   <2e-16 ***
apress       -0.27754    0.01514  -18.34   <2e-16 ***
---

Multiple R-squared:  0.5845,    Adjusted R-squared:  0.5828
```

〔3〕問題文に示されたプロットを描くためのプログラム例を以下に示す．丸い点で示される予測結果が，予測値と実測値が一致することを示した点線の付近に分布するほど，よいモデルと評価される．一見すると，2 つのモデルの推定結果に差があるか否かは明確ではないので，推定誤差の分布を調べることにより評価する必要がある．

```
# 各クラスで推定された結果を縦方向にまとめて result.dat とする
> fit.cond <- fitted(lm.one)
> one.updated  <- cbind(one,  fit.cond)
> fit.cond <- fitted(lm.two)
> two.updated  <- cbind(two,  fit.cond)
> fit.cond <- fitted(lm.thr)
> thr.updated <- cbind(thr, fit.cond)
> result.dat <- rbind(one.updated, two.updated, thr.updated)
# result.dat の 2 行を表示
> head(result.dat, 2)
          wspeed apress sitsudo      fit fit.cond
updated      3.9 1010.8      59 3.635121 4.009550
updated.1    7.6 1008.6      53 4.082655 4.285139
# モデルの推定値と観測値の一致の度合いを調べる
> par(mfrow=c(1,2))
# model (A)
> plot(result.dat[,1], result.dat[,4], xlab="data",
```

```
+ ylab="fit-original", main="model(A)", ylim=c(0,15))
> identical <- function(x){x}
> curve(identical, add=T, col="red", lty=c(2), lwd=c(2))
# model (B)
> plot(result.dat[,1], result.dat[,5], xlab="data",
+ ylab="fit-cond", ylim=c(0,15), main="model(B)")
> curve(identical, add=T, col="red", lty=c(2), lwd=c(2))
```

〔4〕〔3〕の結果ではどちらのモデルが効果があるかを評価することは難しいので，推定誤差に関するヒストグラムを調べる．下記のプログラムを実行して (i) と (ii) の値を小数第 2 位まで求めたところ，両モデルともに誤差の平均値は 0 で一致し，誤差の散らばりを調べるための MSE は，モデル (A) が 5.43，モデル (B) が 4.85 となる．誤差の平均値でみると両者の推定に偏りはないとみなすことができ，推定値の散らばり (推定結果の安定性) の観点からは，モデル (B) がモデル (A) に比べて小さくなる．したがって，湿度の影響を考慮して気圧と風速間のモデル化を行うほうが，より安定した風速変動の推定を可能にすると評価できる．

```
# 推定誤差の分布を表示
> error.modelA <- result.dat[,1]-result.dat[,4]
> error.modelB <- result.dat[,1]-result.dat[,5]
> par(mfrow=c(2,1))
> hist(error.modelA,xlim=c(-10,12),ylim=c(0,350),main="model(A)")
> hist(error.modelB,xlim=c(-10,12),ylim=c(0,350),main="model(B)")
# 推定誤差の平均と MSE（小数第 2 位まで）
> round(c(mean(error.modelA), mean(error.modelB)), 2)
[1] 0 0
> round(c(mean(error.modelA^2), mean(error.modelB^2)), 2)
[1] 5.43 4.85
```

問 4.5

〔1〕CSV ファイル stock1.csv を関数 read.csv() で R へ入力して散布図を描く．プログラム例を示す．

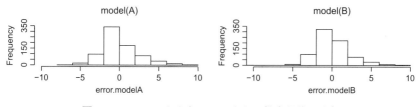

図 4.29 モデル (A) とモデル (B) の推定誤差の分布

```
#  CSV ファイルの読み込み
> base.dat <- read.csv(file="C:/Users/stock1.csv")
#  データの一部を表示
> head(base.dat, 2)
  updown volume.dif
1      1    -0.0496
2      1    -0.0991
> updown     <- base.dat[,1]
> volume.dif <- base.dat[,2]
#  散布図を描く
> plot(volume.dif, updown, xlab="difference of volume (million)",
+  ylab="price up/down (1/0)")
```

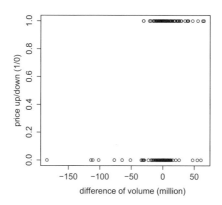

図 4.30 株価の下落・上昇の状態に関する散布図

上記を実行して得られる散布図を図 4.30 に示す．縦軸は株価の上昇・下落の
状況を示したデータで，上昇の場合には 1，下落の場合には 0 を示す．横軸は
当日における株式の取引量と前日におけるそれとの差である (単位は百万株).

売買数量の差の絶対値が大きい場合には，0 または 1 の値が安定して発生するが，この差が負の値から正の値へ変わる前後から，縦軸に示した株価の状態が下落 (= 0) から上昇 (= 1) へ転じる傾向があることが観察される．ただし，売買数量が 0 の付近では 0 と 1 の両方が混在した状態でプロットされており，不安定な状況が発生していることが観察される．

〔2〕〔1〕より株価の上昇・下降に関する状態の 2 値データはベクトル updown に，出来高 (取引量) は volume.dif にそれぞれ入力されているので，updown を volume.dif で説明するロジットモデルを考える．ロジットモデルは，関数 glm() でオプション family を binomial (2 値データのクラス) と指定して実行する．定義されたモデルには定数項が含まれていないことに注意する．推定値を表示する場合は関数 coef() を実行する．c の推定値は 0.118，a の推定値は 0.0314 であるから，推定されたモデルが

$$P(Y = 1 | 売買数量の変化 = x) = \frac{1}{1 + \exp(-0.118 - 0.0314x)}$$

であることを示している．

```
#  ロジットモデルの推定
> stock.logit  <- glm(updown ~ volume.dif,
+                     family = binomial(link = "logit"))
#  推定値を表示する
> coef(stock.logit)
(Intercept)   volume.dif
 0.11788998   0.03140311
```

〔3〕〔2〕で stock.logit に入力された未知係数の結果に対して predict() を実行すると，推定されたモデルの傾向を可視化するための基礎データを計算することができる．以下の例では，2 点のデータより直線を描く関数 lines() を用いて傾向を描く．出力結果を図 4.31 に示す．

```
# 散布図の描画
> plot(x = volume.dif,  y = updown,
+      xlab = "difference of volume (million)",
+      ylab = "price up/down (1/0)",
```

```
+        pch = 20,
+        ylim = c(-0.1, 1.1),
+        cex.main = 0.8)
#  〔2〕で推定された未知係数より，散布図の傾向の変化を計算
#  (i) 売買数量に関する前日からの差 x を，刻み幅を 0.1 で
#        ベクトル x に入力
> min.v <- min(volume.dif)
> max.v <- max(volume.dif)
> x <- seq(min.v, max.v, 0.1)
#  (ii) 〔2〕のモデルの値を用いて x の各値に対する確率の値を
#        関数 predict() より計算して，ベクトル y.logit へ
> y.logit  <- predict(stock.logit, list(volume.dif = x),
+ type = "response")
#  (iii) 2 つのベクトル (x, y.logit) について，各要素で
#        構成される座標値をつなぎながら曲線を表示
#        (関数 lines() を使用)
> lines(x, y.logit, col = "blue", lwd=2)
#  (iv) 2 本の補助線 (y=0.5, x=0) を関数 lines() で表示
> lines(c(0,0), c(-0.3, 1.3), lty=4)
> lines(c(min.v, max.v), c(0.5, 0.5), lty=4)
```

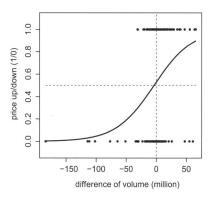

図 4.31　ロジットモデルの推定結果

〔4〕未知係数 a に関する推定結果の詳細をみる場合は，lm() の場合と同様に glm() の推定結果を出力した stock.logit に対して関数 summary() を実行する．

bの推定値にあたる 0.1179 の右側には ∗，a の推定値にあたる 0.0314 の右側には ∗∗ が表示されており，いずれも 5 パーセントの有意水準の下では 0 から有意に大きい値となる．したがって，売買数量の前日からの変化は，株価の上昇や下落に無視できない影響を与えていると評価してよい．

```
> summary(stock.logit)
Call:
glm(formula = updown ~ volume.dif,
family = binomial(link = "logit"))

(中略)

Coefficients:
            Estimate Std. Error z value Pr(>|z|)
(Intercept) 0.117890   0.057995   2.033 0.042078 *
volume.dif  0.031403   0.008937   3.514 0.000442 ***
---
Signif. codes:  0 '***' 0.001 '**' 0.01 '*' 0.05

(Dispersion parameter for binomial family taken to be 1)

    Null deviance: 1675.7  on 1211  degrees of freedom
Residual deviance: 1657.1  on 1210  degrees of freedom
AIC: 1661.1

Number of Fisher Scoring iterations: 4
```

〔5〕〔2〕の結果より，〔2〕のモデルの切片項にあたる c は 0 より有意に大きいから無視することはできない．〔5〕と〔2〕のモデルを等しいとおくと，$ab = -c$，すなわち $b = -\dfrac{c}{a}$ となる必要がある．a の推定値が 0.0314，c の推定値が 0.1179 だから，b の推定値はおよそ $-0.1179/0.0314 = -3.755$（百万株）となる．

〔6〕株価が下落 $(= 0)$ から上昇 $(= 1)$ へ転ずるか否かを確率的に評価するための基準は，売買数量を条件とした確率 $P(Y = 1 | 売買数量の変化 = x)$ が 0.5 より

も大きくなるかである．〔5〕の結果より，ロジットモデルは

$$P(Y = 1|売買数量の変化 = x) = \frac{1}{1 + \exp(-0.0314(x + 3.755))}$$

となるので，左辺の確率が 0.5 より大きくなるのは $x + 3.755 = 0$，すなわち x が -3.755 (百万株) よりも大きくなったときである．

問 4.6

〔1〕プログラムの例を以下に示す．kisyou6.csv を入力後，AM6 と PM6 の各列にある天候のカテゴリとしてどのようなものがあるかを関数 unique() で調べたところ，6 つの異なるカテゴリがあることが確認できる．4 列目と 5 列目にあるカテゴリを基に，"快晴"，"晴"，"薄曇"，"曇"，"雨"，"大雨" の順に「水準」を定義することにより，順序関係を定義する．具体的には，この関係をベクトル level.data へ入力した後，関数 ordered() を用いて，この文字列の順に順序関係を考慮した因子データを定義する．この段階ではデータが数値化されていないので，関数 as.integer()(あるいは as.numeric()) を実行して水準を示す整数に変換する必要がある．散布図を図 4.32 に示す．顕著とはいえないが，上昇する傾向が観察されるので，正の相関はある程度認められる．

```
> base <- read.csv(file="C:/Users/データ/kisyou6.csv")
> head(base, 3)   # 上から 3 行を表示
      date nissyou kion.max AM6 PM6
1 20220701     5.4     24.5  曇  曇
2 20220702     0.3     24.9  曇  晴
3 20220703    10.9     32.0  晴  晴
# 2 列目から 5 列目までのデータをベクトルへ入力する
> nissyou <- base$nissyou; kion <- base$kion
> AM6 <- base$AM6; PM6 <- base$PM6
# 午前 6 時と午後 6 時における天気のカテゴリは 6 種類ある
> unique(AM6)
[1] "曇"   "晴"    "雨"    "大雨" "薄曇" "快晴"
> unique(PM6)
[1] "曇"   "晴"    "快晴" "雨"    "薄曇" "大雨"
# 6 つのカテゴリに水準を定義
> level.data <- c("快晴", "晴", "薄曇", "曇", "雨", "大雨")
```

```
# 順序関係を考慮した因子型データ
> am6.ordered <- ordered(AM6, levels=level.data)
> pm6.ordered <- ordered(PM6, levels=level.data)
# 因子型データを水準に従って整数に変換
> int.am6 <- as.integer(am6.ordered)
> int.pm6 <- as.integer(pm6.ordered)
# 天候どうしの散布図
> plot(int.am6, int.pm6, xlab="AM6", ylab="PM6")
```

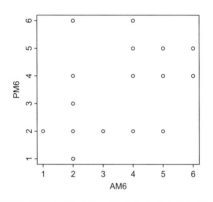

図 4.32 午前 6 時と午後 6 時の天候のカテゴリに関する散布図

〔2〕水準を整数で表した int.pm6 と他の変量間との相関係数は，各変量のデータ
が入力されたベクトルを結合した行列に対して関数 cor() を実行して，相関
行列を求めるとよい．下記の結果に基づくと，日照時間，午前 6 時における天
候のカテゴリ，気温の順に相関が強くなることがわかる．ただし，いずれの変
量とも相関係数の値が高いというわけではないため，どの程度の推定精度が得
られるかについては，モデルの推定精度を実際に調べることが必要となる．

```
# 相関行列（小数第 2 桁まで表示）
> round(cor(cbind(int.pm6, nissyou, kion, int.am6)), 2)
        int.pm6 nissyou  kion int.am6
int.pm6    1.00   -0.37 -0.13    0.27
nissyou   -0.37    1.00  0.59   -0.84
kion      -0.13    0.59  1.00   -0.56
```

```
int.am6     0.27    -0.84 -0.56     1.00
```

〔3〕関数 lm() を実行して，(A) から (D) のモデルを推定する.

```
# モデル (A)-(D) を順に推定し、あてはまりの良さを AIC で測る
> r1 <- lm(int.pm6 ~ int.am6-1);summary(r1);AIC(r1)
> r2 <- lm(int.pm6 ~ nissyou+int.am6-1);summary(r2);AIC(r2)
> r3 <- lm(int.pm6 ~ kion+int.am6-1);summary(r3);AIC(r3)
> r4 <- lm(int.pm6 ~ nissyou+kion+int.am6-1);summary(r4);AIC(r4)
```

モデル (A) からモデル (D) の推定結果 (一部) を以下に示す. 決定係数と AIC の両方の観点において，モデル (D)，(C)，(B)，(A) の順に評価が高くなることがわかる. ただし，モデル (D) では I_{AM6} が I_{PM6} へ有意な影響を与えていないため，「不要な変量を含んだモデル」と解釈される (日照時間と日最高気温との和に関する変動と I_{AM6} との間に依存関係 (多重共線性) が発生していることが予想される). したがって，モデル (C) が妥当なモデルであると評価される.

```
モデル (A)
lm(formula = int.pm6 ~ int.am6 - 1)
Coefficients:
        Estimate Std. Error t value Pr(>|t|)
int.am6  0.88350    0.04903   18.02   <2e-16 ***

Residual standard error: 1.407 on 61 degrees of freedom
Multiple R-squared:  0.8419,    Adjusted R-squared:  0.8393
F-statistic: 324.7 on 1 and 61 DF,  p-value: < 2.2e-16
AIC:
[1] 221.3105

モデル (B)
lm(formula = int.pm6 ~ nissyou + int.am6 - 1)
Coefficients:
        Estimate Std. Error t value Pr(>|t|)
nissyou  0.10057    0.03060    3.287   0.0017 **
```

```
int.am6  0.77384    0.05643  13.714   <2e-16 ***

Residual standard error: 1.306 on 60 degrees of freedom
Multiple R-squared:  0.866,    Adjusted R-squared:  0.8615
F-statistic: 193.9 on 2 and 60 DF,  p-value: < 2.2e-16
AIC:
[1] 213.0471
```

モデル (C)

```
lm(formula = int.pm6 ~ kion + int.am6 - 1)
Coefficients:
        Estimate Std. Error t value Pr(>|t|)
kion     0.07186    0.01490   4.824    1e-05 ***
int.am6  0.38840    0.11088   3.503 0.000876 ***

Residual standard error: 1.205 on 60 degrees of freedom
Multiple R-squared:  0.8861,    Adjusted R-squared:  0.8823
F-statistic: 233.3 on 2 and 60 DF,  p-value: < 2.2e-16
AIC:
[1] 202.9912
```

モデル (D)

```
lm(formula = int.pm6 ~ nissyou + kion + int.am6 - 1)
Coefficients:
        Estimate Std. Error t value Pr(>|t|)
nissyou -0.14699    0.06784  -2.167 0.034293 *
kion     0.14286    0.03581   3.989 0.000186 ***
int.am6  0.05950    0.18607   0.320 0.750274

Residual standard error: 1.169 on 59 degrees of freedom
Multiple R-squared:  0.8945,    Adjusted R-squared:  0.8891
F-statistic: 166.7 on 3 and 59 DF,  p-value: < 2.2e-16
AIC:
[1] 200.2436
```

〔4〕〔3〕で最も妥当なモデルと評価された (C) を用いて推定した結果と, $I_{\rm PM6}$ の値がどの程度一致するかを検討する. 図 4.33 は以下のプログラムの実行結果であり, 横軸がモデル (C) を用いたときの $I_{\rm PM6}$ の推定値, 縦軸が $I_{\rm PM6}$ の実測値を意味する.〔2〕で得られた相関係数より, 説明変数と被説明変数との相関関係が十分に強いとはいえないことが示されたが, この結果が推定結果に影響を与えている.

```
plot(fitted(r3),int.pm6,xlab="Estimates",ylab="I_PM6",col="grey")
# 推定値と観測値が一致する点をプロットする
identical <- function(x){x}
curve(identical, add=T, lty=c(1), lwd=c(2))
```

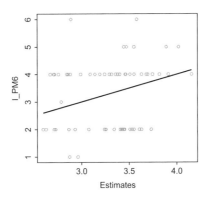

図 4.33　午後 6 時における天候のカテゴリを重回帰モデルで推定した例

問 4.7

〔1〕CSV ファイルを入力後, 発生頻度に関する分布の時間変動をヒートマップで描く例を以下に示す. ヒートマップを描く関数 image() を実行する際は, 行列構造をもつオブジェクトを指定する必要があるが, 入力されたデータはデータフレーム構造であるため, このまま実行するとエラーとなる. このため, オブジェクトに as.matrix() を実行し, 行列構造に変換されたものを指定する必要がある.

```
> base.dat <- read.csv("kisyou7.csv")
# base.dat はデータフレーム構造
> class(base.dat)
[1] "data.frame"
> head(base.dat,1)
    yyyymm X1 X2 X3 X4 X5 X6 X7 X8 X9 kiatsu.m kion.m sitsudo.m
1 20220101  0  4  0  3  0  0  0  7  1 1006.207   -3.2        77
# image()で指定するデータは行列構造にする必要がある
> dist <- as.matrix(base.dat[1:24, 2:10])
> time <- seq(1,24)
> tenkou <- seq(1,9)
# グレースケールで表示
> image(time, tenkou, dist, col=gray.colors(12,rev=TRUE))
```

上記を実行して得られたヒートマップを図4.34に示す．横軸は時間，縦軸は天候のカテゴリを示し，より黒に近くなるほど該当するカテゴリの発生頻度が高くなることを意味する．春季から秋季にかけては，2（「晴」）あるいは4（「曇」）の頻度が高く，時間の経過とともに最も頻度の高い天候のカテゴリは緩やかに変化しているように観察される．また，冬季は8（「雪」）の発生頻度が最も多い傾向がある．

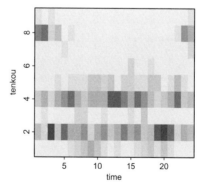

図4.34　天候のカテゴリに関する頻度分布の時間変化 (2022.1～2022.12)

〔2〕ライブラリMGLMを導入し，関数 MGLMreg() を用いて多項ロジットモデルの推定を行った例を以下に示す．3つの変量の一部，あるいはすべてを説明変

量として定義したモデルについて AIC を計算し，その値が最も小さくなるモデルを選択する．1 変量で説明するモデルの場合には，平均気温 (377)，平均湿度 (446.0)，平均気圧 (480.6) の順に小さくなる．2 変量で説明するモデルの場合には，平均湿度 + 平均気温 (352.2)，平均気圧 + 平均気温 (376.1)，平均気圧 + 平均湿度 (450.8) の順に小さくなる．そして，3 つの変量を説明変量として定義したモデルの AIC は 351.7 となり，すべてのモデルのなかで最小となる．

3 変量モデルの推定結果を関数 print() を実行して示した結果は以下に示される．未知係数の推定値は X9 を 0 としたときの相対的な値と解釈され，縦の 3 行はそれぞれ平均気圧，平均気温，平均湿度を説明変量としたときに各カテゴリへ与える影響を意味する．Pr(>wald) に示される各説明変量の p 値は，いずれも 1 パーセント (0.01) よりも十分に小さい．したがって，3 つの説明変量は各カテゴリに有意な影響を与えていると評価される．

```
# ●ライブラリ"MGLM"を利用
> library("MGLM")
# ●モデルの推定に使用するデータ
> est.dat <- base.dat[1:24,]
# ●3変量モデル化（モデル式の0は切片項を含まない構造）
> mnreg <- MGLMreg(cbind(X1, X2, X3, X4, X5, X6, X7, X8,X9)~
0+kiatsu.m+kion.m+sitsudo.m, data=est.dat, dist = "MN")
# ●未知係数の推定値
> round(coef(mnreg), 3)
           X1     X2     X3    X4     X5     X6    X7     X8
[1,]   0.010  0.005  0.009 0.002  0.002 -0.007 0.000 -0.012
[2,]   0.687  0.581  0.663 0.595  0.629  0.865 0.378  0.303
[3,]  -0.139 -0.014 -0.133 0.023 -0.006  0.020 0.012  0.204
> print(mnreg)
Call: MGLMreg(formula = cbind(X1, X2, X3, X4, X5, X6, X7, X8, X9)
~ 0 + kiatsu.m + kion.m + sitsudo.m, data = est.dat, dist = "MN")
（中略）
Hypothesis test:
          wald value Pr(>wald)
```

```
kiatsu.m     28.74613   0.000351
kion.m       30.98773   0.000141
sitsudo.m    34.98200   0.000027


Distribution: Multinomial
Log-likelihood: -151.8592
BIC: 379.9917
AIC: 351.7184
Iterations: 11
```

〔3〕2022年のデータに基づいて推定された3変量の多項ロジットモデルを用いて，2023年1月における前半の15日間と，後半の15日間について気象要因のデータからカテゴリを予測した例を図4.35に示す．グレーは実際の値，点線は予測された分布を示している．ロジットモデルは実際の分布の変化をある程度の精度で予測できる可能性がある．

```
# ●予測入力用のデータ（共変量のみのデータをまとめて行列とする）
#   行列構造が要求される
> test.dat <- as.matrix(base.dat[25:26, 11:13])
# ●検証用データ（頻度の確率）
> chk.dat <- as.matrix(base.dat[25:26, 2:10])
#   行ごとに和を求めてベクトルをつくる
> row.sum <- apply(chk.dat, 1, sum)
#   行ごとに頻度確率として集計する
> chk.dat <- rbind(chk.dat[1,]/row.sum[1], chk.dat[2,]/row.sum[2])
# ●予測値の計算と結果の表示
> pred.dat <- predict(mnreg, newdata=test.dat)
> ylim.dat <- c(0, 0.5)
> par(mfrow=c(2,1))
> for(i in 1:2){
+ label.main <- paste("202301(",i,")", sep="")
+ plot(pred.dat[i,], type="l", col="gray", ylim=ylim.dat,
+ xlab="Category", ylab="", main="")
+ par(new=T)
+ plot(chk.dat[i,], type="l", lty=c(5), lwd=c(2), ylim=ylim.dat,
```

```
+ xlab="Category", ylab="prob", main=label.main)
+ }
```

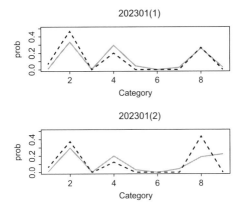

図 4.35　多項ロジットモデルに基づく頻度分布の予測例 (2023.1)

第 5 章
時間変動の分析

5.1 時系列データとその相関

5.1.1 時系列データとは何か

　我々の身のまわりには，自然現象や環境現象，社会現象や経済現象をはじめとして，定期的な観測を通して蓄積されたデータがインターネットやデータベースを通して容易に入手しやすい環境がある．本章では，このような時間的変化を観測したデータから現象の変化の構造を分析したり，将来の変化を予測することなどを通して，将来の対策を考えるための方法について紹介する．

　対象が時間とともに変化する状況を観測したデータのことを**時系列データ**とよぶ．前章で気象庁アメダスによる気象観測データをみてきたが，このデータは 1 時間ごと観測されたデータであり，時系列データである．そこで，気温に関するデータの時間的な変化を R で表示してみよう．前章で取り扱った気象データを含む行列 kisyou.dat の 3 列目は，気温のデータを要素とするベクトルである．データは 1 時間ごとに更新されていることに注意して，先頭行 (観測開始時点) から 250 行 (= 250 時間) までのデータを指定し，関数 plot() を用いて可視化してみる．

```
# 気象データを入力
> kisyou.dat <- read.csv(file="c:/データ/kisyou4.csv")
# 気温は 3 行目
> temp <- kisyou.dat[1:250,3]
# プロット
> plot(temp, type="l", xlab="time point (hour)", ylab="temperature",
+ col="red", lwd=c(2))
```

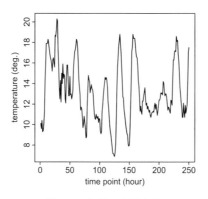

図 5.1 気温の時間変化

実行結果を図 5.1 に示す. 時系列データは横軸に時間を表す**時点** (time point) をとり, 縦軸に観測変量の値をとった**折れ線グラフ**で表示する. 時間の単位としては, 年, 日, 時間, 分, 秒, ... とさまざまなものが考えられるが, 時系列データの分析では, 時点を非負の整数 $(0, 1, \ldots)$ に対応させ, この値を時点として示すことが一般的である.

5.1.2 時系列データの相関 (自己相関関数)

図 5.1 に示された時系列データは 1 時間ごとに観測されているから, 現時点と 1 時点前 (= 1 時間前), あるいは現時点と 1 時点後 (= 1 時間後) に発生する観測値は, 互いに似た値をとる可能性が高いことが予想される. したがって, 現時点と 1 時点前に発生する観測値を用いて散布図を描くと, 直線 $Y = X$ の付近に分布する可能性は高い. このことは, 直線的な傾向の度合いを測る相関も高くなることが考えられる. この予想が正しいかどうかについて, 実際に調べてみることにする.

R プログラムの例を以下に示す. 1 時点目から 250 時点目までの気温のデータ 250 個をベクトル origin とする. origin の各データの 1 時点前に観測されたデータを要素とするベクトル lag1 を用意する. この例では, 1 時点目に**欠損値**[1] NA, 2 時点目に origin[1], $\cdots$, 250 時点目に origin[249] の値を配置することを考え, c(NA, origin[1:249]) を lag1 とする. origin と lag1 の相関係数を関数 cor() を用いて計算する際, ベクトルに欠損値 NA が含まれる場合には相関係数の

---

[1] 観測値に欠損 (2.3.3 項を参照) が発生している状況を指す. R では欠損部分に NA (Not Available) を入力することにより, 欠損値が存在していると認識して, 固有の処理が行われる.

値が NA となる．この場合には，cor() のオプションである use="complete.obs" を指定すると欠損値を除いたデータで相関係数を計算する．

```
# 250 時点までの気温のデータをベクトル origin とする
> origin <- temp[1:250]
# 1 時点に発生したデータをベクトル lag1 とする（NA は欠損）
> lag1    <- c(NA, origin[1:249])
# 2 つのベクトルを列方向に結合する
> base.dat <- cbind(origin, lag1)
# base.dat の 3 行目までを表示（行の進行方向に時間が経過）
> base.dat[1:3,]
      origin lag1
[1,]    10.1   NA
[2,]     9.6 10.1
[3,]    10.4  9.6
# 現時点と 1 時点前の値の散布図
> plot(base.dat[,2], base.dat[,1], col="violetred",
+ xlab="time point t-1", ylab="time point t")
# 相関係数（データに NA を含む場合には use="complete.obs" を指定する）
> cor(base.dat[,2], base.dat[,1], use="complete.obs")
[1] 0.9369891
```

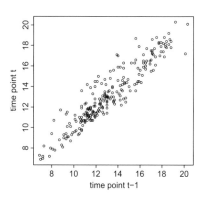

図 5.2　現時点と 1 時点前に発生したデータの散布図

現時点と 1 時点前に発生したデータ間の散布図を描いた結果を図 5.2 に示す（縦軸は現時点における気温の値，横軸は 1 時点（1 時間）前における気温の値）．両者

の値が一致する直線の付近にデータがプロットされ，相関係数も 0.94 と 1 に近い
値となる．

　次に，1 時点前にとった時間遅れ (time lag) を 2 時点前，3 時点前，··· とさらに
過去へ遡るとき，上記の相関係数がどのように変化するかを調べてみよう．以下の
例では，時間遅れの値を入力すると上記と同様にして NA を入力したデータを用意
して散布図を描くユーザ関数 plot.lag() を定義し，この関数を繰り返し実行する
ことで散布図を出力している．以下はそのプログラム例である．

```
# 関数 plot.lag() を定義
#   n.lag => 時間遅れの値, n.max => データ数
#   data  => 気温のデータセット
> plot.lag <- function(n.lag, n.max, data){
# 時間遅れのデータを lag.data とする
+ n.data <- n.max-n.lag
+ lag.data <- c(rep(NA, n.lag), data[1:n.data])
# 相関係数 (小数点第 2 位まで表示)
+ cor.dat <- round(cor(lag.data, data, use="complete.obs"), 2)
# プロットの実行
+ main.dat <- paste("lag=", n.lag, ", cor=", cor.dat)
+ plot(lag.data, data, main=main.dat, col="violetred",
+ xlab=paste("t -",n.lag), ylab="t")
+ }
# 散布図の出力
> par(mfrow=c(2,3))
# 出力する時間遅れのリスト
> lag.list <- c(1,2,3,5,8,10)
# lag.list の要素に従い, plot.lag() を繰り返して実行
> for(i in lag.list) plot.lag(i, 250, origin)
```

　図 5.3 は上記を実行した結果である．このデータの場合には，現時点との時間遅
れが大きくなるほど，直線的な傾向が失われていくことが観察される．また，この
状況を裏付けるように，相関係数は時間遅れの値が大きくなるとともに 0.94 から
徐々に小さくなり，8 時点 (8 時間前) の段階では -0.04 とほぼ無相関とみなすこと
ができる．このデータについては「観測値の変化は，時間差が大きくなるほど無相

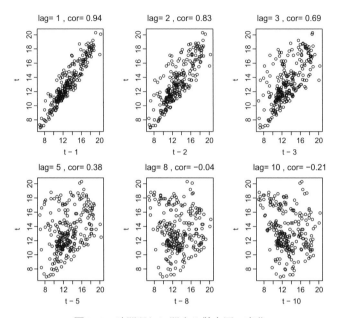

図 5.3 時間遅れに関する散布図の変化

関となる」ことがわかる.

 それぞれの時間遅れにおける相関係数を現時点からの時間遅れに関する関数とし
て定義したとき, **自己相関関数** (autocorrelation function) とよぶ. N 個の時系列
データ $X_1, \ldots, X_N$ があるとき, 自己相関関数は時間遅れ τ ($\tau = 1, 2, \ldots$) ごとに
次の **標本自己相関関数** を用いて求める.

$$R(\tau) = \frac{\dfrac{1}{N} \sum_{i=1}^{N-\tau} (X_i - \overline{X})(X_{i+\tau} - \overline{X})}{\dfrac{1}{N} \sum_{i=1}^{N} (X_i - \overline{X})^2}, \quad \overline{X} = \frac{1}{N} \sum_{i=1}^{N} X_i \qquad (5.1)$$

(5.1) は現時点で発生した値と, その τ 時点前に発生した値をそれぞれ変量とした
ときの相関係数を意味している. 分子は両者の共分散をデータから推定する量で,
標本自己共分散関数 とよばれる. (4.2) で定義された相関係数の分母は 2 つの変量
の標準偏差の積として定義されたが, (5.1) の分母は分散を推定する量となってい
ることに注意する. 図 5.1 の変化は, 平均や振幅の幅がほぼ一定であるとみなすこ
とができる. そこで, 時点 i で発生する値の分布と $i + \tau$ 時点で発生した値の分布
が等しいとみなすと, 両者の変量の標準偏差も等しくなるから, 分母は分散に等し

くなる.

5.1.3　R による自己相関関数の推定

R 環境では標本自己相関関数 $R(\tau)$ の値を関数 acf() を用いて計算することがで
きる.この関数を実行すると,横軸に最大 L までの時間遅れ τ $(\tau = 0, 1, \ldots, L)$,
縦軸に $R(\tau)$ の値をとってグラフを描く.描画関数で使用される一般的なオプショ
ンである xlab, ylab, main, col なども使用できる.時間遅れ τ の最大値 L の値
は,オプションである lag.max を用いて指定できる (省略可).前節で定義したベ
クトル origin より,50 時間までの時間遅れに関する $R(\tau)$ を計算して描画する例
をあげる.

```
> acf(origin, xlab="time lag (hour)", main="ACF of temperature",
+ col="blue", lag.max=50)
```

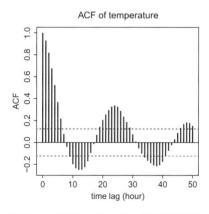

図 5.4　気温データの標本自己相関関数

図 5.4 は上記の実行結果である.横軸は時間遅れ (単位は時間) を表し,縦軸は各
時間遅れにおける $R(\tau)$ の値である.点線で示される 2 つの平行な直線によって定
まる縦軸の範囲は,$R(\tau)$ の値を 0 とみなしてもよいと評価できる範囲[2]を示して
いる.$R(\tau)$ の値は時間遅れが大きくなるとともに小さくなり,時間遅れが 7 時点
(7 時間) 過去に遡ると 0 とみなすことができる.時間遅れの幅をさらに大きくする
と $R(\tau)$ の値は再び大きくなり,時間遅れが 24 時間前 (1 日前) となったときに 2 番

---

[2]Bartlett の上限・下限として知られている.

目のピークとなる．この変化は，1 日前，2 日前，・・・ と繰り返しており，気温は毎日類似した変化を繰り返すことがわかる．

5.1.4　時系列データの相関 (相互相関関数)

自己相関係数の考え方は，2 つの変量に関する時系列間の相関へ拡張でき，**相互相関関数** (cross-correlation function) とよぶ．2 つの変量 X, Y に関する時系列データ $(X_1, Y_1), \ldots, (X_N, Y_N)$ があるとき，時間遅れ τ $(\tau = 0, \pm 1, \ldots)$ に関する相互相関関数は，以下で定義される**標本相互相関関数**を用いて求める．

$$C_{XY}(\tau) = \frac{\dfrac{1}{N} \sum_{i=1}^{N-\tau} (X_i - \overline{X})(Y_{i+\tau} - \overline{Y})}{\sqrt{\dfrac{1}{N} \sum_{i=1}^{N} (X_i - \overline{X})^2} \sqrt{\dfrac{1}{N} \sum_{i=1}^{N} (Y_i - \overline{Y})^2}} \tag{5.2}$$

ここで，$\overline{X}, \overline{Y}$ はそれぞれ X, Y の平均を示す．(5.2) は，時点 i において変量 X_i にある変化が発生してから τ 時点後に変量 $Y_{i+\tau}$ にも直線的な変化の傾向を伴って同期している可能性があるかどうかを測る量である．$C_{XY}(\tau)$ は (5.2) で Y を X で置き換えると (5.1) となるから，標本自己相関関数を 2 つの変量に拡張したものであり，-1 から 1 の範囲の値をとる．

(5.2) において，時間遅れ τ は整数で定義されることに注意する．この理由を考えるために，$C_{XY}(\tau)$ と $C_{YX}(\tau)$ は一般的に等しくないことを例をあげて考えてみよう．X_i を時点 i における気圧，$Y_{i+\tau}$ を時点 $i + \tau$ における風速とする．$\tau > 0$ とするとき，X_i と $Y_{i+\tau}$ の相互相関は「気圧を観測してから τ 時点後に観測した風速との相関」を意味する．一方，X と Y を置き換えた Y_i と $X_{i+\tau}$ の相関は「風速を観測してから τ 時点後に発生する気圧との相関」である．「気圧が変化すると，風速が変化する」ことを考えると，両者の関係性は明らかに異なるものである $(C_{XY}(\tau) \neq C_{YX}(\tau))$ ことがわかる．両者の相関関係を等しくするには後者について「風速を観測してから "τ 時点前" に発生した気圧との相関」とすればよい．これは $C_{XY}(\tau) = C_{YX}(-\tau)$ であることを意味しており，τ を整数で定義する必要がある理由はこの点にある．

また，以上の結果より $C_{XY}(-\tau) = C_{YX}(\tau) \neq C_{XY}(\tau)$ となるから，相互相関係数の τ に関する変化は $\tau = 0$ について対称にはならないことが一般的である．

5.1.5　R による相互相関関数の推定

　R 環境では，標本相互相関関数を関数 ccf() を用いて求めることができる．2 つの変数を含む 2 つのベクトル x と y について ccf(x,y) を実行すると，最大 L までの時間遅れ τ における $X(t+\tau)$ と $Y(t)$ との標本相互相関関数 $C_{XY}(\tau)$ ($\tau = 0, \pm1, \ldots, \pm L$) を計算して可視化する．以下は，会社名を示すコードがそれぞれ NEF, NEE, NEP, NI, NOA である 5 つの会社の株価データに基づき，会社間の標本相互相関関数を ccf() を実行して計算した後，可視化を行うプログラム例である．

```
# 株価の日次時系列データ (先頭の 3 行を表示)
> head(cbind(NEF, NEE, NEP, NI, NOA), 3)
      NEF    NEE   NEP    NI   NOA
[1,] 7.84 100.49 25.94 19.75 32.75
[2,] 7.66 101.02 26.05 19.83 32.79
[3,] 7.84 100.99 26.30 19.71 31.19
# 標本相互相関関数を求めて可視化
> par(mfrow=c(2,2))
> ccf(NEF, NEP, col="red", lwd=c(2), xlab="Lag (day)", ylab="CCF")
> ccf(NEF, NI,  col="red", lwd=c(2), xlab="Lag (day)", ylab="CCF")
> ccf(NEF, NEE, col="red", lwd=c(2), xlab="Lag (day)", ylab="CCF")
> ccf(NOA, NEF, col="red", lwd=c(2), xlab="Lag (day)", ylab="CCF")
```

　推定結果は図 5.5 のように示される．横軸は時間遅れ，縦軸は $C_{XY}(\tau)$ の値 (ccf(NEP, NEF) の場合には NEP[t+τ] と NEF[t] の相互相関) を示している．また，2 つの点線で囲まれた範囲は，無相関とみなすことができる区間 (Bartlett の上限・下限) を示す．この結果より，次の可能性があることがわかる．

i) NEF の株価が上昇 (下落) すると，約 10 日遅れて NEP の株価にも同様に上昇 (下落) する傾向がある (正の相互相関が認められる)

ii) NEF と NI の間には株価の変化が同期する傾向がない (相互相関は認められない)

iii) NEF の株価が上昇 (下落) すると，約 5 日遅れて NEE が下落 (上昇) する傾向がある (負の相互相関が認められる)

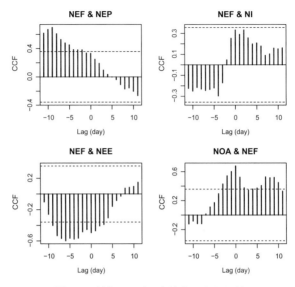

図 5.5　株価に関する標本相互相関関数

5.2　周期性の分析

5.2.1　時系列の分類

　時系列データは変化の特徴によっていくつかに分類され，それぞれの特徴に基づく分析の方法が開発されてきた．図 5.6 は湿度，気温，海面変動に関する時系列データの観測例を示している[※3]．(A) は湿度に関する時系列データの例で，1 時間ごとに観測された値をプロットしたものである．縦軸に示される湿度の変化は 60 パーセントの周辺で変動しており，観測期間内でほぼ一定とみなすことができる．また，湿度の変化に関する振幅も，観測期間において概ね振幅が一定であるとみなすことが可能である．このように，観測期間における時系列データの平均や分散が時点によらず一定とみなすことができる場合，**定常性をもつ時系列** (stationary time series) とよぶ[※4]．

　(B) は気温に関する時系列データの例であり，1 時間ごとに観測されたものである．(A) とは異なり，縦軸に関する変化の傾向は時間とともに緩やかに変化しているようにみえる．また，振幅の大きさも時間の経過とともに異なっていることが観

　[※3]湿度と気温の観測記録は気象庁アメダスの気象データ，海面変動に関する観測記録は北海道大学の観測データの一部を使用している．
　[※4]「定常性をもつ時系列」を確率的に取り扱うための定義については，5.6 節を参照．

察できる．このように，観測期間内で平均や分散が時間とともに変化しているとみなすことができる場合，**非定常な時系列** (non-stationary time series) とよぶ．

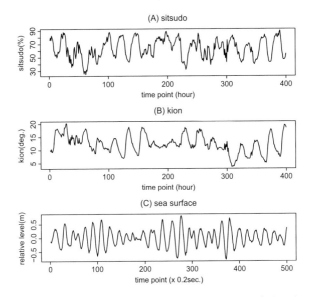

図 5.6 定常性，非定常性，強い周期性をもつ時系列の例

(C) は海面変動の相対水位に関する上下振動の時系列データで，0.2 秒の時間間隔で計測されたものである．一定の時間間隔で上下の振幅を繰り返されているとみなすことができ，**周期性が強い時系列**とよばれる．(A) と同様に，縦軸の平均や振幅の変化が観測期間全体を通して一定であるとみなすことができるから，周期性の強い定常な時系列データとよばれる．ただし，この場合の「周期性の強い変化」とは，三角関数によって表すことのできる厳密な周期変動とは異なり，周期とみなすことができる未知の値がランダムに変化しながら類似した変化を繰り返すというものであるため，観測データを手がかりとしてこの未知の値を推定する必要がある．このための方法は，古くから検討と開発が行われてきた．

5.2.2　スペクトルによる周期の推定

太陽の光に (分光) プリズムを通すと七色の光に分かれる．この現象は，太陽の光をさまざまな波長をもつ波の合成と考えた場合に，プリズムを通過するとこれらが屈折率の違いによって分解され，それぞれの波が異なる色となって認識されると

説明される[※5]．このように複雑な信号を成分ごとに分解して，それぞれの特性値の大きさを示したものは**スペクトル** (spectrum) とよばれ，未知である構造の推定に応用されることが多い．時系列データの場合，時系列の変化を異なる周波数[※6]をもつ波の合成と考えて，各周波数の下で発生する波の特性値 (スペクトル) を求め，最も大きくなるときの周波数を探すことにより，時系列の変化を説明する上で最も影響の強い波の周波数を推定する．周波数と周期との間には互いに逆数の関係 (周期 = 1/周波数) があるから[※7]，上記で推定された周波数の推定結果から周期の推定値が得られる．

　時系列データから推定するスペクトルとはどのような量であるかをみてみよう．N 個の時系列データ $X_1, \ldots, X_N$ が定常な時系列であると仮定する[※8]．このとき，スペクトルを推定する量の1つとして**ピリオドグラム** (periodgram) が古くからよく用いられてきた．ピリオドグラムは，周波数を f とするとき以下のように定義される[※9]．

$$P(f) = \frac{1}{N} \left| \sum_{t=1}^{N} X_t e^{-i2\pi ft} \right|^2$$

$$= \frac{1}{N} \left| \sum_{t=1}^{N} X_t \cos(2\pi ft) - i \sum_{t=1}^{N} X_t \sin(2\pi ft) \right|^2$$

$$= \frac{1}{N} \left(\sum_{t=1}^{N} X_t \cos(2\pi ft) \right)^2 + \frac{1}{N} \left(\sum_{t=1}^{N} X_t \sin(2\pi ft) \right)^2$$

　周波数 f を横軸にとり，縦軸に $P(f)$ をとってその変化をみたものは**パワースペクトル** (power spectrum) とよばれている．$P(f)$ が最大となるときの周波数 f を探し，その逆数を求めると周期の推定値が得られる．

　ただし，実際には $P(f)$ を直接用いてスペクトルを推定してもその変化が不安定

[※5]虹の現象も同様な考え方で説明される．

[※6]単位時間あたりの回転数．車などの回転計に示される rpm は周波数の単位で，1分間における回転数 (rotations per minute) で定義される．

[※7]周波数を f (rpm)，周期を T (秒) とすると，f 回転 : 1分=1回転 : T 秒より $T = \dfrac{1}{f}$ である．

[※8]以下に定義されるスペクトルの推定量は定常性をもつ時系列に対して適用できる．非定常で周期性の強い時系列データに適用しても意味のある結果は得られないので注意が必要である．

[※9]$e^{i\theta}$ は複素数 (i は虚数単位) であり，$e^{i\theta} = \cos\theta + i\sin\theta$ となることがオイラー (Euler) の公式としてよく知られている．

となることが理論的にも知られている．この問題に対する方法として，隣り合う $P(f)$ の推定値を重みを用いて平滑化したスペクトル (smoothed spectrum) $\widetilde{P}(f)$ を求めることで，安定したスペクトルが推定できることがわかっている．このため，**平滑化スペクトル** $\widetilde{P}(f)$ をパワースペクトルの推定量として用いることにより，周期の推定が行われる．

5.2.3 R によるスペクトル推定

平滑化したピリオドグラム $\widetilde{P}(f)$ を用いると，周期の推定がどの程度可能となるかを調べてみる．R 環境でスペクトルを計算するための関数は `spectrum()` であり，推定する時系列データを含むベクトルを指定するとよい．平滑化ピリオドグラムを計算するためには，オプション `method="pgram"` を指定してピリオドグラムを指定し，平滑化を行う滑らかさの度合いをオプション `spans` で与える．`spans` は関数 `smooth()` のオプションである `f` と同様の働きをし，この値を大きく与えるほど広い範囲で $P(f)$ の推定値を用いて平滑化し，滑らかなスペクトル $\widetilde{P}(f)$ の推定結果を出力する．

最初に，周期関数から生成されたデータに対して $\widetilde{P}(f)$ を用いた推定結果をみてみよう．以下の 2 つの三角関数に従って $X(t), Y(t)$ を計算機上でそれぞれ 2000 個のデータを生成した後，これらのデータを用いて $\widetilde{P}(f)$ を計算する．

$$X(t) = \sin\left(2\pi \cdot \frac{t}{10}\right)$$

$$Y(t) = \cos\left(2\pi \cdot \frac{t}{100}\right)$$

$X(t)$ と $Y(t)$ はともに t に関する周期関数であり，$X(t)$ については $\dfrac{t}{10}$，$Y(t)$ については $\dfrac{t}{100}$ が整数倍となるときの t ごとに同じ値をとることから，$X(t)$ は 10，$Y(t)$ は 100 が周期である．$X(t)$ と $Y(t)$ の値をそれぞれ 2000 個ずつ発生した後，$\widetilde{P}(f)$ を用いてスペクトルを推定すると，これらの周期を推定することが可能であろうか．`spectrum()` を用いて以下の計算を実行してみる．

```
# X(t) と Y(t) に従う値を発生する
> sim <- NULL
> sim2 <- NULL
```

```
> T <- 10
> T2 <- 100
# データをそれぞれ 2000 個ずつ生成
> for(i in 1:2000){
>   x  <- sin(2*pi*i/T)
>   x2 <- cos(2*pi*i/T2)
>   sim  <- rbind(sim, x)
>   sim2 <- rbind(sim2, x2)
> }
> par(mfrow=c(2,2))
# X(t) のスペクトル
> plot(sim[1:100], type="l", main="X(t)=sin(2pi*t/10)",
+ xlab="t", ylab="", col="red")
> spectrum(sim, method="pgram", spans=5, col="blue",
+ main="smoothed periodgram")
> xx <- c(0.1, 0.1)
> yy <- c(1e-15, 1e+02)
> lines(xx, yy, col="red", lty=c(2), lwd=c(2))
# Y(t) のスペクトル
> plot(sim2[1:1000], type="l", main="Y(t)=cos(2pi*t/100)",
+ xlab="t", ylab="", col="red")
> spectrum(sim2, method="pgram", spans=5, col="blue",
+ main="smoothed periodgram")
> xx <- c(0.01, 0.01)
> yy <- c(1e-15, 1e+02)
> lines(xx, yy, col="red", lty=c(2), lwd=c(2))
```

　図 5.7 は実行結果である．左側の 2 つの図は $X(t)$ と $Y(t)$ の変化を示し，右側の 2 つの図は $\widetilde{P}(f)$ による推定結果を示している．$X(t)$ の推定結果における点線は真の周期である 10 に対応する周波数を意味する $\dfrac{1}{10}$，$Y(t)$ の推定結果の点線は真の周波数にあたる $\dfrac{1}{100}$ を示している．推定された $\widetilde{P}(f)$ が最大となるときの周波数はいずれも真の周波数とほぼ一致しており，適切な推定が行われていることがわかる．

　次に，図 5.6 で紹介した海面水位の上下振動に関して 0.2 秒ごとに観測されたデー

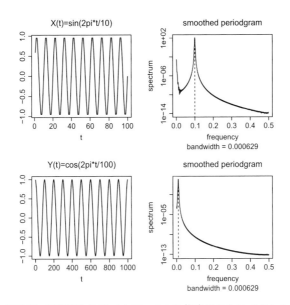

図 5.7 周期関数に基づくデータから推定されたスペクトル

タ 2000 個を用いて周期を推定してみることにする．最初に標本自己相関関数を求めて，周期を調べる．推定に用いたプログラムを以下に示す．海面水位のデータがベクトル wave.dat に入っており，これを基に関数 acf() を用いて標本自己相関関数を計算して可視化する．

```
> par(mfrow=c(3,1))
> plot(wave.dat, type="l", xlab="time(x0.2sec.)", ylab="r.level(m)",
+ main="Sea surface level", col="red")
> plot(wave.base.dat[1:50,1],  col="red", main="Sea surface level",
+ xlab="time(x0.2sec.)", ylab="r.level(m)")
> acf(wave.dat, xlab="Lag (x 0.2sec.)", main="ACF", col="blue")
```

　実行結果を図 5.8 に示す．下段にある推定結果より，現時点との自己相関が周期的に繰り返すことを示している．したがって，推定された自己相関の変化に関する周期が，この時系列データの周期となる．標本自己相関関数が最初に最小となるのは時間遅れが 9 時点のときであるが，その次に最小となるのは 29 時点のときである．したがって，この差にあたる 20 時点がこの時系列データの周期と推定される．1 時点は 0.2 秒間に相当するから，周期は 20 時点 × 0.2 秒 ＝ 4 秒 と推定される．

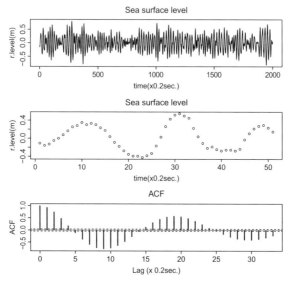

図 5.8 海面水位変動の標本自己相関関数

　今度は，平滑化ピリオドグラムを用いて周期を推定する．推定に使用したプログラム例を以下にあげる．関数 spectrum() の実行結果を est.spec に入力すると図 5.9 に示される $\widetilde{P}(f)$ の推定結果が表示されるとともに，スペクトルの推定過程で得られたさまざまな結果がリストとして記録される．このなかで est.spec$spec には $\widetilde{P}(f)$ の値，est.spec$freq には $\widetilde{P}(f)$ に対応する周波数 f の値が入力されている．そこで，$\widetilde{P}(f)$ の最大値がベクトル est.spec$spec の先頭から何番目にあるかを調べた後，その場所にある周波数 est.spec$freq の値を取り出すとよい．この処理はデータを目視して処理しても十分だが，関数 match() を用いると容易に処理ができる．こうして，$P(f)$ の最大値を与える周波数 f は 0.0513 となるから，周期は $1/0.05135 = 19.474$ 時点となる．このデータは 1 時点あたり 0.2 秒で計測されているので，$19.474 \times 0.2 = 3.89$ 秒と推定される．

```
> est.spec <- spectrum(wave.dat, method="pgram", spans=6,
+ main="smoothed periodgram", col="blue")
# est.spec のなかにあるリスト群を names() で表示
#    est.spec$spec => ピリオドグラム P(f) の値
#    est.spec$freq => 周波数 f の値
```

```
> head(names(est.spec))
[1] "freq"   "spec"   "coh"    "phase"  "kernel" "df"
# P(f) の最大値は先頭から何番目にあるかを探す
#   ( 関数 match(探す対象の値, 探す対象の値を含むベクトル) )
> spec.max <- match(max(est.spec$spec), est.spec$spec)
# P(f) の最大値は先頭から 104 番目にある
> spec.max
[1] 104
# 求める周波数は est.spec の先頭から 104 番目の値
> est.spec$freq[spec.max]
[1] 0.05135802
# 求める周期は周波数の逆数を求めて，観測時間をかけた値
> 1/est.spec$freq[spec.max]*0.2
[1] 3.894231
```

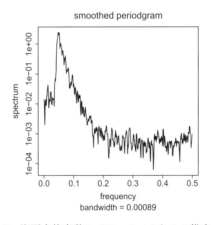

図 5.9 海面水位変動のパワースペクトルの推定結果

5.3 定常性をもつ時系列データのモデル化

5.3.1 時系列モデル

　変量間に相関関係が認められるときに，1 変量や多変量のモデルをデータにあてはめることによって，被説明変数が発生する値を推定できる可能性が期待できることを第 4 章で紹介した．この考え方は時系列データを取り扱う場合でも同様である．

ある変量に自己相関が統計的に認められる場合，あるいは複数の変量間に相互相関が認められる場合に，現時点で発生した観測データを被説明変数とし，過去の時点で発生した観測データを説明変数としてモデル化を行うことにより，時間的な相関を考慮に入れた変化の推定が期待できる．そして，現象間のメカニズムをデータから推測したり，その変化の将来的な変化の予測，計算機を用いた現象の人工的なシミュレーションなど，さまざまな応用に利用することも可能である．過去の時点において観測された時系列データに基づいて，現時点に発生している値を説明することを目的とした統計モデルを**時系列モデル** (time series model) とよぶ．以下では，時系列モデルとして代表的なもののいくつかを紹介するとともに，実際のデータに基づいて R 環境で分析するための方法を示す．

　前章でも紹介したとおり，時系列データには定常性をもつものと非定常性をもつものに分類される．両者は異なる構造をもつために，これらを記述するモデルは異なる．時系列モデルの開発は 1960 年代頃から本格的な研究が始まり，さまざまな時系列データのクラスごとにデータのもつ構造を表現するためのモデルが開発されてきた．

5.3.2　自己回帰モデル

　定常性をもつ時系列データを表現するモデルのなかで最も基本的なものの 1 つとして，**自己回帰モデル** (autoregressive model, AR model) がある．このモデルは，重回帰モデル (4.28) の構造を基に以下のように定義される．

$$X_t = a_1 X_{t-1} + \cdots + a_p X_{t-p} + \varepsilon_t \tag{5.3}$$

ここで，a_i $(i = 1, \ldots, p)$ は未知の係数，p は次数 (order)，ε_t は平均 0，分散 σ_ε^2 の正規分布に従う白色雑音とする．(5.3) で定義されるモデルは，現時点で発生する値が過去に発生した値の影響を受けるという自然なモデルの 1 つである．これは定常性をもつ時系列に対する基本的なモデルの 1 つで，次数が p である自己回帰モデルを AR(p) モデルと表記することが多い．

　時系列データから自己回帰モデル (5.3) を推定するためには，次の流れで行う．

　1)　時系列データが定常な時系列であるかを調べる

　2)　次数 p を選択する

　3)　未知係数 a_i $(i = 0, 1, \ldots, p)$ を推定する

4) 推定されたモデルの妥当性を検診する

1) は，観測された時系列データが定常性をもつ時系列データとみなしてよいかを時間変動の可視化や標本自己相関関数の変化に基づいて検討することを意味する．観測期間内で傾向 (トレンド) や変動の振幅 (分散) が明らかに変化しているとみなされる場合には非定常な時系列であるから，このモデルを使用することはできない[※10]．このような場合には，非定常時系列の構造を表現するモデル[※11]をあてはめる必要がある．

2) では，1) で定常性をもつ時系列データであるとみなせる場合に，現時点で発生する値が過去何時点までに発生する値の影響を受けると考えられるかについて定める必要がある．これは次数 p をどのように定めるとよいかという問題であるが，(5.3) の右辺の説明変数をいくつに選択するとよいかという問題であるため，第4章で紹介したモデル選択基準である AIC を定義することができる[※12]．すなわち，次数 p の値を変化させながら (5.3) を推定したときに，AIC が最小となるときの p を次数として選択する[※13]．

3) では 2) で選択された次数 p の下で未知係数 a_i $(i = 0, 1, \ldots, p)$ の値をデータから推定する．係数を推定する方法として**ユール・ウォーカー方程式**[※14]，最小2乗法などがよく知られている．

4) では，推定されたモデルが実際のデータをどの程度よく推定しているかを評価するために，モデルによる X_t の推定値と観測値との残差 (residual) に関する自己相関を調べることがよく行われる．モデルの構造が適切であれば，推定値が実際の観測値とよく一致するため，残差は「ノイズ」のような変化となり自己相関は認められない．この点をチェックする目的で妥当性の検診が行われる．

5.3.3 R による自己回帰モデルの推定

R 環境では，自己回帰モデルをデータにあてはめて次数を推定し，未知係数を推定するための関数 ar() が用意されている．例として，湿度に関する時系列データ

[※10]どのような時系列データであってもモデルは推定できるが，推定結果に意味はなく，正しい評価はできない．
[※11]5.4 節，および 5.5 節を参照．
[※12]このモデルに関して AIC を定義する方法については，5.6.3 項を参照．
[※13]自己相関を推定して次数を選択する方法もある．5.3.5 項を参照．
[※14]具体的な推定方法については，5.6.2 項を参照．

に基づいて自己回帰モデルを推定してみよう．以下の例では，`kisyou.dat` にある
気象データの行列の 6 列目に湿度のデータがあり，この先頭から 230 番目までの
データをベクトル `sitsudo` に入力したものを用いてモデルを推定する．

1) 定常性の評価

　まず，湿度の時系列データ `sitsudo` を可視化して，この時間変動が定常性をも
つかという点について調べるとともに，標本自己相関関数の状況を調べる．以下の
プログラムを実行する．

```
> to <- 230
> sitsudo <- kisyou.dat[1:to, 6]
> par(mfrow=c(2,1))
# 湿度のプロット
> plot(sitsudo, type="l", col="red", xlab="time (hour)",
+ ylab="Humidity(%)", main="Humidity")
# 自己相関係数 （時間遅れの最大値を 20 に指定）
> acf(sitsudo, lag.max=20, col="red", xlab="lag (hour)", main="ACF")
```

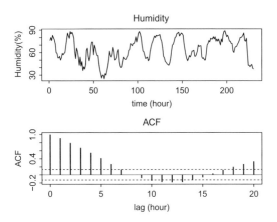

図 5.10　湿度の時間変動と標本自己相関関数

　実行結果を図 5.10 に示す．時間変動は平均や分散に顕著な変化はなく，定常と
みなしてもよいと観察される．また，標本自己相関関数は 0 とは有意に異なる値を
示しながら緩やかに減少していることが観察される．現時点の値が過去の時点の値
と有意に 0 とは異なる自己相関をもちながら変化していることから，自己回帰モデ

ルをあてはめることは妥当であると考えることができる.

2) 次数選択と未知係数の推定

モデルの次数 p は AIC を用いて選択する.自己回帰モデルを推定するための関数 ar() を用いて以下を実行する.

```
#  AIC を用いて次数を選択
#  AR モデルを推定 (次数 p は AIC をで選択)
> ar.est <- ar(sitsudo, method="yule-walker", AIC=TRUE)
#  ar.est のリストを調べる
> head(names(ar.est))
[1] "order"    "ar"       "var.pred" "x.mean"   "aic"       "n.used"
#  ar.est$order が選択された次数
> ar.est$order
[1] 16
#  ar.est$ar の推定値を小数第 2 位まで表示
> round(ar.est$ar, 2)
 [1]  1.02 -0.15  0.04  0.06 -0.02 -0.04 -0.05 -0.11  0.14 -0.08
[11]  0.00  0.13 -0.23  0.11 -0.08  0.16
#  残差の自己相関
> acf(ar.est$resid[is.na(ar.est$resid) == FALSE])
```

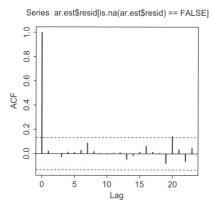

Series ar.est$resid[is.na(ar.est$resid) == FALSE]

図 5.11 AR(16) の残差に関する自己相関

　ar() の実行結果を ar.est に入力すると，このなかに AR モデルの推定で得ら
れたさまざまな結果がリストとして入力される．どのような結果が出力されている
かは関数 names() を実行することで把握できる．このなかの ar.est$order には
AIC が最小となった次数の値が入力されている．この値が 16 であることから，次
数 p が 16 である AR モデル (AR(16) モデル) を支持することがわかる．次数 16
の下で未知係数の推定が行われる．ユール・ウォーカー方程式を用いて推定する場
合には，オプションで method="yule-walker" と指定する．推定値は ar.est$ar
にベクトルとして入力される．実行結果より，観測された湿度の時系列データに対
して推定された自己回帰モデルは

$$X_t = 1.02X_{t-1} - 0.15X_{t-2} + \cdots - 0.08X_{t-15} + 0.16X_{t-16} \tag{5.4}$$

となることがわかる．このモデルが妥当であるか否かを調べる方法の 1 つとして，
ar.est$residual に入力されている残差系列の標本自己相関関数を求める．図
5.11 に示されるようにこの値は無相関とみなすことができ，モデルが適切に推定さ
れていることを示唆している．

5.3.4　自己回帰モデルに基づく予測

　上記で推定された自己回帰モデルを用いて予測を行うことが可能となる．(5.3)
で未知係数 a_i の推定量を $\hat{a}_i$ とする．未知係数を推定量で置き換えた

$$X_t = \hat{a}_1 X_{t-1} + \cdots + \hat{a}_p X_{t-p}$$

において，時点 t を $t+l$ に置き換えると

$$X_{t+l} = \hat{a}_1 X_{t+l-1} + \cdots + \hat{a}_p X_{t+l-p}$$

となる．これが l 時点先 $(l = 1, \ldots, L)$ の予測値を求めるための**予測量**となる．右
辺の説明変数 X_{t+l-j} $(j = 1, \ldots, p)$ において，該当する時点における観測値があ
る場合には観測値を使用し，観測値がない場合には予測値で置き換えていくことに
より，l 期先の予測値 (長期予測値) が求められる．R 環境では，lm() を用いて推
定されたモデルによる予測と同様に，関数 predict() を実行すると pred というリ
ストのなかに予測値が入力される．

　230 個の湿度データに基づいて推定された AR(16) モデル (5.4) に基づいて，20
時点先までを予測してみよう．推定されたモデルに基づく予測量は

$$X_{t+l} = 1.02X_{t+l-1} - 0.15X_{t+l-2} + \cdots - 0.08X_{t+l-15} + 0.16X_{t+l-16},$$

$$l = 1, \ldots, 20$$

となる．予測計算のプログラム例を以下に示す．

```
#  20 期先までの長期予測
> n.ahead.dat <- 20
#  ar による長期予測の例
> pred.res <- predict(ar.est, n.ahead=n.ahead.dat)
#  長期予測値を含むベクトル
#    長期予測の値は pred.res$pred にある
#    230 時点までは欠損値 NA，その後に 20 期間の予測値
> pred.dat <- c(rep(NA, to), pred.res$pred)
#  230(データの推定期間) + 20(予測期間)
> n.max <- 250
> series.dat <- kisyou.dat[1:n.max, 6]
#  予測結果の表示
> plot(series.dat, type="l", xlim=c(0,n.max),
+ ylim=c(30,90), xlab="", ylab="")
> par(new=T)
> plot(pred.dat, type="l", col="red", lty=c(2), lwd=c(2),
+ xlim=c(0,n.max), ylim=c(30,90), xlab="time (hour)",
+ ylab="Humidity(%)", main="AR(16)")
> lines(c(231,231), c(25,95), lty=c(4), lwd=c(1), col="blue")
```

　予測結果を図 5.12 に示す．点線で区切られる 231 時点以降から描かれている点線が，20 期先までの長期予測値である．第 4 章において，変量間に基づいてモデル化を行って予測を行ったときの結果と比較すると，予測精度がかなり改善される印象を受ける．時系列データの場合，第 4 章で紹介した相関係数よりも標本自己相関関数の値が十分高くなることが起こりうる．時系列モデルを用いることにより，このような予測精度の改善が得られるのは，この高い自己相関の情報が活用できる可能性があるからである．

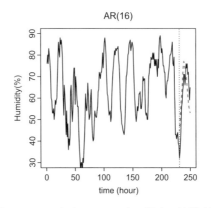

図 5.12　AR(16) モデルによる湿度の長期予測

5.3.5　自己回帰移動平均モデル

自己回帰モデル (5.3) において，ε_t の値が現時点だけでなく，過去に発生した値の影響も受けると仮定したモデルも定常モデルの 1 つとして知られており，次数 (p, q) の**自己回帰移動平均モデル** (autoregressive moving average model, ARMA(p, q) モデル) とよばれる．このモデルは次のように定義される．

$$X_t - a_1 X_{t-1} - \cdots - a_p X_{t-p} = \varepsilon_t - b_1 \varepsilon_{t-1} - \cdots - b_q \varepsilon_{t-q} \tag{5.5}$$

ここで，p と q は次数，a_i と b_i は未知の係数，ε_t は確率変数で，$E[\varepsilon_t] = 0$，$V[\varepsilon_t] = \sigma_\varepsilon^2$，$E[\varepsilon_i \varepsilon_j] = 0$ $(i \neq j)$ を満たすものと仮定する．次数 $q = 0$ とした ARMA$(p, 0)$ モデルは AR(p) モデルとなるから，ARMA モデルは AR モデルの構造を含むより一般的なモデルとなる．

ARMA(p, q) モデルは観測データから推定する際の基本的な流れは自己回帰モデルと同様である．最初に，自己相関の状況を調べることにより，次数 p と q を選択する．AR モデルの次数選択では AIC を用いる例をあげたが，ここでは，標本自己相関関数とともに**偏自己相関係数** (partial autocorrelation coefficient) を用いて次数の選択を行う方法を用いることにする．

偏自己相関係数は，時間遅れ τ の値を逐次変えながら，観測データに AR(τ) モデルをあてはめた際の $X_{t-\tau}$ にかかる係数 a_τ の推定値である．定常時系列が AR(p) で表されるとき，時間遅れ τ が $\tau > p$ の場合には，偏自己相関係数の値が 0 となることが理論的に知られている．この性質を利用して，偏自己相関係数を計算したと

きに，p より大きな時間遅れのとき自己相関が 0 とみなせるような変化が生じてい
る場合には，AR 部分の次数を p とする．一方，標本自己相関関数に関しては，時系
列が**移動平均モデル** MA(q) $(=$ ARMA$(0,q))$ で表されるときには，時間遅れ τ が
$\tau > q$ のときに 0 となることが理論的に知られている．したがって，標本自己相関関
数が $\tau > q$ のときに 0 とみなせる場合には，この q を MA 部分に関する次数とする．

R 環境では偏自己相関係数を pacf() を用いて求めることができる．例として，
マレーシアで観測された大気汚染係数 (AQI) の日次の変化に関する時系列データを
ARMA モデルで推定してみよう．まず，観測値が 70 個入力されたベクトル aqi よ
り，標本自己相関関数と偏自己相関係数を求めることにする．

```
> par(mfrow=c(2,2))
> plot(aqi, type="l", xlab="time (day)", main="aqi")
> acf(aqi, xlab="Lag (day)", main="ACF of aqi")
> pacf(aqi, xlab="Lag (day)", main="PACF of aqi")
```

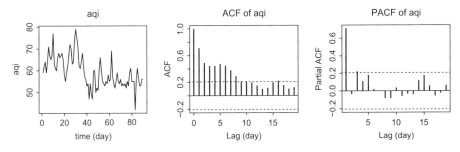

図 5.13 AQI データの時間変動と標本自己相関関数，および偏自己相関係数

図 5.13 に計算結果を示す．標本自己相関関数は時間遅れが 8 日より大きくなると
有意な自己相関が認められず，0 とみなすことができる．一方，偏自己相関係数は
時間遅れが 1 日より大きくなると有意な自己相関が認められない．このことから，
$p = 1, q = 8$ を選択する．これは ARMA$(1,8)$ モデルを推定することを意味する．

R 環境で ARMA モデルを推定する際には関数 arima() を実行する[15]．関数
arima() のオプション order で次数を指定する．ARMA(p,q) の場合は order=
c(p,0,q) と指定することに注意する．推定の例を以下に示す．

---

[15] arima() は，後述される自己回帰和分移動平均 (ARIMA(p,d,q)) モデルを推定する関数である
が，ARMA モデルをその特殊なモデルとして指定することができる．

```
# ARMA(1,0,8) モデルを推定する
> sar.est <- arima(aqi, order=c(1,0,8), transform.pars=FALSE)
# 推定値
> round(sar.est$coef,3)
      ar1       ma1       ma2       ma3       ma4       ma5       ma6
    0.677     0.006    -0.219     0.044     0.077     0.188     0.174
      ma7       ma8 intercept
    0.069     0.124    59.215
# 残差の相関
> par(mfrow=c(2,2))
> plot(sar.est$residuals, type="l", xlab="time (day)",
+ main="residuals")
> acf(sar.est$residuals, xlab="Lag (day)", main="ACF of residuals")
```

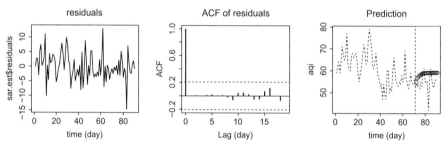

図 5.14　ARMA(1,8) モデルの残差，および予測の例

　ARMA$(1, 8)$ モデルを推定した際の残差の変動とその自己相関係数，およびこのモデルを用いて 20 時点先までの長期予測の例 (丸が予測値) を示した結果を図 5.14 に示す．残差の自己相関係数は 0 とみなせるから，ARMA$(1, 8)$ モデルがデータの挙動をよく推定していることがわかる．予測を行う場合は，AR(p) モデルと同様に sar.est に対して predict() を実行する．

5.3.6　多変量自己回帰モデル

　1 つの変量の定常時系列データに関して自己回帰モデルをあてはめる方法についてみてきたが，複数の時系列データがそれぞれ定常時系列とみなすことができ，変量間に相互相関が認められる場合には，これらの情報も考慮することによって，時

系列データの予測精度がさらに改善できるのではないかということが期待される．多変量の時系列データが時間的な相関をもちながら変化している状況を記述する 1 つのモデルとして**多変量自己回帰モデル** (multivariate AR model) がよく知られている．

m 個の観測変量から定常な時系列 $X_1^{(j)}, \ldots, X_N^{(j)}$ $(j = 1, \ldots, m)$ が観測されているものとする．これらの変量間に相互相関が認められる場合に，m 行 1 列の縦ベクトル $\boldsymbol{x}_t = (X_1^{(1)}, \ldots, X_t^{(m)})^T$ を定義し[16]，$\boldsymbol{x}_t$ が次数 p の AR モデルと同様な形で

$$\boldsymbol{x}_t = A_1 \boldsymbol{x}_{t-1} + \cdots + A_p \boldsymbol{x}_{t-p} + \boldsymbol{\varepsilon}_t \tag{5.6}$$

と表されるモデルを考える．ここで，A_i $(i = 1, \ldots, p)$ は未知の係数から構成される m 行 m 列の行列，$\boldsymbol{\varepsilon}_t = (\varepsilon_t^{(1)}, \ldots, \varepsilon_t^{(p)})^T$ は時点 t でランダムに発生する値を表す確率変数を要素とした m 行 1 列のベクトルで，次の条件を満たすと仮定する．

$$E[\boldsymbol{\varepsilon}_t] = (0, \ldots, 0)^T, \qquad E[\boldsymbol{\varepsilon}_t \boldsymbol{\varepsilon}_t^T] = V, \qquad E[\boldsymbol{\varepsilon}_t \boldsymbol{\varepsilon}_u^T] = \boldsymbol{O} \ (t \neq u)$$

ここで，V は m 行 m 列の対称行列，$\boldsymbol{O}$ は m 行 m 列の零行列である．(5.6) は (5.3) を多次元化した形であり，次数 p の m 次元自己回帰モデルという．

未知の係数で行列である A_i は 1 変量の自己回帰モデルで用いたユール・ウォーカー方程式を多次元化した形で満たしており，この方程式を解くことによって A_i の値を推定できる[17]．

5.3.7 R による多変量自己回帰モデルの推定と予測

多変量自己回帰モデルは，関数 ar() を用いて推定や予測が可能である．前節で取り上げた湿度の変化の予測について，他の気象要因の変化を考慮に入れた場合の予測について，多変量自己回帰モデルを用いて行ってみることにする．

kisyou.dat の 6 列目にある湿度のデータに加えて，3 列目にある気温，8 列目にある蒸気圧も加えた 3 変量の時系列データを用いる．まず，これらの先頭行から 230 行までのデータを用いて (5.6) の未知の係数行列 A_i を推定するプログラム例を以下に示す．多変量時系列データは湿度，気温，蒸気圧の各気象観測要因のデータをベクトルとした後に，これらを関数 cbind() で列方向へ結合した x.vec を使用する．この行列は，行番号が増加する方向に時間が経過し，列番号が増加する方向

に 3 つの変数名が明示されている構造をもっている.

関数 ar() で行列 x.vec を指定すると,多変量自己回帰モデルであることを認識して A_i の推定が行われる.1 変量自己回帰モデルと同様に,オプション method="yule-walker" を指定すると,多変量のユール・ウォーカー方程式を解くことによって A_i の値を推定する.次数選択は AIC を用いるようにオプション AIC=TRUE を指定している.実行結果より,AIC は次数が 4 の多変量自己回帰モデルを選択したことを示している.

```
# モデル推定に使用したデータ数は 230
> to          <- 230
# 20 期先までを予測する
> n.ahead.dat <- 20
# すべてのデータ数
> n.max <- to+n.ahead.dat
# 気象データから 7 湿度,気温,蒸気圧をベクトルとする
> sitsudo <- kisyou.dat[1:to,6]
> kion    <- kisyou.dat[1:to,3]
> jyouki  <- kisyou.dat[1:to,8]
# 3 つのベクトルを結合して多変量データとする
> x.vec <- cbind(sitsudo, kion, jyouki)
> head(x.vec,3)
     sitsudo kion jyouki
[1,]      76 10.1    9.4
[2,]      80  9.6    9.6
[3,]      76 10.4    9.6
# 多変量自己回帰モデルの推定
> ar.multi.est <- ar(x.vec, method="yule-walker", AIC=TRUE)
# AIC で選択された次数
> ar.multi.est$order
[1] 4
```

長期予測値は関数 predict() を実行する.ar() の実行結果を出力したオブジェクト (この例では ar.multi.est) を作成して predict() のなかで指定すれば,リスト pred に予測値が入力される.多変量時系列の場合は,変量ごとに予測値が得られるので,湿度に関する長期予測値のみを取り出して,pred.m.dat に入力した

後に可視化を行う．出力結果は図 5.15 に示される (点線が予測値)．

```
# 予測
> pred.multi.res <- predict(ar.multi.est, n.ahead=n.ahead.dat)
 警告メッセージ：
 predict.ar(ar.multi.est, n.ahead = n.ahead.dat) で:
   'se.fit' は多変量モデルにはまだ実装されていません
# 長期予測値 (5 期先までを表示)
> head(pred.multi.res$pred, 5)
      sitsudo    kion   jyouki
[1,] 42.38262 17.56714 8.313883
[2,] 46.38977 16.71779 8.563738
[3,] 50.59079 15.90059 8.852057
[4,] 54.62374 15.17996 9.174009
[5,] 57.89090 14.62604 9.456724
# sitsudo の予測値を pred.m.dat へ出力
> pred.m.dat <- c(rep(NA, to), pred.multi.res$pred[,1])
# 長期予測値の表示
> plot(kisyou.dat[1:n.max,6], type="l", xlim=c(0,n.max),
+ ylim=c(30,90), xlab="", ylab="")
> par(new=T)
> plot(pred.m.dat, type="l", col="red", lty=c(2), lwd=c(2),
+ xlim=c(0,n.max), ylim=c(30,90),
+ xlab="time (hour)", ylab="Humidity(%)", main="Multivariate AR(3)")
> lines(c(231,231), c(25,95), lty=c(4), lwd=c(1), col="blue")
```

5.4 非定常な時系列データのモデル化

5.4.1 非定常な時系列

　定常時系列について，AR(p) モデル，ARMA(p, q) モデル，および多変量自己回帰モデルを用いて変化のモデル化や予測を行う方法について前節で紹介した．しかし，実際の現象の変化は，このような定常性が満たされない場合のほうがむしろ多いのではないだろうか．

　図 5.16 は 1 カ月間に発生した風速に関する 1 時間ごとの時系列データを表示し

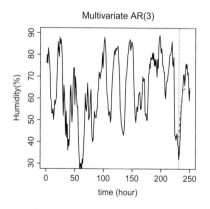

図 5.15　3次の多変量自己回帰モデルに基づく湿度の長期予測

た例である．風速は，気圧が変化することにより急激に変化しやすい．観測期間を
みると変化の傾向 (トレンド) や上下に変動する振幅の大きさは時間の経過とともに
大きく変化しており，平均や分散は時点とともに変化していると考えることができ
る．実際，200 時点と 400 時点の周辺の期間における変化の特徴は大きく異なる．
また，これらの期間で観測データをとり，2つの時点 t と $t-\tau$ における散布図を描
くと，その傾向は異なるであろう．すなわち，観測期間における平均や分散，相関
は時間の経過とともに変化していると考えられる．このような時系列は**非定常時系
列**とよばれる．前節で紹介した自己回帰モデルは定常モデルであるため，上記の非
定常な風速のデータにこのモデルをあてはめて推定しても正しい評価はできない．
このため，非定常時系列の構造を適切に推定することを目的とした非定常な時系列
データのモデルについても提案されてきた．以下では，そのなかで代表的なものを
紹介する．

5.4.2　自己回帰和分移動平均モデル

　非定常な時系列データに関するモデルとして古くから知られているものの 1 つ
に**自己回帰和分移動平均モデル** (autoregressive integrated moving average model,
ARIMA モデル) がある．このモデルは，N 個の時系列データ $X_1, \ldots, X_N$ が非定
常時系列とみなせるときに，現時点で発生する値と 1 時点前で発生する値との差に
着目して，$D_t = X_t - X_{t-1}$ で定義される**階差系列** $D_1, \ldots, D_N$ に関する変化に着

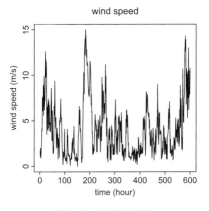

図 5.16 風速の変化

目する[18]. たとえば, X_t の値が時点とともに一定の値で増加するとき, X_t は時間とともに上昇する傾向をもつ非定常な時系列となるが, 階差系列の変化は一定であり定常な時系列とみなすことができる. この点に着目して, もし $D_1, \ldots, D_N$ が定常性をもつ時系列とみなせる場合には, ARMA(p, q) モデル

$$D_t = a_1 D_{t-1} + \cdots + a_p D_{t-p} + \varepsilon_t + b_1 \varepsilon_{t-1} + \cdots + b_q \varepsilon_{t-q}$$

$$E[\varepsilon_t] = 0, \ V[\varepsilon_t] = \sigma^2, \ E[\varepsilon_t \varepsilon_s] = 0 \ (t \neq s)$$

をあてはめる. このときの $X_1, \ldots, X_N$ のモデルが自己回帰和分移動平均モデル, ARIMA $(p, 1, q)$ とよばれるものである. D_t が定常な時系列とみなせない場合には, D_t に関する階差 ($X_1, \ldots, X_N$ に関する 2 階の階差) をとって定常性を同様に調べ, 定常時系列とみなせる場合には ARMA(p, q) をあてはめる. 一般に, 階差を d 階とった系列が定常性をもつ場合に ARMA(p, q) をあてはめるモデルのことを ARIMA(p, d, q) モデルとよぶ. p は自己回帰部分の次数, d は階差の次数, q は移動平均部分の次数である.

階差系列 $D_2, \ldots, D_N$ が定常な ARMA(p, q) モデルで推定できると, 推定結果に基づいて時点 $N+1$ における予測値 $\widetilde{D}_{N+1}$ を求めることができる. X_{N+1} は階差系列を用いて

$$X_{N+1} = (X_{N+1} - X_N) + (X_N - X_{N-1}) + \cdots + (X_2 - X_1) + X_1$$

---

[18] 数列の一般項を求めるとき「階差数列」に着目する考え方と基本的に同じである.

$$= D_{N+1} + D_N + \cdots + D_2 + X_1$$

と各時点における X_t の値が各時点の階差系列の和を用いて表される[19]ことから，$\widetilde{D}_{N+1}$ が得られれば X_{N+1} の予測値 $\widetilde{X}_{N+1}$ が得られる．同様にして，階差系列の長期予測値 $\widetilde{D}_{N+l}$ $(l = 1, \ldots, L)$ が得られれば，$\widetilde{X}_{N+l}$ についても求めることができる．

5.4.3　R による ARIMA モデルの推定

R 環境では，ARIMA モデルをデータにあてはめて次数を推定し，未知係数を推定するための関数 arima() が用意されている．以下では，一例として気圧の観測データからモデルを推定してみよう．基本的な流れは AR(p) モデルと同様であり，以下のとおりである．

1) 階差系列が定常な時系列とみなせるかを調べる
2) 1) の変化に定常性があるとみなせる場合には 3) へ進み，そうでない場合には，その階差系列を求めて 1) へ戻る
3) 次数 p を選択し，未知係数 a_i $(i = 1, \ldots, p)$ を推定する
4) モデルの妥当性を統計的に診断して，問題がなければ終了，問題がある場合にはモデルを再考する

以下の例では，気圧データが入力されたベクトル kiatsu を用いる．

1)　階差系列の定常性の評価

階差系列 $D_t = X_t - X_{t-1}$ は X_t の時系列データを含むベクトルに関数 diff() を実行するとベクトルとして生成される．これを用いて，階差数列の標本自己相関関数と偏自己相関係数を求める．

```
# 気圧の時系列データ
> par(mfrow=c(2,2))
> plot(kiatsu, type="l", xlab="time (hour)", ylab="hPa",
+ main="air pressure")
# 階差系列と標本自己相関関数，および偏自己相関係数
> plot(diff(kiatsu), type="l", xlab="time (hour)", ylab="hPa",
```

---

[19] このモデルが「和分」(integrated) モデルとよばれるのは，このような理由からである．

```
+ main="difference")
> acf(diff(kiatsu), xlab="lag (hour)", main="ACF", lag.max=50)
> pacf(diff(kiatsu), xlab="lag (hour)", main="PACF", lag.max=50)
```

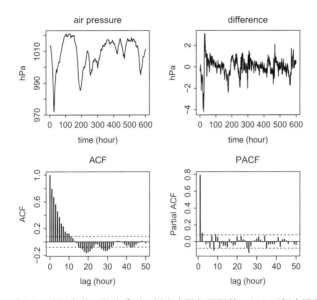

図 5.17　気圧の時間変動，階差系列，標本自己相関関数，および偏自己相関係数

　出力結果を図 5.17 に示す．気圧の観測値の変化は徐々に上昇している傾向を示すが，階差系列はその傾向が除去されて，観測期間を通してほぼ一定とみなすことができる．また，階差系列に対する標本自己相関関数の推定値は，時間遅れが大きくなっても有意に 0 とは異なる値をとり，かつ緩やかに減衰する．一方で，階差系列の偏自己相関係数は全体に小さいが，26 時点の時間遅れで有意な値をとる．そこで，AR(26) モデルを推定する．

2) ARIMA(p, d, q) モデルの推定と診断

　1) の結果は，気圧の時系列データへあてはめるモデルの 1 つとして ARIMA$(26, 1, 0)$ を支持している．そこで，関数 arima() を用いてこのモデルを推定する．arima() を実行する際には，オプション order でモデルの次数 $(26, 1, 0)$ を指定する．また，この例のように変化の傾向 (トレンド) が変化しているとみなされる場合には，オプション include.mean=TRUE を指定して，傾向の変化があることを明示する (傾

向の変化が認められない場合には，include.mean=FALSE とする）．

　このようにして1つのモデルが推定されるが，モデルを決める過程で分析者の判断が入るため，得られたモデルが妥当であるという保証はない．そこで，最後に推定されたモデルの妥当性を統計的に診断することが一般的である．関数 tsdiag() は推定されたモデルの診断を統計的に行うもので，モデルに基づく X_t の推定値と観測値との残差の変化と，その標本自己相関関数の状況を可視化する．もし残差が無相関と評価されれば，適切なモデルの1つと評価することができる．

```
# ARIMA(p,d,q) モデルの推定
#   order=c(AR の次数 p, 階差の次数 d, MA の次数 q)
> arima.est <- arima(kiatsu, order=c(26,1,0), include.mean=TRUE)
# 推定結果を表示
> round(coef(arima.est), 2)
   ar1    ar2    ar3    ar4    ar5    ar6    ar7    ar8    ar9   ar10
  0.71   0.10   0.04  -0.01   0.03  -0.12   0.11  -0.15   0.05   0.11
  ar11   ar12   ar13   ar14   ar15   ar16   ar17   ar18   ar19   ar20
 -0.07   0.02  -0.02   0.01  -0.11   0.08   0.02  -0.04  -0.08   0.03
  ar21   ar22   ar23   ar24   ar25   ar26
 -0.03   0.04   0.03   0.09   0.03  -0.16
# モデルの妥当性に関する診断
> tsdiag(arima.est)
```

　上記の結果はモデルの未知係数の推定結果であり，図 5.18 はモデルの診断結果を示す（上段：残差のプロット，中段：残差系列に関する標本自己相関関数，下段：残差の独立性に関する Ljung-Box 検定の p 値）．中段の結果は残差の自己相関が無相関であることを示し，下段の結果は残差の値が互いに独立であるとした帰無仮説が棄却されないことを示している．この結果より，ARIMA(26, 1, 0) は妥当なモデルの1つであると評価される．

3) 予測

　2) で妥当なモデルの1つが得られたので，このモデルを用いて予測を行う．これまでと同様に，predict() を実行して行った長期予測の結果を図 5.19 に示す（太線は予測値を示す）．

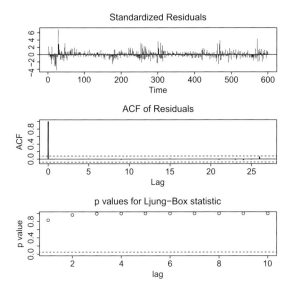

図 5.18　ARIMA$(26, 1, 0)$ モデルの妥当性に関する診断結果

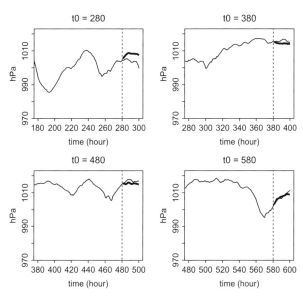

図 5.19　ARIMA$(26, 1, 0)$ モデルによる気圧の長期予測

5.5　周期性の強い非定常時系列データのモデル化

5.5.1　周期性の強い非定常時系列

　人間は月や曜日ごとに類似した活動を繰り返していくことも多く，その結果，さまざまな経済指標の観測値が周期性の強い変化となることが少なくない．この節では，このように周期性が強く，かつ非定常な時系列データのモデルについて紹介する．

　図 5.20 は 2008 年から 2017 年までの全国のコンビニエンスストアにおける売上の総額に関する月ごとの変化を示している[20]．売上高の変化は，月の経過とともに上昇する傾向 (トレンド) をもち，12 カ月を 1 つの周期とした周期性の強い変化を繰り返す特徴があるように観察される．これが正しい場合，1 月ごと，2 月ごと，$\cdots$，12 月ごとと月ごとの変化に着目すると，これらはある程度同じ値となり，定常な時系列とみなすことが期待できる．この考え方を用いることにより，周期性の強い非定常時系列データに関する 1 つのモデルを考えることができる．

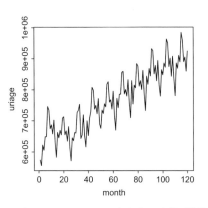

図 5.20　コンビニエンスストアの売上高の変化 (単位：百万円)

5.5.2　季節型自己回帰モデル

　時間の経過とともに傾向に変化が発生するような非定常性な時系列データをモデル化するための方法として ARIMA モデルを紹介した．ARIMA モデルは，現時点と 1 つ前の時点で発生した値の差である 1 階階差の系列，$X_2 - X_1$，$X_3 - X_2, \ldots, X_N - X_{N-1}$ の変化に着目し，変化の傾向が除去されて定常な変化とみなせる場合に，ARMA モデルをあてはめる考え方であった．これに対して図 5.20 に

---

[20] 日本フランチャイズチェーン協会から発表されている統計データによる．

示される時系列データの場合には，毎年の 1 月ごと，2 月ごと，···，12 月ごとと「月ごとの変化」が定常な時系列とみなせる可能性に着目する．各データから 12 カ月前のデータの値を引いた値，$u_1 = X_{13}-X_1, u_2 = X_{14}-X_2,\ldots,u_{N-12} = X_N-X_{N-12}$ の変化を調べてみよう．これは周期に該当する時点との階差という意味で，**季節階差** (seasonal difference) とよばれる．

12 カ月の季節階差の系列 $u_1,\ldots,u_{N-12}$ の変化とその標本自己相関関数，および偏自己相関係数を推定するためのプログラムと推定結果を以下に示す．

```
# データの入力
> uriage <- conv[,2]
> plot(uriage, type="l", xlab="month")
# 12 期の季節階差
> sdiff <- diff(uriage, lag=12)
> par(mfrow=c(2,2))
> plot(sdiff, type="l", xlab="time (month)", main="u(t)")
> acf(sdiff, xlab="Lag (month)", main="ACF")
> pacf(sdiff, xlab="Lag (month)", main="PACF")
```

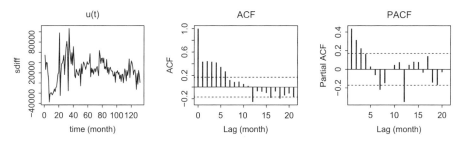

図 5.21 u_t の変化と標本自己相関関数，および偏自己相関係数

図 5.21 は実行結果である．季節階差の変化は上昇の傾向が除去されて，定常性があるとみなすことのできる変化となる．標本自己相関関数 (ACF) は，有意な自己相関をもちながら時間遅れの増加とともに緩やかに減少する．偏自己相関係数 (PACF) をみると，12 カ月前までの時間遅れで発生した値と現時点との間に有意な相関が認められるが，12 カ月よりも大きな時間遅れでは認められない．

上記を手がかりとして X_t に関するモデルを考えてみよう．季節階差を行った u_t の自己相関の状況から，u_t に $\mathrm{ARMA}(p,q)$ をあてはめることを考える．u_t の偏自

己相関係数が時間遅れが 12 より大きいときに 0 となることと，標本自己相関関数
が時間遅れが 6 より大きいときに 0 となることから，ARMA(12,6) モデルを推定
し，残差の相関を調べることにする．

```
# sdiff に ARMA(12,6) をあてはめたときの残差
> arma.est <- arima(sdiff, order=c(12,0,6))
> par(mfrow=c(2,1))
> plot(arma.est$residual, type="l")
> acf(arma.est$residual)
```

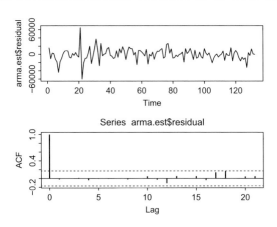

図 5.22　残差の変化と標本自己相関関数

図 5.22 は残差の変動と標本自己相関関数の推定結果である．すべての時間遅れに
おいて自己相関が 0 とみなせるので，季節階差 u_t の変化は ARMA モデルによって
説明できることがわかる．このようなモデルは，$Bu_t = u_{t-1}$ と 1 時点過去の値を示
すためのオペレータ B を導入する[21]ことにより，次のように表すことができる．

$$(1 - \phi_1 B - \cdots - \phi_p B^p)u_t = (1 - \theta_1 B - \cdots - \theta_q B^q)\varepsilon_t$$

$$u_t = (1 - B^{12})X_t$$

よって

$$(1 - \phi_1 B - \cdots - \phi_p B^p)(1 - B^{12})X_t = (1 - \theta_1 B - \cdots - \theta_q B^q)\varepsilon_t$$

---

[21]Box and Jenkins (1976) では，このような B を backward shift operator とよんでいる．

X_t に関する上記のモデルは**季節 ARIMA モデル** (Seasonal ARIMA モデル) とよばれる. $(1 - \phi_1 B - \cdots - \phi_p B^p)$ と $(1 - \theta_1 B - \cdots - \theta_q B^q)$ は**非季節成分**である u_t に関する時系列の変化を説明するための ARMA モデルを表現するための次数と未知係数, $(1 - B^{12})$ は**季節成分** u_t の変化を説明するための周期を表している. このモデルは一般化すると

$$(1 - \phi_1 B - \cdots - \phi_p B^p)(1 - B)^d(1 - \Phi_1 B^S - \cdots - \Phi_p B^{pS})(1 - B^S)^D X_t$$
$$= (1 - \theta_1 B - \cdots - \theta_p B^q)(1 - B)^d(1 - \Theta_1 B^S - \cdots - \Theta_q B^{qS})(1 - B^S)^D \varepsilon_t$$

の形で表され, SARIMA$((p,d,q)\times(P,D,Q)_S)$ モデルとよぶ (S は周期, d と D はそれぞれ階差, および季節階差の回数である).

R 環境でこのモデルを推定する際には, 関数 arima() を用いる. 下記の例に示されるとおり, オプションである order で非季節成分の ARIMA モデルの次数 (p,d,q) を, seasonal で季節成分の ARIMA モデルの次数 (P,D,Q), および周期 S を指定する必要がある. これらが指定されると, arima() は未知係数を推定して結果を報告する.

```
# 季節変動 (P, D, Q)_S
> parms <- list(order=c(0,1,0), period=12)
> sar.est <- arima(uriage.120, order=c(12,0,6), seasonal=parms,
+ transform.pars=FALSE)
> par(mfrow=c(2,1))
# 推定された残差
> plot(sar.est$residuals, type="l", xlab="time (month)",
+ main="residuals")
> acf(sar.est$residuals, xlab="Lag (month)", main="ACF of residuals")
# 未知係数の推定結果は sar.est$coef
> round(sar.est$coef, 2)
   ar1   ar2   ar3   ar4   ar5   ar6   ar7   ar8   ar9  ar10  ar11
 -0.15 -0.08  0.08  0.21  0.12  0.71  0.14  0.06  0.02 -0.03  0.05
  ar12   ma1   ma2   ma3   ma4   ma5   ma6
 -0.41  0.46  0.47  0.59  0.46  0.56 -0.33
```

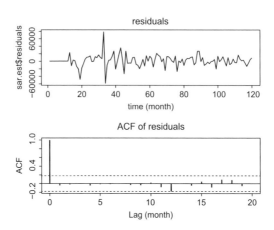

図 5.23 季節 ARIMA モデルの残差と標本自己相関関数

このモデルの予測は，上記で得られた `sar.est` を用いて予測値を計算する関数 `predict()` を実行することで得ることができる．この結果を図 5.24 に示す (点線は観測値，丸はモデルによる予測値)．

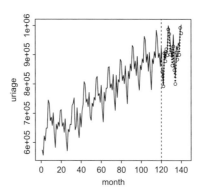

図 5.24 売上高の長期予測結果 (121 カ月目から 20 カ月先まで)

5.5.3 指数平滑法

これまで紹介したモデル化の方法では，データの変化に潜在的に存在すると考えられる相関構造を推測した．一方で，相関を用いず，データの変化を直接推定して，予測に活用する方法も提案されてきた．このような方法として代表的なものの 1 つに**指数平滑法** (exponential smoothing method) とよばれるものがある．この方法

は，定常性や非定常性の評価をすることなく利用できる長所がある．

　まず，最も簡潔な構造をもつ**単純指数平滑法**を例に，観測値に基づく推定の仕方を考えてみよう．第 4 章で時系列データの平滑化の考え方を紹介したが，指数平滑もデータから「滑らかな変化の構造」を推定する方法である．N 個の時系列データ $X_1, \ldots, X_N$ を滑らかにした変化を仮定し，時点 t $(t = 1, \ldots, N)$ におけるその値を l_t とする．データから未知の l_t を推定するために，以下を定義する．

$$l_t = \beta X_t + (1 - \beta) l_{t-1}, \qquad l_0 = X_0 \tag{5.7}$$

X_0 は初期時点の観測値，β は $0 < \beta < 1$ を満たす未知の係数で**平滑化定数**とよばれる．(5.7) は新しい観測値 X_t が観測されるごとにある比率で l_{t-1} との加重和を求めた値を l_t の値として更新することを意味する．

　未知の l_t $(t = 1, \ldots, N)$ は観測データを基にして平滑化定数を選択することにより推定できる．(5.7) より l_t は

$$l_t = \beta X_t + (1 - \beta)(\beta X_{t-1} + (1 - \beta) l_{t-2})$$
$$\vdots$$
$$= \beta(X_t + (1 - \beta) X_{t-1} + (1 - \beta)^2 X_{t-2} + \cdots + (1 - \beta)^{t-1} X_1)$$

となり，$\beta(1 - \beta)^\tau$ $(\tau = 0, 1, \ldots, t-1)$ を加重とした観測データの和として表されることがわかる．このことを利用して，観測値の誤差の平方和

$$S(\beta) = \sum_{t=1}^{N} (X_t - l_t)^2$$

を求めたとき，これが最も小さくなるときの β を平滑化定数の値として選択する．

5.5.4　Holt-Winters 法を用いた季節変動の予測

　次に，指数平滑の考え方を図 5.20 で示したコンビニエンスストアの時系列データの変化の予測に応用するための方法を紹介する．この変化は傾向と周期的な変動の合成と考えることができる．このように周期的な変動成分が含まれている時系列データの予測を行う際に用いられる指数平滑法として，**Holt-Winters 法**がよく知られている．

　この方法では，時点 t における時系列データ X_t の値が，緩やかに変化するレベル l_t，短期に変化する傾向 b_t，そして周期を p として周期的に変化する成分 S_t の 3 つに分解できることを仮定する．

$$X_t = l_t + b_t + S_t$$

X_t の値が各成分の和で表されるという意味から加法モデル (additive model) とよばれる. 指数平滑の考え方を応用して，3 つの平滑化定数 α, β, γ $(0 < \alpha < 1,$ $0 < \beta < 1, 0 < \gamma < 1)$ を導入して，l_t, b_t, S_t の各成分に関して次の構造を定義する.

$$l_t = \alpha(X_t - S_{t-p}) + (1 - \alpha)(l_{t-1} + b_{t-1})$$
$$b_t = \beta(l_t - l_{t-1}) + (1 - \beta)b_{t-1} \tag{5.8}$$
$$S_t = \gamma(X_t - l_t) + (1 - \gamma)S_{t-p}$$

各成分が推定された後，時点 t から時点 h $(h = 1, \ldots)$ 先の変化の予測値 $\hat{X}_{t+h}$ を以下で与える.

$$\hat{X}_{t+h} = l_t + b_t \cdot h + S(t + h - p(k + 1)))$$

ここで，k は $(h - 1)/p$ の整数部分である.

R 環境でこの方法による推定と予測を行うためには，関数 HoltWinters() を用いる. この関数を実行する際には，入力する時系列データが 12 カ月を周期としたものであることを明示する必要がある. この処理は，関数 ts() をオプション frequency=12 を指定して実行することで行われる. また，加法モデルを推定する場合には HoltWinters() でオプション seasonal = c("additive") を指定する. 以下は，l_t, b_t, S_t $(t = 1, \ldots, N)$ を推定するためのプログラム例と推定値の変化を示した例である.

```
# 周期 12 カ月の時系列データ (120 個) であることを ts() で定義する
> original.ts <- ts(uriage[1:120], frequency=12)
# 120 個のデータから，Holt-Winters 法の平滑化定数を推定
> hw.est <- HoltWinters(original.ts, seasonal = c("additive"))
# alpha, beta, gamma の推定値を表示
> c(hw.est$alpha, hw.est$beta, hw.est$gamma)
     alpha          beta        gamma
0.26118299 0.09034403 0.16725788
# 分解された各成分の変化を表示する
> par(mfrow=c(3,1))
```

```
> plot(hw.est$fitted[,2], main="l(t)", xlab="year", ylab="l(t)")
> plot(hw.est$fitted[,3], main="b(t)", xlab="year", ylab="b(t)")
> plot(hw.est$fitted[,4], main="S(t)", xlab="year", ylab="S(t)")
# 予測は predict() を実行する（20 期先まで予測）
> HW.est <- predict(hw.est, n.ahead=20, prediction.interval=FALSE)
# 推定値
> pred.dat <- c(rep(NA,120), HW.est[1:20])
```

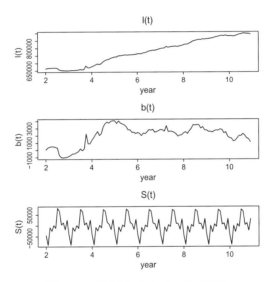

図 5.25 推定された l_t, b_t, S_t の変化

　選択された 3 つの平滑化定数 α, β, γ の値はそれぞれ 0.26, 0.09, 0.17 となり，このときの l_t, b_t, S_t の各推定値の変化は図 5.25 に示されるようにそれぞれ異なる変化の特徴を示す．関数 predict() を用いて 20 期先までの値を予測した結果は図 5.26 に示される．この方法は，定常性や非定常性を意識することなく長期予測を出力することができるが，周期性の強い変動が含まれているデータに対して効果的な方法である．

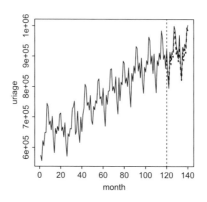

図 5.26 Holt-Winters 法に基づく売上高の長期予測 (点線が予測値)

5.6 統計に関する数学的背景

5.6.1 定常性

確率の世界では「定常性がある」ということをどのように定義するのだろうか. 時点 t $(t = 1, \ldots, N)$ における現象の値 X_t を観測することを考えてみよう. この観測を繰り返すと, 時点 t ごとに観測値の発生頻度に関する分布が得られる. これを X_t を確率変数としたときの確率分布と考える. また, 確率変数の系列 $X_1, \ldots, X_N$ を時系列とよぶ.

「時系列が定常性をもつ」とは, 基本的には $X_1, \ldots, X_N$ の確率分布がすべて等しくなることである. しかし, 実際には分布が時間の経過とともに緩やかに変わると考える方が自然であろう. そこで, X_t の確率分布について, 以下の条件を満たすときに時系列 $X_1, \ldots, X_N$ は (弱い意味の) 定常性があるとよぶことにする[22].

a) $E[X_t] = m$ (平均が時点 t によらず一定値となる)

b) $V[X_t] = \sigma^2$ (分散が時点 t によらず一定値となる)

c) $\mathrm{Cov}[X_t, X_{t+\tau}] = E[(X_t - m)(X_{t+\tau} - m)] = C(\tau)$ (X_t と $X_{t+\tau}$ の共分散が時間遅れ τ のみの関数となる)

条件 a) ~ c) は, 確率分布が一致することを要求していないことに注意する.

---

[22] 確率の世界では, 確率分布が完全に一致する場合を「強定常性」, 緩和された条件を満たす場合を「弱定常性」とよび, 両者を分類している.

5.6.2　ユール・ウォーカー方程式による自己回帰モデルの推定 *

(5.3) で定義された定常自己回帰モデルの未知係数を推定する方法はいくつか提案されているが，その 1 つとしてユール・ウォーカー方程式 (Yule-Walker equation) として知られている方法がある．AR(p) モデル

$$X_t = a_1 X_{t-1} + \cdots + a_p X_{t-p} + \varepsilon_t,$$

$$E[\varepsilon_t] = 0, \ V[\varepsilon_t] = \sigma_\varepsilon{}^2, \ E[\varepsilon_i \varepsilon_j] = 0 \ (i \neq j)$$

の未知係数 $a_1, \ldots, a_p$，および $\sigma_\varepsilon{}^2$ の値を推定する方法を考える．モデルの両辺に $X_{t-\tau}$ $(\tau = 0, 1, \ldots)$ をかけると

$$X_t X_{t-\tau} = a_1 X_{t-1} X_{t-\tau} + \cdots + a_p X_{t-p} X_{t-\tau} + \varepsilon_t X_{t-\tau}$$

両辺の期待値は以下のようになる．

$$E[X_t X_{t-\tau}] = a_1 E[X_{t-1} X_{t-\tau}] + \cdots + a_p E[X_{t-p} X_{t-\tau}] + E[\varepsilon_t X_{t-\tau}] \quad (5.9)$$

$E[\varepsilon_t] = 0$ より $E[X_t] = 0$ であることに注意する．$X_{t-\tau}$ が発生した後に ε_t が発生するから，ε_t と $X_{t-\tau}$ は無相関で $E[\varepsilon_t X_{t-\tau}] = 0$ となる．また，$E[X_t X_{t-\tau}] = \mathrm{Cov}[X_t, X_{t+\tau}] = C(\tau)$，かつ $C(\tau) = C(-\tau)$ となる[※23]から，(5.9) は

$$C(\tau) = a_1 C(\tau - 1) + a_2 C(\tau - 2) + \cdots + a_p C(\tau - p)$$

となる．τ の値を 1 から p まで変えることにより

$$C(1) = a_1 C(0) + \cdots + a_p C(p-1)$$

$$\vdots$$

$$C(p) = a_1 C(p-1) + \cdots + a_p C(0)$$

の関係式が得られる．上記は

$$\begin{pmatrix} C(1) \\ \vdots \\ C(p) \end{pmatrix} = \begin{pmatrix} C(0) & \cdots & C(p-1) \\ & \vdots & \\ C(p-1) & \cdots & C(0) \end{pmatrix} \begin{pmatrix} a_1 \\ \vdots \\ a_p \end{pmatrix}$$

と表すことができ，自己共分散係数 $C(\tau)$ を推定量である標本自己相関関数

[※23] 定常性をもつ時系列の自己共分散は時点 t に依存しない．$E[X_t] = m$ の場合，
$$C(-\tau) = E[(X_t - m)(X_{t-\tau} - m)] = E[(X_{t+\tau} - m)(X_{(t+\tau)-\tau} - m)]$$

$$= E[(X_t - m)(X_{t+\tau} - m)] = C(\tau)$$

となる．

$$\hat{C}(\tau) = \frac{1}{N} \sum_{t=1}^{N-\tau} (X_t - \overline{X})(X_{t+\tau} - \overline{X}), \quad \overline{X} = \frac{1}{N} \sum_{t=1}^{N} X_t$$

で置きかえると，以下が得られる．

$$\begin{pmatrix} \hat{C}(1) \\ \vdots \\ \hat{C}(p) \end{pmatrix} = \begin{pmatrix} \hat{C}(0) & \cdots & \hat{C}(p-1) \\ & \vdots & \\ \hat{C}(p-1) & \cdots & \hat{C}(0) \end{pmatrix} \begin{pmatrix} a_1 \\ \vdots \\ a_p \end{pmatrix}$$

$\boldsymbol{b} = (\hat{C}(1), \ldots, \hat{C}(p))^T$，右辺第 1 項の行列を $\hat{C}$，$\boldsymbol{a} = (a_1, \ldots, a_p)^T$ とするとき，$\boldsymbol{a}$ の推定量 $\hat{\boldsymbol{a}}$ は以下によって与えられる．

$$\hat{\boldsymbol{a}} = \hat{C}^{-1} \boldsymbol{b} \tag{5.10}$$

観測データから $\hat{C}(0), \ldots, \hat{C}(p)$ の値を求めて (5.10) へ代入することにより，$a_1, \ldots, a_p$ の推定値が求められる．また，(5.9) で $\tau = 0$ とおくと

$$C(0) = a_1 C(1) + \cdots + a_p C(p) + \sigma_\varepsilon^2$$

となるから，(5.10) の $\boldsymbol{a}$ の推定量 $\hat{\boldsymbol{a}} = (\hat{a}_1, \ldots, \hat{a}_p)^T$ を用いると，σ_ε^2 の推定量は

$$\hat{\sigma}_\varepsilon^2 = \hat{C}(0) - \hat{a}_1 \hat{C}(1) - \cdots - \hat{a}_p \hat{C}(p)$$

で与えられる．

5.6.3　自己回帰モデルの次数選択 *

(5.3) で定義された AR(p) モデルの次数選択に用いる AIC は，どのようにして定義されるのだろうか．AIC は対数尤度関数とモデルに含まれる未知パラメータの個数を用いて定義される．前項でもみたように，AR(p) モデルの場合には推定の必要な対象 (**未知パラメータ**) として，係数 a_i $(i = 1, \ldots, p)$ と誤差項である白色雑音 ε_t の分散 σ_ε^2 がある．これらの推定における対数尤度関数がどのようになるかを調べてみよう．

いま，このモデルに従う N 個の標本を $X_1, \ldots, X_N$ とし，未知パラメータである $(a_1, \ldots, a_p, \sigma_\varepsilon^2)$ をまとめて $\boldsymbol{\Theta}$ と表すことにする．まず，尤度関数を定義する必要がある．上記の標本は互いに独立ではないが，過去の値を条件とした条件付き確率 (密度) 関数の積として表すことができる．

$$L(\boldsymbol{\Theta}) = f(x_1, \ldots, x_N; \boldsymbol{\Theta})$$

$$= f(x_N \,|\, x_{N-1}, \ldots, x_1, \boldsymbol{\Theta}) f(x_{N-1},\, \ldots, x_1; \boldsymbol{\Theta})$$

$$\vdots$$

$$= \prod_{t=1}^{N} f(x_t \,|\, x_{t-1}, \ldots, x_1, \boldsymbol{\Theta})$$

したがって，対数尤度関数は

$$\log L(\boldsymbol{\Theta}) = \sum_{t=1}^{N} \log f(x_t \,|\, x_{t-1}, \ldots, x_1, \boldsymbol{\Theta}) \tag{5.11}$$

となる．ここで，$P(X_t \,|\, X_{t-1} = x_{t-1}, \ldots, X_1 = x_1)$ の確率分布は (5.3) の誤差項の仮定より正規分布に従い，かつ条件付き期待値と条件付き分散がそれぞれ

$$E[X_t \,|\, X_{t-1} = x_{t-1}, \ldots, X_1 = x_1] = a_1 x_{t-1} + \cdots + a_p x_{t-p}$$

$$V[X_t \,|\, X_{t-1} = x_{t-1}, \ldots, X_1 = x_1] = \sigma_\varepsilon^2$$

となるから

$$f(x_t \,|\, x_{t-1}, \ldots, x_1) = \frac{1}{\sqrt{2\pi}\sigma_\varepsilon} \exp\left(-\frac{(x_t - \sum\limits_{i=1}^{p} a_i x_{t-i})^2}{2\sigma_\varepsilon^2} \right)$$

となる．したがって，対数尤度関数 (5.11) は上記を代入して

$$\log L(\boldsymbol{\Theta}) = \sum_{t=1}^{N} \log \frac{1}{\sqrt{2\pi}\sigma_\varepsilon} \exp\left(\frac{(x_t - \sum\limits_{i=1}^{p} a_i x_{t-i})^2}{2\sigma_\varepsilon^2} \right)$$

$$= \sum_{t=1}^{N} \left(-\frac{1}{2} \log 2\pi\sigma_\varepsilon^2 - \frac{1}{2\sigma_\varepsilon^2} \left(x_t - \sum_{i=1}^{p} a_i x_{t-i} \right)^2 \right)$$

$$\approx -\frac{N}{2} \log \sigma_\varepsilon^2 - \frac{1}{2\sigma_\varepsilon^2} \sum_{t=p+1}^{N} \left(x_t - \sum_{i=1}^{p} a_i x_{t-i} \right)^2$$

ユール・ウォーカー方程式による $\boldsymbol{\Theta}$ の推定量を $\hat{\boldsymbol{\Theta}} = (\hat{a}_1, \ldots, \hat{a}_p, \hat{\sigma}_\varepsilon^2)$ とする．このとき，対数尤度関数は以下のようになる．

$$\log L(\hat{\boldsymbol{\Theta}}) \approx -\frac{N}{2} \log \hat{\sigma}_\varepsilon^2 - \frac{1}{2\hat{\sigma}_\varepsilon^2} \sum_{t=p+1}^{N} \left(x_t - \sum_{i=1}^{p} \hat{a}_i x_{t-i} \right)^2 \tag{5.12}$$

(5.12) を用いて，次数 p の AR(p) モデルの AIC を次数 p の関数として

$$\text{AIC}(p) = -2 \log L(\hat{\boldsymbol{\Theta}}) + 2(p+1)$$

で定義する．次数 p の値を変えながらモデルを推定して $\mathrm{AIC}(p)$ の値を求め，$\mathrm{AIC}(p)$ の値が最も小さくなるときの次数 p を選択する．

5.6.4　ユール・ウォーカー方程式による多変量自己回帰モデルの推定 [*]

(5.6) で定義される多変量自己回帰モデルの場合にも，係数行列の推定にユール・ウォーカー方程式が利用できる．$\boldsymbol{x}_t = (X_t^{(1)}, \ldots, X_t^{(m)})^T$ に関するモデル

$$\boldsymbol{x}_t = A_1\boldsymbol{x}_{t-1} + \cdots + A_p\boldsymbol{x}_{t-p} + \boldsymbol{\varepsilon}_t$$

の両辺に横ベクトル $\boldsymbol{x}_{t-\tau}^{T}$ をかけて期待値をとると

$$E\big[\boldsymbol{x}_t\boldsymbol{x}_{t-\tau}^{T}\big] = A_1 E\big[\boldsymbol{x}_{t-1}\boldsymbol{x}_{t-\tau}^{T}\big] + \cdots + A_p E\big[\boldsymbol{x}_{t-p}\boldsymbol{x}_{t-\tau}^{T}\big] + E\big[\boldsymbol{\varepsilon}_t\boldsymbol{x}_{t-\tau}^{T}\big]$$

$E[\boldsymbol{\varepsilon}_t] = (0, \ldots, 0)^T$ より $E[\boldsymbol{x}_t] = (0, \ldots, 0)^T$ であり

$$E\big[\boldsymbol{x}_t\boldsymbol{x}_{t-\tau}^{T}\big] = \left(E\Big[X_t^{(i)}X_{t-\tau}^{(j)}\Big];\; i, j = 1, \ldots, m \right)$$

$$= \left(C^{(i,j)}(\tau);\; i, j = 1, \ldots, m \right)$$

$$\equiv \boldsymbol{C}(\tau),$$

および，$E\big[\boldsymbol{\varepsilon}_t\boldsymbol{x}_{t-\tau}^{T}\big] = \boldsymbol{O}$ となる．ここで，$\boldsymbol{C}(\tau)$ は m 次の正方行列で，i 行 j 列目 $(i, j = 1, \ldots m)$ の要素が変量 i の時系列と変量 j の時系列との相互共分散関数の値となる．こうして，多次元のユール・ウォーカー方程式

$$\boldsymbol{C}(\tau) = A_1\boldsymbol{C}(\tau - 1) + A_2\boldsymbol{C}(\tau - 2) + \cdots + A_p\boldsymbol{C}(\tau - p)$$

が得られ，τ の値を 1 から p まで変えることにより

$$\boldsymbol{C}(1) = A_1\boldsymbol{C}(0) + \cdots + A_p\boldsymbol{C}(p - 1)$$

$$\vdots$$

$$\boldsymbol{C}(p) = A_1\boldsymbol{C}(p - 1) + \cdots + A_p\boldsymbol{C}(0)$$

の関係式が得られる．相互共分散行列 $\boldsymbol{C}(\tau)$ の i 行 j 列目の要素の値を標本自己相関関数

$$\hat{C}^{(i,j)}(\tau) = \frac{1}{N}\sum_{t=1}^{N-\tau}(X_t^{(i)} - \overline{X^{(i)}})(X_{t+\tau}^{(j)} - \overline{X^{(j)}}), \quad \overline{X^{(i)}} = \frac{1}{N}\sum_{t=1}^{N}X_t^{(i)}$$

で推定すると

$$\hat{\boldsymbol{C}}(1) = A_1\hat{\boldsymbol{C}}(0) + \cdots + A_p\hat{\boldsymbol{C}}(p-1)$$
$$\vdots$$
$$\hat{\boldsymbol{C}}(p) = A_1\hat{\boldsymbol{C}}(p-1) + \cdots + A_p\hat{\boldsymbol{C}}(0)$$

ここで，一行目の式は

$$\begin{pmatrix} \hat{C}^{(1,1)}(1) & \cdots & \hat{C}^{(1,m)}(1) \\ \vdots & & \vdots \\ \hat{C}^{(m,1)}(1) & \cdots & \hat{C}^{(m,m)}(1) \end{pmatrix}$$

$$= \begin{pmatrix} a_{1,1}^{(1)} & \cdots & a_{1,m}^{(1)} \\ \vdots & & \vdots \\ a_{m,1}^{(1)} & \cdots & a_{m,m}^{(1)} \end{pmatrix} \begin{pmatrix} \hat{C}^{(1,1)}(0) & \cdots & \hat{C}^{(1,m)}(0) \\ \vdots & & \vdots \\ \hat{C}^{(m,1)}(0) & \cdots & \hat{C}^{(m,m)}(0) \end{pmatrix}$$

$$+ \cdots + \begin{pmatrix} a_{1,1}^{(p)} & \cdots & a_{1,m}^{(p)} \\ \vdots & & \vdots \\ a_{m,1}^{(p)} & \cdots & a_{m,m}^{(p)} \end{pmatrix} \begin{pmatrix} \hat{C}^{(1,1)}(p-1) & \cdots & \hat{C}^{(1,m)}(p-1) \\ \vdots & & \vdots \\ \hat{C}^{(m,1)}(p-1) & \cdots & \hat{C}^{(m,m)}(p-1) \end{pmatrix}$$

となり，$A_1,\ldots,A_p$ の要素である pm^2 個の未知係数 $a_{i,j}^{(\tau)}$（$\tau=1,\ldots,p$）に関して m^2 本の方程式が得られる．したがって，p 本の連立方程式によって，これらの未知係数を求めることが可能となる．

第 5 章の問題

問 5.1　気象庁アメダスの CSV ファイル waveheight.csv を用いて，風速と波の高さを示す波高 (有義波高 (significant wave height)) の時間変動に関する関係性を推定する．このファイルには，2010 年 7 月 1 日から 8 月 31 日までの 2 カ月間に北海道松前町で 1 時間ごとに観測されたデータが収録されており，1 列目から順に有義波高 (m)，および風速 (m/s) である．各変量の観測データは毎正時に計測されたデータが行が増える方向へ更新されており，データ数は 1488 である．次の〔1〕から〔3〕について検討せよ．

〔1〕風速の時系列データの自己相関関数について，時間遅れの最大値を 30 時間として推定せよ．この結果に基づくと，風速は過去およそ何時間までの変化と有意な自己相関が認められるか．

〔2〕風速の時系列を $X(t)$, 波高の時系列を $Y(t)$ とするとき, $X(t+\tau)$ と $Y(t)$ との相互相関関数を, 時間遅れ τ の最大値を 48 時間 (2 日間) として推定せよ.

〔3〕〔2〕で推定された相互相関係数が最も大きくなるのは, 風速が変化してから約何時間後となるか. また, この結果に基づくと, 風速の変化がどの程度の速度で波高の変化に影響を与えている傾向があるかを検討せよ.

問 5.2　地球上の海面の水位は一定ではなく, 月の引力の影響を受けて周期性の強い変化を繰り返す. この現象は潮汐とよばれているが, 潮汐の変化に関する周期性について, スペクトルを推定して調べることにする.

　tyoui.csv には, 函館市で観測された 2017 年 8 月における 1 時間ごとの潮位 (海面水位の変化, 単位は cm) に関する観測データが記録されている (気象庁アメダスによる. データ数は 744). 観測変量は潮位の 1 変量のみであることに注意する. 次の〔1〕から〔4〕について検討せよ.

〔1〕すべてのデータを用いた場合と, 計測開始から 100 時間までのデータを用いた場合について, 横軸を時間, 縦軸に潮位の値をとって折れ線グラフをそれぞれ描き, 周期性が強い時系列であるかどうかを観察せよ. グラフを表示する際の軸やタイトルは自由に与えること. tyoui.csv を R 環境へ入力する際には, 以下のような形で潮位のデータを取り出して, ベクトル tyoui を生成すること.

```
> tyoui.tmp <- read.csv(file="c:/データ/tyoui.csv")
> tyoui <- tyoui.tmp[,1]
```

〔2〕すべての観測データに基づいて, スペクトル密度関数をピリオドグラムで推定して表示せよ. スペクトル密度関数の推定結果が滑らかになるように, spectrum() を実行する際には, オプションとして spans=3 を与えること. 次に, 推定されたスペクトル密度関数には 0 から 0.1 までの周波数の範囲に 2 つの大きな峰があることを観察せよ. この結果に基づくと, 潮位の時系列変動にはどのような特徴があるといえるか検討せよ.

〔3〕spectrum() の実行結果をオブジェクト res へ記録した場合, スペクトル密度関数の推定値とそれに該当する周波数は, それぞれ res$spec, および res$freq に入力される. したがって, 〔2〕で観察された 2 つの峰が res$spec の何番目にあるかを調べ, res$freq で該当する周波数を探すと, スペクト

ルが峰となるときの周波数を求めることができる．この考え方を参考にして，
〔2〕で観察される 2 つの大きな峰に対応する周波数の値をそれぞれ調べよ．

〔4〕〔3〕で推定された 2 つの周波数は，それぞれ何時間の周期をもつ変化に該当
するか，推定値を小数第 1 位まで求めよ．また，推定された 2 つの周期が〔1〕
で観察される海面水位の変化において，どの周期的変化に要する時間であるか
をそれぞれ検討せよ．

問 5.3　2017 年 8 月に函館市で観測された 1 時間ごとの潮位 (海面水位) の変化
に関する時系列データを記録した tyoui2.csv (気象庁アメダスによる．データ数は
170) がある．これに基づいて，定常モデルに基づく長期予測を行うことにする．

〔1〕観測開始時より 150 時点までの観測データを用いて，時間変動，標本自己相
関関数，および偏自己相関係数を表示せよ．標本自己相関関数と偏自己相関係
数の時間遅れは最大 40 まで計算すること．

〔2〕〔1〕の標本自己相関関数と偏自己相関係数に関する変化の特徴を調べ，これ
に基づいて自己回帰 (AR) モデル，あるいは自己回帰移動平均 (ARMA) モデ
ルを用いて次数を選択し，未知係数を推定せよ．また，推定された時系列モデ
ルがどのような式になるかを，推定結果を基にして具体的に記述せよ．

〔3〕〔2〕で推定されたモデルを用いて，151 時点から 20 時点 (20 時間) 先までの
長期予測を行い，実際の観測データの変化と重ねて表示せよ．

〔4〕次に，関数 ar() でオプション AIC=TRUE を指定することにより，AIC に基づ
いて自動的に AR モデルの次数を選択し，モデルを推定せよ．また，推定され
たモデルは，〔2〕と異なるものとなるかを調べよ．

問 5.4　アメダス気象データの CSV ファイル kisyou4.csv を用いて，1 時間ごとに
観測された気温の時系列データに基づいて長期予測を行うことにする．このファイ
ルには 1 列目から順に，降水量，風速，気温，日照時間，現地気圧，相対湿度，海
面気圧，および蒸気圧のデータが記録されている．また，観測値は行番号が増える
方向へ更新されていることに注意する．次の〔1〕から〔5〕について検討せよ．

〔1〕気温の時系列データ $X(t)$ の変化に関する折れ線グラフを描け．$X(t)$ の時間
変動は非定常な時系列とみなすことができるが，その理由について説明せよ．

〔2〕$X(t)$ に関する階差 $Y(t) = X(t) - X(t-1)$ の時間変動を折れ線グラフで表
示し，その標本自己相関関数を 50 時点までの時間遅れについて推定せよ．階

差系列 $Y(1), Y(2), \ldots$ は定常性をもつ時系列とみなすことができるかを検討せよ.

〔3〕階差系列 $Y(1), Y(2), \ldots$ に有意な自己相関があると認められる時間遅れの最大値を p とする. 観測開始時点より 230 時点までの気温データに基づいて, ARIMA$(p, 1, 0)$ モデルを推定せよ. また, 推定されたモデルのよさについて, 関数 tsdiag() を用いて診断せよ.

〔4〕〔3〕で推定されたモデルに基づいて, 231 時点より 25 時点先までの変化に関する長期予測の値を求め, 実際のデータと重ねて表示せよ.

〔5〕〔4〕で行った長期予測を任意に与えた 4 つの時点で実行し, モデルがある程度実用的なものとなるかどうかを検討せよ.

問 5.5 アメダス気象データの CSV ファイル kiatsu-monthly.csv は, 2003 年 1 月から 2019 年 12 月までの期間, 月ごとに気圧の平均値を求めた月次の時系列データである. この時系列データ $X_1, \ldots, X_N$ が周期性の強いデータとみなして, 季節階差モデルを用いて予測を行う. 以下の図は, 気圧に関する観測値の変動と標本自己相関関数を求めたものである. 次の〔1〕から〔6〕について検討せよ.

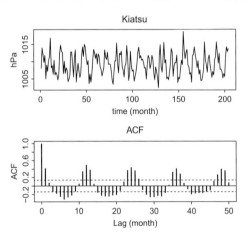

〔1〕標本自己相関係数の変化より強い周期性があることが考えられる. 周期と考えられる値 s は何カ月か.

〔2〕〔1〕で検討した s を周期とする季節階差 $Y_t = X_t - X_{t-s}$ の時系列データは, 時点 t と時点 $t-s$ の間に有意な自己相関が認められることを示せ.

〔3〕〔2〕のように Y_t と Y_{t-s} との間に有意な自己相関が認められる場合, X_t の変化は以下のような SARIMA モデルで表すことができることを示せ.

$$(1 - \Phi_1 B^s)(1 - B^s)X_t = \varepsilon_t$$

〔4〕観測開始から 180 時点までの気圧データを用いて〔3〕のモデルをあてはめ, 未知係数 Φ_1 の値を推定せよ. また, 推定されたモデルに関する残差の標本自己相関関数を求めて,〔3〕のモデルが気圧の時系列データの変化を適切に推定しているかどうかを評価せよ.

〔5〕〔4〕の季節階差モデルを用いて, 181 時点より 20 時点 (20 カ月) 先までの変化を予測して実際の値と比較する図を示し, 予測の精度について検討せよ.

〔6〕この時系列データに (5.8) の Holt-Winters 法を適用したとき, 3 つの平滑化定数 α, β, γ の値を選択し, これに基づいて 20 時点先までの長期予測を行え.

解答例

問 5.1

〔1〕waveheight.csv を read.csv() を用いて行列 kisyou.dat へ入力する. 風速はこの行列の 2 列目にあたるので, ベクトル ws に入力した後, ws に対して自己相関係数を推定する関数 acf() を実行する. 時間遅れの最大値はオプション lag.max で与える. この時系列データは 1 時間ごとに観測されているので, lag.max の値を 30 として acf() を実行する. プログラム例と推定結果を以下に示す.

```
> kisyou.dat <- read.csv(file=" c :/データ/waveheight.csv")
> ws <- kisyou.dat[,2]
> acf(ws, lag.max=30, main="Wind speed")
```

縦軸は推定された自己相関係数の値で, -1 から 1 の範囲の値をとる. 横軸は 1 時間を単位とする時間遅れの値を示す. また, 縦軸において点線で示された範囲は, 推定された自己相関係数の値が 0 (時間的な相関がない) とみなせる範囲を意味する. 時間遅れ τ がおよそ 26 時間までの自己相関係数は点線で囲まれた範囲の外にあるが, 27 時間より長くなると自己相関係数の値は 0 とみな

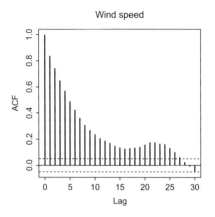

図 5.27　風速の自己相関係数の推定結果

せる点線の範囲に入る．したがって，現時点からおよそ 26 時間前までの過去
の変化と有意な自己相関があるとみなすことができる．

〔2〕風速が変化してから τ 時間後に波高の変化へ影響を及ぼす状況を調べるため，
相互相関係数を推定する関数 ccf() を実行する．kisyou.dat の 1 列目にあ
る波高のデータをベクトル swh へ入力し，2 つのベクトル ws と swh の相互相
関係数を ccf() を実行して推定する．以下の例では，ws[t+tau] と swh[t]
との相互相関係数を推定するため，ccf(風速のベクトル, 波高のベクトル) の
順に指定する．プログラムと出力結果 (横軸は時間遅れ τ, 縦軸は相互相関係
数) の例を以下に示す．

```
# 風速 [t+tau] -> 波高 [t]
> swh <- kisyou.dat[,1]
> ccf(ws, swh, lag.max=50)
# 相互相関係数の値を表示する
> output <- ccf(ws, swh, lag.max=50)
> output
```

〔3〕相互相関係数の推定値が最大となるときの時間遅れは $\tau = -2$ のときであるか
ら，風速 ws[t-2] と波高 swh[t] の相互相関係数の値が最も大きく，かつこ
れらの値は点線で囲まれる範囲の外にあることがわかる．すなわち，ws[t] と
swh[t+2] の相互相関係数が最も高く，かつ有意に 0 から異なることを意味す

る．したがって，風速が変化してから 2 時間後に波高との相互相関係数が最大
となることがわかる．また，相互相関係数の推定結果に基づくと，風速が変化
してから波高の変化に影響が起こるまでに 2 時間程度の時間差を傾向として
もっていることがわかる．

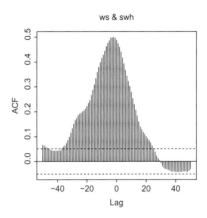

図 5.28　風速と波高の相互相関係数の推定結果

問 5.2

〔1〕 tyoui.csv より read.csv() で入力された tyoui.tmp は，列数が 1 の行列構造
　　 をもつ．このため，下記のプログラム例のように，tyoui.tmp[,1] をベク
　　 トル tyoui にしておくと，後の処理で扱いやすい．図 5.29 に示された実行結
　　 果をみると，潮位の変動は周期性が強いことが確認される．

```
> tyoui.tmp <- read.csv(file="c:/データ/tyoui.csv")
> tyoui <- tyoui.tmp[,1]
# 潮位の表示
#   上下 2 段で表示，上段：全データ，下段：計測開始から 100 時点
> par(mfrow=c(2,1))
> plot(tyoui, type="l", xlab="time (hour)", ylab="tide (cm)")
> plot(tyoui[1:100], type="p", xlab="time (hour)",
+ ylab="tide (cm)")
```

〔2〕 〔1〕で作成したベクトル tyoui に対して関数 spectrum() を実行すると，ス
　　 ペクトル密度関数が推定できる．スペクトル密度関数を滑らかに推定できる

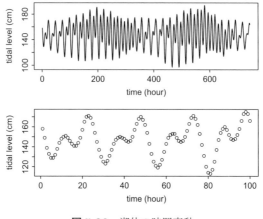

図 5.29 潮位の時間変動

ように，`spectrum()` のオプションとして `spans=3` を与える．スペクトルの推定結果は図 5.30 に示される．横軸の周波数が 0 から 0.1 の範囲に，大きく尖ったスペクトル密度関数の峰がいくつか観察される．最も強いスペクトルは周波数が 0.08 の周辺にあり，次に強いスペクトルの峰は周波数が 0.05 の周辺にあることが観察される．この潮位の時系列データは，上記の二つの周波数に対応する周期をもつ変化が合成されたものと考えることができる．

```
> par(mfrow=c(1,1))
> spec.est <- spectrum(tyoui, method="pgram", spans=3,
+ main="Smoothed spectrum")
```

〔3〕，〔4〕 `spectrum()` の実行で得られた結果は `spec.est` のなかにリストとして入力されている．このうち，周波数の値は `spec.est$freq` に，各周波数に対応したスペクトル密度関数の推定値は `spec.est$spec` にベクトルの形で出力されている．周波数の 2 つの峰のうち，1 つは周波数が 0 から 0.05 までの範囲に，もう 1 つは 0.05 から 0.1 までの範囲にある．

例として，最初の峰に対応する周波数を探してみよう．0.05 までの範囲のスペクトル（`spec.est$spec[1:37]`）の最大値は `max(spec.est$spec[1:37])` で求まる．この値と一致する `spec.est$spec` の要素が何番目にあるかを関数 `match()` を用いて調べた後，該当する `spec.est$freq` の値を調べる．また，

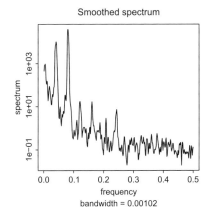

図 5.30　潮位のパワースペクトルの推定結果

この周波数に該当する周期の推定値は逆数を求めると得られる.

```
# 周波数が 0.05 より小さいデータの数
> length(spec.est$freq[spec.est$freq < 0.05])
[1] 37
# 周波数が 0.1 より小さいデータの数
> length(spec.est$freq[spec.est$freq < 0.1])
[1] 74
# 周波数が 0.05 までの範囲で,スペクトル密度関数が最大となるところ
#  (=> 2 番目に大きな峰)
> match(max(spec.est$spec[1:37]), spec.est$spec[1:37])
[1] 31
# 周波数が 0.1 までの範囲で,スペクトル密度関数が最大となるところ
#  (=> 1 番大きな峰)
> match(max(spec.est$spec[1:74]), spec.est$spec[1:74])
[1] 60
# 2 番目に大きな峰に対応する周波数
> spec.est$freq[31]
[1] 0.04133333
# 1 番目大きな峰に対応する周波数
> spec.est$freq[60]
[1] 0.08
# 2 番目に大きな峰に対応する周期(小数第 1 位)
```

```
> round(1/spec.est$freq[31], 1)
[1] 24.2
# 1番目大きな峰に対応する周期（小数第1位）
> round(1/spec.est$freq[60], 1)
[1] 12.5
```

この観測データは1時点が1時間に該当するので，スペクトル密度関数を最大にするときの周期は12.5時間，次に大きくなるときの周期は24.2時間と推定される．前者は最も影響が大きい変動の周期を意味し，1日24時間のなかで2回振動する潮位変動の周期と理解できる．後者は毎日同様の変化のパターンが繰り返されるとみなしたときの周期にあたる．

問 5.3

〔1〕 まず，データの変化と標本自己相関関数，偏自己相関係数の変化を調べる．プログラム例と実行例を図5.31に示す．標本自己相関関数は時間遅れとともに周期的に減衰し，偏自己相関係数は12時点以降の時間遅れにおいて0 (無相関) とみなすことが可能である．

```
> tyoui.tmp <- read.csv(file="c:/データ/tyoui2.csv")
# tyoui.tmp の1列目を取り出してベクトル tyoui とする
> tyoui <- tyoui.tmp[,1]
# 150個のデータよりモデルを推定
> to <- 150
> tyoui.dat <- tyoui[1:to]
# 標本自己相関関数と偏自己相関係数
> par(mfrow=c(2,2))
> plot(tyoui.dat, type="l", main="tidal level")
> acf(tyoui.dat, main="ACF", lag.max=40)
> pacf(tyoui.dat, main="PACF", lag.max=40)
```

〔2〕 偏自己相関係数が11時点以降0とみなせること，標本自己相関関数は周期的に変化していることから，AR(11) がモデルの次数の候補として考えられる．このモデルを推定した結果と推定された係数の値を示す．関数 ar() の推定結果を ar.est に入力した場合，未知係数の推定値は ar.est$ar にベクトルと

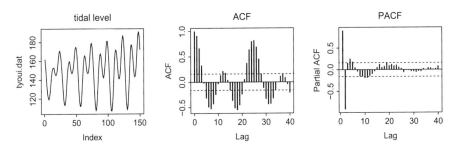

図 5.31　潮位の変化と標本自己相関関数，偏自己相関係数の変化

して格納される．この結果に基づくと，推定された AR(11) モデルは以下のようになる．

$$X_t = 1.69X_{t-1} - 0.70X_{t-2} - 0.13X_{t-3} - 0.04X_{t-4} + 0.02X_{t-5} - 0.03X_{t-6}$$
$$+ 0.07X_{t-7} - 0.04X_{t-8} + 0.04X_{t-9} + 0.14X_{t-10} - 0.19X_{t-11} + \varepsilon_t$$

```
# 1 変量 AR モデルの推定
> ar.est <- ar(tyoui.dat, method="yule-walker", order.max = 11)
# 推定された未知係数を表示
> round(ar.est$ar, 2)
[1] 1.69 -0.70 -0.13 -0.04  0.02 -0.03  0.07 -0.04  0.04  0.14
-0.19
```

〔3〕　〔2〕で推定された未知係数の値を含むベクトルに対して，関数 predict()
を実行する．プログラム例と長期予測の結果を以下に示す (太い点線が長期予測値)．

```
# 予測期間 (20 時点) までを含めたデータは 170 個
> n.max <- 170
> series.dat <- tyoui[1:n.max]
# 1 変量 AR モデルの推定
> ar.est <- ar(tyoui.dat, method="yule-walker", order.max = 11)
# 1 変量 AR モデルによる予測
> pred.res <- predict(ar.est, n.ahead=20)
# 予測値は pred.res$pred
```

```
> pred.dat <- c(rep(NA, to), pred.res$pred)
# 予測結果の表示
#    x 軸の範囲
> x.from <- to-100; x.to <- n.max
> x.range <- c(x.from, x.to)
#    y 軸の範囲
> y.from <- min(series.dat)*0.95; y.to <- max(series.dat)*1.05
> y.range <- c(y.from, y.to)
#    プロット
> plot(series.dat, type="l", xlim=x.range, ylim=y.range,
+ xlab="", ylab="")
> par(new=T)
> plot(pred.dat, type="l", col="black", lty=c(2), lwd=c(2),
+ xlim=x.range, ylim=y.range, xlab="time (hour)",
+ ylab="tidal level (cm)", main=paste("t0=",to,sep=""))
```

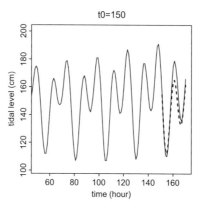

図 5.32　長期予測の例 (標本自己相関関数と偏自己相関係数より選択されたモデル)

〔4〕〔2〕で行った AR モデルの次数選択を AIC で行う場合には，関数 ar() でオプション AIC=TRUE をつけて実行するとよい．

```
# 1 変量 AR モデルの推定
> ar.est <- ar(tyoui.dat, method="yule-walker", AIC=TRUE)
# 選択された次数
> ar.est$order
```

```
[1] 12
# 推定された未知係数を表示
> round(ar.est$ar, 2)
[1]  1.67 -0.68 -0.13 -0.05  0.03 -0.03  0.07 -0.05  0.02  0.03
0.06 -0.14
```

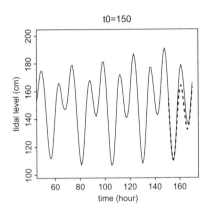

図 5.33 長期予測の例 (AIC より選択されたモデル)

選択された次数は 12 となり, 〔2〕のモデルとほぼ同一のモデルとなる. この
ときの長期予測の結果を図 5.33 に示す. 〔2〕の結果とほぼ同様の予測結果を
与えていることがわかる.

AR モデルなどの次数選択の方法として, 標本自己相関係数や偏自己相関係数
を用いる方法, あるいは AIC といった複数の方法がある. 方法自体は異なる
が, それぞれの観点からデータの構造を捉えた結果を与える. 実際のデータ分
析では, 両者の次数が一致しないことが起こりうるが, データの挙動を説明す
るように未知係数の推定が行われるため, 最終的な予測結果が大きく異なるこ
とは起こりにくい.

問 5.4

〔1〕, 〔2〕 read.csv() を用いて入力した行列 kisyou.dat の 3 列目にある気温
の時系列データを取り出し, 原系列と階差系列の各変動, および階差系列の
標本自己相関関数と偏自己相関係数の状況を調べる. 処理の例を以下に示す.
関数 diff() は, 指定したベクトル内の隣り合うデータの階差の値を要素とす

るベクトルを生成する．したがって，diff(kion)に対して関数plot()を実行すると，階差系列の折れ線プロットができ，acf(diff(kion))を実行すると，階差系列に対する標本自己相関関数が求められる．

```
# データの入力
> kisyou.dat <- read.csv(file="c:/データ/kisyou4.csv")
# 可視化
> par(mfrow=c(2,2))
> plot(kion, type="l", xlab="hour", ylab="deg.", main="X(t)")
> plot(diff(kion), type="l", xlab="hour", main="Y(t)")
> acf(diff(kion), lag.max=50, main="ACF of Y(t)")
> pacf(diff(kion), lag.max=50, main="PACF of Y(t)")
```

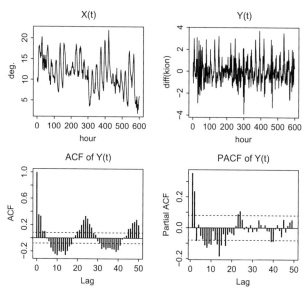

図 5.34　気温の時系列，階差系列，および階差系列の標本自己相関関数，偏自己相関係数

実行結果を図 5.34 に示す．上段に示した気温の時系列 X_t は時間とともに緩やかに減少する傾向を示し，振幅の幅も時間帯によって変化しているようにみえるので，非定常な時系列とみなすことができる．階差系列 $Y_1, Y_2, \ldots$ は，期間全体を通して傾向がほぼ一定とみなすことができ，ある程度同じような振幅幅の振動を繰り返しているとみなすことができるので，定常性のある時系列と

みなすことができる．階差系列の標本自己相関関数は，時間遅れが大きくなっても振動しているようにみえる一方で，偏自己相関係数は時間遅れが 24 時点 (24 時間) より大きい場合に 0 とみなすことができる．そこで，Y_t に AR(24) モデルをあてはめることにする．これは X_t に ARIMA(24, 1, 0) モデルをあてはめることを意味している．

〔3〕　〔2〕の結果に基づいて，ARIMA モデルを推定する．階差を 1 度行った変動に対して，過去 24 時点までの影響を考慮した 24 次の AR モデルをあてはめる場合，ARIMA モデルの次数は (24, 1, 0) となる．以下のプログラム例は，ベクトル kion の計測開始後から 230 時点までのデータに基づいて，上記の次数のモデルを関数 arima() を用いて推定した後，25 時間先までの変化を予測する．

```
# kion で使用するデータの範囲を指定 (from:開始時点, to:終了時点)
> from <- 1
> to <- 230
# 予測期間は 25 時点
> n.ahead.dat <- 25
> kion.dat <- kion[from:to]
# arima(24,1,0) を推定 (自己回帰係数は 24 次までとる)
#    推定結果を arima.est へ格納
> arima.est <- arima(kion.dat, order=c(24,1,0), include.mean=TRUE)
#  推定されたモデルのよさを検診
> tsdiag(arima.est)
# 予測
#  1) arima.est に基づく予測
> arima.pred <- predict(arima.est, n.ahead=n.ahead.dat)
#  2) 予測結果を pred.dat へ入力
> pred.dat <- c(rep(NA, to), arima.pred$pred[1:n.ahead.dat])
#  3) 予測期間を含む全データを用意 (予測値と重ね描きする)
#         n.all : データの個数 + 予測期間
> n.all <- to+n.ahead.dat
> series.dat <- kisyou.dat[1:n.all, 3]
# 実測値の変化 (series.dat) と予測値の変化 (pred.dat) とを重ね描き
> par(mfrow=c(1,1))
```

```
> plot(series.dat, type="l", ylim=c(min(kion), max(kion)),
+ lty=c(4), xlab="", ylab="")
> par(new=T)
> plot(pred.dat, type="l", lwd=c(3), lty=c(1),
+ ylim=c(min(kion), max(kion)), main=paste("t0=",to),
+ xlab="time (hour)", ylab="temperature")
# 予測期間を示す境界線
> x <- c(to, to)
> y <- c(min(kion)-10, max(kion)+20)
> lines(x,y, lwd=c(2), lty=c(3))
```

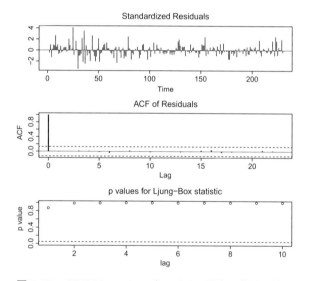

図 5.35　ARIMA モデルのあてはめに関する診断の結果

推定したモデルが妥当なものであるかを調べるため，関数 `arima()` の実行結果を格納したオブジェクト `arima.est` より `tsdiag(arima.est)` を実行し，検証した結果を図 5.35 に示す．中段にある残差の標本自己相関関数をみると，推定された値がすべて点線の枠のなかに入っており，自己相関を 0 とみなしてもよいと考えられるので，推定された ARIMA モデルはデータの挙動をよく説明していると評価できる．

〔4〕230 時点までのデータに基づいて ARIMA モデルを推定し，231 時点より 25
時点先までを予測した結果を図 5.36 に示す (実線が予測値).

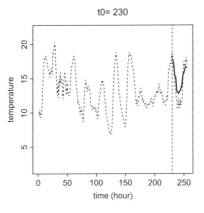

図 **5.36** 気温の予測例

〔5〕〔4〕で処理した内容を予測開始時点を変えながら同様に繰り返して実行する．
この処理の方法として，i)〔4〕で処理した方法をユーザ関数として定義し，関
数を繰り返して実行する，ii)〔4〕の処理内容を予測開始時点を変えながら反
復処理を行う，などが考えられるが，ここでは ii) の方法で行うことにする．
処理の流れは以下のようになる．

```
# モデルの推定に使用する最後の時点を 4 つ指定したベクトルを指定
list.t0 <- c(320, 400, 445, 555)
#
for(to in list.t0){
(計測開始時点から to までの気温データに基づいて〔4〕の予測処理を行い，
予測結果を表示する)
}
```

4 つの予測結果を示すための処理プログラムの例を示す．

```
# 画面を 4 分割して，予測結果を 4 つ配置する
> par(mfrow=c(2,2))
# 予測開始時点を 4 回変更して，予測を繰り返し実行する
> for(case in c(320, 400, 445, 555)){
```

```
# 推定する時点の指定（from : 開始時点，to : 終了時点）
+ from <- 1
+ to   <- case
+ kion.dat <- kion[from:to]
# 長期予測の期間
+ n.ahead.dat <- 25
# ARIMA(24,1,0) モデルを推定
+ arima.est <- arima(kion.dat, order=c(24,1,0),include.mean=TRUE)
# 予測
#  1) arima.es t に基づく予測（predict() を使用する）
+ arima.pred <- predict(arima.est, n.ahead=n.ahead.dat)
#  2) 予測結果を pred.dat へ入力する
+ pred.dat    <- c(rep(NA, to), arima.pred$pred[1:n.ahead.dat])
#  3) 予測期間を含む全データを用意（予測値と重ね描きするために使用）
#         n.all : データの個数+予測期間
+ n.all <- to+n.ahead.dat
+ series.dat <- kisyou.dat[1:n.all,3]
# 結果のプロット
+ plot(series.dat, type="l",ylim=c(min(kion), max(kion)),
+ lty=c(4), xlab="", ylab="")
+ par(new=T)
+ plot(pred.dat, type="l", lwd=c(3), lty=c(1),
+ ylim=c(min(kion), max(kion)),
+ xlab="time (hour)", ylab="temperature", main=paste("t0=",to))
+ x <- c(to, to)
+ y <- c(min(kion), max(kion)+20)
+ lines(x,y, lwd=c(2), lty=c(3))
+ } # for 文の先頭へ
```

出力結果を図 5.37 に示す．変化の特徴をある程度捉えられる場合もあるが，
時系列データの構造によっては，長期予測が実際の観測値と大きく異なるケー
スも起こりうる．伝統的によく用いられるモデルであっても，予測の精度が完
全に保証されるというわけではなく，現象によっては他のモデルを検討すると
いうことも必要となる．

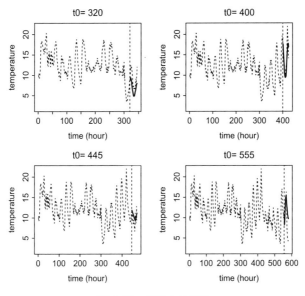

図 5.37　気温の予測例

問 5.5

〔1〕標本自己相関関数は周期的に変動しており，縦軸の値は時間遅れが 12 時点（= 12 カ月）ごとにピークが現れる．したがって $s = 12$ となることがわかる．このデータには 1 年ごとの周期があることがデータから示される．

〔2〕〔1〕より 12 カ月の周期が認められるので，$Y_t = X_t - X_{t-12}$ の季節階差の系列を求めて，この標本自己相関関数と偏自己相関係数を求める．これらの変化を図 5.38 に示す．標本自己相関関数は時間遅れとともに周期的な変化を繰り返すが，偏自己相関係数は 12 時点，24 時点に有意な自己相関をもち，これより大きな時間遅れでは自己相関が認められない．したがって，階差 Y_t の変化についても 1 周期にあたる 12 カ月に自己相関が認められることがわかる．

```
# 12 カ月の季節階差
sdiff <-NULL
for(i in 13:length(kiatsu)){
  work <- kiatsu[i]-kiatsu[i-12]
  sdiff <- rbind(sdiff, work)
}
```

```
sdiff <- as.vector(sdiff)
# 標本自己相関関数と偏自己相関係数
par(mfrow=c(2,2))
plot(sdiff, type="l", xlab="time (month)")
acf(sdiff, xlab="Lag (month)", main="", lag.max=50)
pacf(sdiff, xlab="Lag (month)", main="", lag.max=50)
```

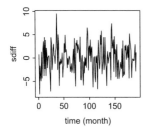 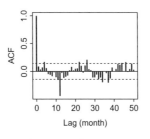 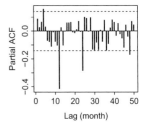

図 **5.38** 気圧の階差系列の標本自己相関関数と偏自己相関係数

〔3〕〔2〕の結果より，Y_t と Y_{t-s} との間に相関が認められるので

$$Y_t - \Phi_1 Y_{t-s} = \varepsilon_t$$

と表すことができる．これは，$BY_t = Y_{t-1}$ となるオペレータ B を用いて

$$(1 - \Phi_1 B^2)Y_t = \varepsilon_t$$

$$(1 - \Phi_1 B^2)(1 - B^2)X_t = \varepsilon_t$$

となり，X_t は MA 部分のない SARIMA モデルで表されることがわかる．

〔4〕プログラム例と残差の標本自己相関関数の結果を以下に示す．Φ_1 の推定値は -0.449 となり，このときの残差の自己相関はほぼ認められない．したがって，〔3〕のモデルは観測値の挙動を推定されているといえる．

```
# 180 個の時系列データ
> to <- 180
> kiatsu.loc <- kiatsu[1:to]
# 12 カ月の季節階差をとった系列のモデル化
> parms <- list(order=c(1,1,0), period=12)
#
> par(mfrow=c(2,1))
```

```
> sar.est <- arima(kiatsu.loc, seasonal=parms,
+ transform.pars=FALSE)
> plot(sar.est$residuals, type="l", xlab="month",
+ main="residuals")
# 残差の自己相関
> acf(sar.est$residuals, xlab="month", main="ACF of residuals")
# 係数の推定値
> coef(sar.est)
      sar1
-0.4497434
```

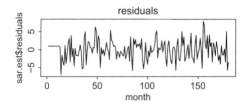

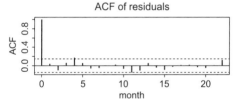

図 **5.39**　残差の変動と標本自己相関関数

〔5〕予測はこれまで行ってきたプログラミングと同様に関数 predict() を用いて
行う．プログラムと予測の例を以下に示す．

```
# 予測
> kiatsu.pred <- predict(sar.est, n.ahead=20)
> pred.dat <- c(rep(NA,180), kiatsu.pred$pred[1:20])
# 出力範囲の指定
> range.y <- c(min(kiatsu), max(kiatsu))
> range.x <- c(100,length(kiatsu))
# 結果のプロット
> plot(kiatsu[1:200], type="l", xlab="", ylab="", lty=c(1),
```

```
+ xlim=range.x, ylim=range.y)
> par(new=T)
> plot(pred.dat, type="b", xlab="month", ylab="kiatsu (hPa)",
+ lwd=c(2), lty=c(3), xlim=range.x, ylim=range.y)
# 予測期間
> to <- 180
> lines(c(to,to), c(min(kiatsu)*0.9, max(kiatsu)*1.1), lty=c(3))
```

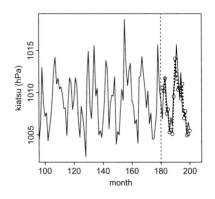

図 5.40　SARIMA モデルを用いた平均気圧変動の長期予測

〔6〕周期を 12 カ月と考えて，Holt-Winters 法を適用する．入力する時系列には
周期の属性を与える必要があるので，下記の例に示されるように関数 ts() で
オプション frequency で周期である 12 を指定する．実行結果を hw.est に
入力すると，そのなかにあるリスト alpha, beta, gamma に (5.8) の平滑化定
数 (α, β, γ) の各値が入力される．このデータに関数 HoltWinters() を実行
した結果，(α, β, γ) の値として 0.088, 0.043, 0.25 がそれぞれ選択される．こ
の方法に基づく予測も関数 predict() を用いて求めることができる．予測の
例は図 5.41 に示される．

```
 # H-W
 # 周期 12 カ月の時系列データ (180 個) であることを ts() で定義する
> original.ts <- ts(kiatsu[1:180], frequency=12)
 # 180 個のデータより，Holt-Winters 法の平滑化定数を推定
> hw.est <- HoltWinters(original.ts, seasonal = c("additive"))
```

```
# alpha, beta, gamma の推定値
> c(hw.est$alpha, hw.est$beta, hw.est$gamma)
    alpha        beta       gamma
0.08763305 0.04297147 0.24612002
# 長期予測は predict() を実行する
> HW.est <- predict(hw.est, n.ahead=20,
+ prediction.interval = FALSE)
# 長期予測の値
> pred.dat <- c(rep(NA,180), HW.est[1:20])
> par(mfrow=c(1,1))
# 結果の出力
> plot(kiatsu[1:200], type="l", xlab="month", ylab="kiatsu",
+ lty=c(5),  xlim=range.x, ylim=range.y)
> par(new=T)
> plot(pred.dat, type="p", xlab="month", ylab="kiatsu", lwd=c(2),
+ lty=c(2), xlim=range.x, ylim=range.y)
> to <- 180
> lines(c(to,to), c(min(kiatsu)*0.9, max(kiatsu)*1.1), lty=c(3))
```

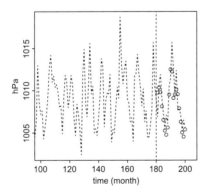

図 **5.41**　気温の予測例 (Holt-Winters 法)

参考文献

[1] 北川源四郎，FORTRAN77 時系列解析プログラム，岩波書店，1993.

[2] 柴田里程，データリテラシー，共立出版，2001.

[3] 東京大学教養学部統計学教室編，統計学入門，東京大学出版会，1991.

[4] 東京大学教養学部統計学教室編，自然科学の統計学，東京大学出版会，1992.

[5] 間瀬茂，R プログラミングマニュアル，数理工学社，2007.

[6] 間瀬茂・神保雅一・鎌倉稔成・金藤浩司，工学のためのデータサイエンス入門，数理工学社，2004.

[7] G. E. P. Box and G. M. Jenkins, *Time series analysis, forecasting and control*, Prentice-Hall, New Jersey, 1976.

[8] P. J. Brockwell and R. A. Davis, *Introduction to time series and forecasting*, Springer-Verlag, New York, 1996.

索　　引

著者紹介

甫喜本　司（ほきもと　つかさ）

1990 年　東京工業大学理工学研究科修士課程修了
現　在　北海道情報大学情報メディア学部教授
　　　　博士（理学）（東京工業大学）

データサイエンス演習　［改訂版］

2020 年 7 月 30 日	第 1 版	第 1 刷	発行
2021 年 5 月 10 日	第 1 版	第 2 刷	発行
2022 年 3 月 30 日	第 2 版	第 1 刷	発行
2024 年 3 月 10 日	改訂版	第 1 刷	印刷
2024 年 3 月 30 日	改訂版	第 1 刷	発行

著　者　　甫 喜 本 司
発 行 者　　発 田 和 子
発 行 所　　株式会社　学術図書出版社

〒113-0033　東京都文京区本郷 5 丁目 4 の 6
TEL 03-3811-0889　振替　00110-4-28454
印刷　三和印刷（株）

定価はカバーに表示してあります.

ⓒ2020, 2022, 2024　T. HOKIMOTO
Printed in Japan
ISBN978-4-7806-1243-1　C3040